U0263376

国家重点基础研究发展计划（973计划）2010CB428400项目
气候变化对我国东部季风区陆地水循环与水资源安全的影响及适应对策

"十三五"国家重点出版物出版规划项目

气候变化对中国东部季风区陆地水循环与
水资源安全的影响及适应对策

气候变化对中国东部季风区
陆地水循环与水资源安全的影响及适应对策

夏　军　罗　勇　段青云　著
谢正辉　莫兴国　刘志雨

科学出版社

北　京

内 容 简 介

本书是国家重点基础研究发展计划（973 计划）项目"气候变化对我国东部季风区陆地水循环与水资源安全的影响及适应对策"（项目编号2010CB428400）成果系列专著的综合篇。全书围绕陆地水文和气候变化影响与适应对策关键科学问题，选择对中国水资源安全有重要意义的东部季风区陆地水文时空分布和变化、南北方典型的水资源安全问题为切入点，分别从检测与预估、响应与归因、影响与后果、适应与对策 4 个层面开展了水循环变化和应对气候变化影响的适应对策研究工作，形成应对气候变化对中国水资源安全影响与适应对策的科研与应用成果。

本书可供国家相关部门以及水文水资源、全球变化、地理学科研机构研究人员参阅，也可供大专院校相关专业的师生借鉴和参考。

图书在版编目(CIP)数据

气候变化对中国东部季风区陆地水循环与水资源安全的影响及适应对策／夏军等著.—北京：科学出版社，2017.1

（气候变化对中国东部季风区陆地水循环与水资源安全的影响及适应对策）

"十三五"国家重点出版物出版规划项目

ISBN 978-7-03-048099-6

Ⅰ.①气… Ⅱ.①夏… Ⅲ.①气候变化-影响-季风区-陆地-水循环-研究-中国②气候变化-影响-季风区-陆地-水资源管理-安全管理-研究-中国 Ⅳ.①P339②TV213.4

中国版本图书馆 CIP 数据核字（2016）第 093751 号

责任编辑：李 敏 周 杰 林 剑／责任校对：邹慧卿
责任印制：肖 兴／封面设计：铭轩堂

科学出版社 出版
北京东黄城根北街 16 号
邮政编码：100717
http://www.sciencep.com

中国科学院印刷厂 印刷
科学出版社发行 各地新华书店经销

*

2017 年 1 月第 一 版 开本：787×1092 1/16
2017 年 1 月第一次印刷 印张：21 1/4
字数：500 000

定价：168.00 元
（如有印装质量问题，我社负责调换）

《气候变化对中国东部季风区陆地水循环与水资源安全的影响及适应对策》丛书编委会

气候变化对我国东部季风区陆地水循环与水资源安全的影响及适应对策

依托部门

中国科学院　中国气象局

责任单位

中国科学院地理科学与资源研究所

参加单位

国家气候中心

水利部水利信息中心

中国科学院大气物理研究所

中国科学院东北地理与农业生态研究所

水利部水利水电规划设计总院

北京师范大学

武汉大学

序 一

　　气候变化对水资源安全的影响与适应对策是全球环境变化的重大前沿课题，也是中国可持续发展面临的重大需求问题。中国东部季风区土地面积约占中国国土总面积的46%，人口却占到全国总人口的95%以上，是中国人口、资源与环境矛盾最为尖锐的地区之一，尤其中国东部季风区联系的长江、黄河、淮河、海河、珠江、松花江等八大流域环境变化剧烈，水资源短缺和水旱灾害问题十分突出。因此，气候变化背景下中国东部季风区水循环演变规律和水安全保障的适应性对策研究有着重要的价值和意义。

　　以夏军教授为首席科学家，由中国科学院、中国气象局、水利部、教育部相关科研院所与大学优秀人才组成的科研团队，自2010年1月起历时五年，开展了国家重点基础研究发展计划（973计划）项目"气候变化对我国东部季风区陆地水循环与水资源安全的影响及适应对策"研究，取得了一批可喜的科研与应用成果，2014年年底项目验收被评估为优秀。

　　项目的特色是针对中国东部季风区既有自然变率又有人为强迫多重影响突出的水问题，抓住了气候变化对水资源影响亟待回答的四个关键点，即"过去怎么变？未来怎么变？变化的机理是什么？如何应对气候变化？"，提出了"检测与预估""响应与归因""影响与后果"和"适应与对策"相互联系的四个方面研究成果，并在国内外顶级期刊发表学术论文超过300篇，其中SCI收录174篇、EI收录34篇，出版专著9部，"气候变化与水资源"中英文专刊3部，申请发明专利4项。通过研究，发现了中国陆地水文循环主要变化是温室气体排放影响叠加在东部季风区显著自然变率背景下共同作用形成的规律，其中自然变率占主要成分。就全国平均而言，降水自然变率导致径流变化的贡献率达70%。另外，温室气体排放贡献也占到了30%，预估在未来CO_2排放增加情景下，气候变化影响的贡献率将逐步增大，中国极端水旱灾害有进一步增加的态势等新的认识。成果应用到水利部水利水电设计总院、水利部水文局（水利信息中心）和中国气象局应对气候变化影响的水资源安全对策与建议，以及联合国"水与人类未来"的全球水安全重大战略咨询，发挥了重要的基础研究与应用支撑的关键作用，是一项国内外同类研究处于国际前列的优秀科研成果，在国内外产生了重要的影响。

　　特此为序！

中国科学院院士

2015年12月8日

序 二

　　全球变化与水资源是当今国际地球系统科学重要的前沿问题之一，也是全球水与人类未来和可持续发展面对的重大需求问题。中国是全球人口最多、面临水资源压力最为严峻的发展中国家。中国的气候变化与水资源研究已经成为国际全球变化与适应性管理的一个热点问题。东部季风区是中国三大自然区之一，土地面积占全国的46%，人口占全国的95%，是中国最主要的经济发展区，也是水资源问题最为突出、气候变化影响最为敏感的地区。

　　以夏军教授为首席科学家的科研团队，依托中国科学院和中国气象局等部门，承担了国家重点基础研究发展计划（973计划）项目"气候变化对我国东部季风区陆地水循环与水资源安全的影响及适应对策"，以中国科学院地理科学与资源研究所为责任单位，国家气候中心、水利部水文局（水利信息中心）、中国科学院大气物理研究所、中国科学院东北地理与农业生态研究所、水利部水利水电规划设计总院、北京师范大学、武汉大学为承担单位组成的学术团队，历时五年，同心协力、团结合作、兢兢业业、科研创新，取得了系统性的科研成果。该科研团队建设了基于质量控制与分析校正后的高密度格点数据集和水文气象数据库，给出了过去五十多年中国陆地分区水汽–降水–径流水循环收支平衡关系；建立了"水文–气候"双向耦合模式，揭示了气候变化对水循环影响与成因；提出了基于贝叶斯理论的气候变化概率预测新途径，减少了多模式降水预估的不确定性；发展了与气候变化联系的非稳态极值洪水频率计算方法及水资源脆弱性多元函数分析的理论与方法；建立了脆弱性与适应性的联系，提高了应对气候变化影响的水资源适应性管理与对策的科学性。这些研究成果应用到中国东部季风区长江、黄河、淮河、海河、珠江、松花江、辽河等八大流域，在应对气候变化保障水安全的流域规划、南水北调重大调水工程、水资源适应性管理与对策等方面发挥了重要的科学基础研究与支撑作用，产生了重要的社会经济效益。项目首席科学家夏军获2014年"国际水文科学奖"，研究成果在国内外产生了重要影响。

　　该书是近些年来全球变化与中国东部季风区水循环水资源影响研究与适应性对策领域的一项优秀成果。

　　特此为序！

中国科学院院士
2015年12月1日

前　言

气候变化与水资源是当代世界性重大课题。中国东部季风区覆盖了长江、黄河、淮河、海河、辽河、松花江、东南诸河、珠江等八大流域，水循环与水资源变化十分复杂，既受到较强的东亚季风区自然变率影响，也受到高强度人类活动联系的人为强迫影响，水资源、水灾害、水环境、水生态问题十分突出。气候变化与水资源是"中国应对气候变化国家方案"重点关注的课题之一。2009年，科学技术部（简称科技部）发布了国家973计划项目中的"气候变化与水资源"申请指南。在中国科学院、中国气象局以及水利部和教育部的大力支持下，由中国科学院地理科学与资源研究所主持，以夏军为首席科学家，联合中国科学院大气物理研究所、中国科学院东北地理与农业生态研究所、中国气象局国家气候中心、水利部水利信息中心和水利水电规划设计总院、北京师范大学、武汉大学等单位，通过"产""学""研"科研团队的强强联合，成功申请到国家重点基础研究发展计划（973计划）项目"气候变化对我国东部季风区陆地水循环与水资源安全的影响及适应对策"（项目编号2010CB428400）。

项目研究的总目标：揭示水循环时空变化与响应机理，预估气候变化影响的不确定性，发展"陆-气双向耦合"模型，阐明陆地水循环变化的成因；评估流域水资源脆弱性，提出应对气候变化的适应性对策；凝聚创新团队，扩大国际影响力。项目凝炼出国家水资源重大需求联系的三个关键科学问题，即气候变化影响下水循环要素时空变异与不确定性、陆地水文-区域气候相互作用与反馈机理、气候变化影响下水资源脆弱性与适应性等。项目团队历时五年，同心协力、团结合作、兢兢业业、科研创新，较为系统地研究了"过去怎么变？未来怎么变？机理是什么？如何应对变化？"四个核心研究内容。在气候变化背景下东部季风区水循环变化的检测与归因、未来气候变化对中国水资源格局的影响与变化情景预估、针对中国东部季风区和流域以及重大调水工程影响的水资源脆弱性与适应性对策与建议等方面，取得了有重要创新性和系统性的研究成果。

本系列专著是该973计划项目成果的系统总结，由七册专著组成。第一册为综合卷，主要从项目层面重点阐述取得的核心成果、总的结论与认识以及对策与建议。本系列专著的第二册到第七册是该973计划项目中6个课题更为翔实的研究成果与应用总结，分别为《中国陆地水循环演变与成因》《未来水文气候情景预估及确定性分析与量化》《陆地水文——区域气候相互作用》《气候变化对北方农业区水文水资源的影响》《气候变化对南方典型洪涝灾害高风险区防洪安全影响及适应对策》和《气候变化影响下中国水资源的脆弱性与适应对策》。

本册是系列专著的第一册，共分两大部分。第一部分是综合篇，分为7章。第1章是绪论，主要阐述气候变化与水资源国内外研究现状与进展，973计划项目的主要内容和框架体系，由夏军、占车生撰写；第 2 章重点论述气候变化对中国东部季风区水循环水资源影响的检测与归因，由罗勇、姜彤等撰写；第 3 章阐述未来气候变化影响的不确定性与情景预估，由段青云、徐宗学等撰写；第 4 章论述变化环境下"陆–气双向耦合"模式与水循环响应机理，由谢正辉、夏军、占车生等撰写；第 5 章阐述气候变化对东部季风区南、北方典型流域水问题的影响，由莫兴国、章光新、刘志雨等撰写；第 6 章论述应对气候变化影响的水资源脆弱性与适应性对策，由夏军、李原园等撰写；第 7 章是 973 计划项目研究成果取得的总体结论与对策建议，由夏军、占车生撰写。

第二部分是该 973 计划项目 6 个课题研究成果的提要篇，重点简介课题研究成果与关键性的认识与结论，分别由课题组组长罗勇、段青云、谢正辉、莫兴国、刘志雨、夏军完成。全书由项目首席夏军统稿。

在该 973 计划项目研究和本系列专著撰写的过程中，得到了咨询专家组孙鸿烈院士、秦大河院士、徐冠华院士、刘昌明院士、郑度院士、丁一汇院士、陆大道院士、李小文院士、傅伯杰院士、王浩院士、周成虎院士、崔鹏院士的悉心指导，得到了 973 计划项目专家组王明星研究员、沈冰教授、蔡运龙教授、刘春蓁教授级高工、任国玉研究员、姜文来研究员悉心帮助。特别感谢刘春蓁教授级高工对该项目的悉心指导和对本书的修改与完善提出了许多重要的修改建议。参与本册辅助编辑的工作人员还有杨鹏、洪思、宁理科、雒新萍、邱冰、陈俊旭、万龙、翁建武等，在此一并对他们表示衷心感谢！此外，本册专著部分研究内容还得到"淮河流域水污染治理技术研究与集成示范"项目"淮河流域水质—水量—水生态联合调度关键技术研究与示范"课题（2014ZX07204-006）和"干旱半干旱区生态系统和水资源脆弱性评估及风险预估"（2012CB956204）项目的资助。在此表示感谢！

鉴于作者认识水平所限，书中难免存在不足之处甚至错误，敬请读者批评指正！

著　者

2015 年 11 月

目　录

综　合　篇

专 题 篇

科学基础研究与进展

水资源及水旱灾害应用

适应与对策

综 合 篇

第1章 绪 论

1.1 背 景

水循环是联系地球系统"地圈-生物圈-大气圈"的纽带,是全球变化的核心问题之一,它受自然变化和人类活动的双重影响,决定着水资源形成及与水土相关的环境演变。中国降水时空分布极为不均,尤其在人口分布最为密集、经济社会发展最快的东部季风区,水资源短缺、旱涝灾害,以及与水相关的生态-环境问题非常突出。

从自然地理区划来讲,东部季风区指大兴安岭以东、内蒙古高原以南、青藏高原以东的地区,土地面积占全国的46%,而人口占到全国的95%,是中国最主要的经济社会发展区域,也是受气候变化影响最为敏感、水资源问题最为突出的地区。东部季风区直接联系着中国最为重要的大江大河,其中包括长江、黄河、淮河、海河、松花江、辽河、东南诸河、珠江八大流域系统(图0-1-1)。它们也是全国水资源评价和规划中十大流域片中最

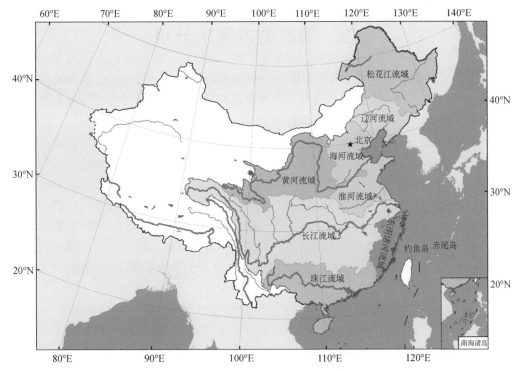

图 0-1-1 中国东部季风区及其联系的流域系统

注:研究不包括香港、澳门、台湾地区(全书同)

3

核心的区域。在气候变暖背景下，与中国东部季风区联系的流域水循环及其组成的陆地水循环与水资源安全已经成为国家水问题研究最为关注的重大课题，也是地球系统水科学的前沿和应用基础问题。

联合国政府间气候变化专门委员会（IPCC）第四次和第五次评估报告认为，全球气候变化已是不争的事实，将对全球和区域水资源安全构成严重威胁。IPCC 主席 K·帕乔里在 IPCC 技术报告之六《气候变化与水》的序言中指出，气候、淡水和各社会经济系统以错综复杂的方式相互影响，其中某个系统的变化可引发另一个系统的变化。在判定关键区域和行业脆弱性的过程中，与水资源有关的问题是至关重要的。因此，气候变化与水资源的关系是人类社会关切的首要问题（IPCC，2007；Bates et al.，2008）。

2006 年 1 月国务院发布《国家中长期科学和技术发展规划纲要（2006—2020 年)》。在国家重大战略需求的基础研究之四"全球变化与区域响应"中，指出需要重点研究全球气候变化对中国的影响，强调"大尺度水文循环对全球变化的响应，以及全球变化对区域水资源的影响"研究问题。因此，针对中国东部季风区的大江大河流域水循环及水资源格局变化，以及南方洪涝灾害与北方水资源短缺等重大水问题，开展气候变化背景下陆地水循环响应机理、气候变化对中国区域水资源安全与适应对策研究，对科学认识全球气候变化背景下中国陆地水循环时空演变规律、评估气候变化对水资源安全的影响、保障中国经济社会可持续发展，具有重要的科学意义与应用价值。

1.2 国家重大需求分析

1）中国水资源分布不均，年际变化大，水资源短缺严重，气候变化极有可能对中国水资源分布产生显著影响。阐明气候变化下水资源格局的变化，是保障中国水资源安全的首要问题。

由于中国气候和自然地理的区域分异性，导致水资源时空分布很不均匀，降水年际变化大，且多集中在 6 ~ 9 月，径流年际变化显著。总体来看，中国水资源的空间分布总体上呈"南多北少"的态势：全国水资源可利用总量的 2/3 分布在长江、珠江、东南和西南诸河流域，而国土面积占全国 2/3 的海河、黄河、淮河、辽河、松花江及西北诸河流域其可利用水资源量仅占全国可利用总量的 1/3。由于中国水资源与土地等资源的分布不匹配，经济社会发展布局与水资源分布不相适应，即黄河、淮河和海河流域 3 个流域的国土面积占全国的 15%，耕地、人口和 GDP 分别占全国的 1/3，水资源总量仅占全国的 7%，水资源供需矛盾十分突出，导致中国水资源配置难度很大。

近二十年来，中国水资源的区域分布正在发生显著变化。全国水资源评价成果显示（水利部水利水电规划设计总院，2004），1980 ~ 2000 年水文系列与 1956 ~ 1979 年水文系列相比，分布于北方黄河、淮河、海河和辽河流域 4 个流域的降水量平均减少 6%，水资源总量减少 25%，其中地表水资源量减少 17%，尤其是海河流域地表水资源量减少 41%。中国水资源北少南多的格局进一步加剧（图 0-1-2）。

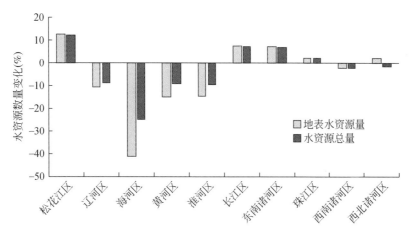

图 0-1-2　1980～2000 年和 1956～1979 年中国水资源数量变化

　　当前国家十分关注气候变化对我国水资源安全的影响，包括：近二十年我国南方多水、北方少水的格局进一步加剧的成因；未来 20～50 年，气候变化可能会对我国水资源分布的格局产生的显著影响，以及我国水资源供需矛盾和发展态势；气候变化对国家层面的水资源配置、南水北调重大水利工程的影响，其中包括气候变化下南方调水区和北方受水区的丰枯遭遇问题等。正确回答这些问题将有助于我国水资源的科学配置，制定与水资源相适应的经济社会布局。应对气候变化的水战略研究是保障我国水资源安全的重要课题。

　　2）气候变化背景下，极端事件频率和强度可能增加，进一步加剧我国水旱灾害频发的风险，影响现有水利工程和水灾害应急管理系统。阐明气候变化对我国典型区域洪涝灾害、农业干旱及水生态影响机理是保障我国经济社会可持续发展的战略需求。

　　我国水旱灾害频发，给人民生命财产和国家经济建设造成了巨大损失。据统计，1990～2005 年全国年均洪涝灾害损失达 1100 多亿元，约占同期 GDP 的 2%；遇到发生流域性大洪水的年份，则占同期 GDP 的 3%～4%。随着全球变暖趋势的加剧，极端天气灾害事件频发，防洪安全不容乐观，成为国家水安全重点关注的问题。20 世纪的后 50 年，我国南方夏季（6～8 月）雨涝面积扩大，特别是在 80 年代末以后这种趋势更强烈。近二十年，我国洪涝灾害的高发区，如淮河等流域的极端强降水事件趋于增多，洪涝灾害严重。20 世纪 90 年代以来，我国先后发生了 1991 年江淮大水，1994 年和 1996 年珠江流域大洪水，1996 年海河南系大水，1998 年长江、松花江、西江和闽江大水，2003 年和 2005 年淮河和汉江大水，2007 年淮河又发生了流域性大洪水，暴雨中心日雨量达到 518.1mm，流域受灾人口 1416.3 万人，农作物受灾面积 1333.8×10³hm²，各项直接经济损失达 85.9 亿元。

　　同时，我国华北、东北和西北东部的干旱化趋势在发展。1951～2005 年，平均干旱面积进一步扩大。华北区域的暖干趋势持续时间已近 30 年，地表湿润指数已连续 28 年持续偏低（干旱）。2008 年，全国年缺水量达 400 亿 m³，近 2/3 的城市存在不同程度的缺水，农业生产平均每年因旱成灾面积达 2.3 亿亩[①]左右。2008 年冬天以来，我国大部分地区雨雪严重偏少，全国耕地受旱面积高峰时达到 3.01 亿亩，比常年同期多 1.12 亿亩，高峰期有 442 万人、222 万头大牲畜因旱出现饮水困难，严重的旱情再次给我们敲响了警钟（陈雷，2009）。气候变化将对我国粮食主产区及生态脆弱区的水资源安全构成严重威胁。目前，国家已规划和实施"国家粮食战略工程"，其中占全国粮食总产量 2/3 的东北和华北地区承担了国家粮食生产的重要任务，仅吉林和黑龙江两省计划新增产粮达 300 多亿公斤。

未来气候变化导致我国旱涝灾害加剧的风险越来越大，水危机将影响我国社会经济发展。历史上我国出现的极端旱涝事件在气候变暖条件下是否进一步加剧，出现的概率和强度有多大，尤其对我国粮食区农业干旱的影响，是国家水安全最为关注的问题。解决这些问题是保障我国经济社会可持续发展的重大战略需求。

我国地理环境分异性大，使得河川径流对气候变化非常敏感，水资源系统对气候变化的承受能力十分脆弱。加之我国人口众多，经济发展迅速，耗水量不断增加，许多地区面临着水资源短缺问题，基础设施的建设和社会经济的快速发展也使洪水、干旱造成的经济损失巨大。因此，我国水资源系统面临气候变化与经济社会发展的双重压力。未来全球气候变化可能在多大范围和程度上改变水资源空间配置状态、加剧水资源供给压力和脆弱性，将直接影响水资源稀缺地区的可持续发展。面对气候变化的影响，加强适应性管理，趋利避害，是国家应对气候变化适应性对策与管理的重大战略需求。

1.3　国内外研究进展和发展趋势

1.3.1　国际研究进展和发展趋势

（1）气候变化与水循环是全球变化与水科学研究的前沿

当前人类面临的水问题，如洪涝灾害、水资源短缺和与水相关的生态系统退化等，均与气候变化包括经济社会发展中的高强度人类活动引起的陆地水循环格局与过程变异或异常直接相关，它们是导致全球和区域水问题的重要原因（Arnell and Liu，2001；UNESCO，2009）。

尽管人们已意识到气候变化对水资源有重要影响，但是作为科学问题开展气候变化与水循环的观测与研究还是在 20 世纪 80 年代以后，包括全球能量和水循环试验（GEWEX）、国际地圈生物圈计划（IGPB）中的"水文循环的生物圈方面"（IBAHC）、联合国教科文组织国际水文计划（UNESCO-IHP）、全球水系统计划（GWSP），以及国际上有重要影响的政府间气候变化专门委员会（IPCC）最新技术报告等（IGPO，2004；IGBP-BACH，2002；IHP，2008；GWSP，2005；IPCC，2007b；Bates et al.，2008；IPCC，2013）。

---

① 1 亩 ≈ 666.7m²。

与传统的工程水文学不同,气候变化下陆地水循环响应及气候变化对水资源的影响研究具有很大的挑战性。2008 年 IPCC 技术报告(Bates et al.,2008)就专门论述了"气候变化与水"问题。该报告指出,观测记录和气候预估提供的大量证据表明,地球上淡水资源是脆弱的,且可能受到气候变化的强烈影响,同时给人类社会和生态系统带来一系列后果。目前可以得到的观测事实和认识包括过去几十年观测到的气候变暖是与水文循环密切联系在一起的;降水强度和变率的增大会在许多地区增加洪水和干旱的风险。从全球来看,未来气候变化对水资源系统的负面影响预计会超过正面影响;气候变化对水资源系统的不利影响会加重其他胁迫的影响,如人口增长、经济活动改变、土地利用变化等;现有水管理行为可能不足以应对气候变化的影响,表现在水供给可靠性、食物风险、健康、农业、能源和水生生态系统;气候变化挑战传统假定,即过去的水文经验应用到未来的状况,水文特征很可能会发生变化。气候变化的负面影响将有可能导致更高的水旱灾害、水短缺和水环境恶化的风险。因此,气候变化背景下陆地水循环问题是气候变化对水资源安全影响研究与评估的重要基础与科学前沿。

(2)水循环要素变化的检测与归因是气候变化对水资源影响研究的重要科学问题

对已经观测到的水循环变化进行检测和归因是当前国际上气候变化与水科学研究的重要内容。长期以来,河川径流等水循环要素的变化与分析都是建立在序列长期变化稳定和气候稳态的假定下,即水文现象是稳定的随机变量,长序列水文均值为不变常数,由过去观测得到的统计规律可以外延用于对未来的预估。虽然 20 世纪 70 年代后,人类活动的加剧大大改变了下垫面条件及流域特性与河道水文情势,在流量序列的分析中研究人员开始考虑流域尺度上人类活动的水文效应,但对水文分析而言,稳态的气候假定仍是一个重要的前提条件。然而,地球系统科学的研究表明,水循环是气候系统多圈层中的一个重要部分,它们相互作用。因此,实际气候变化背景下水文序列是非线性和非稳态的。它不仅包含了水文和气候系统自然变异的部分,而且包括了人为气候变化(二氧化碳和气溶胶排放等区域以上尺度人类活动)的影响,以及流域下垫面变化的影响(当地和局部尺度人类活动)几个部分。因此,在流量变化趋势的检测中分离出气候变化的影响,不仅对水资源规划与管理和水利工程设计有重要的应用价值,而且有助于了解人为气候强迫以何种方式、已经或尚未对水文循环产生影响,其对认识气候变化对水资源影响的贡献,以及改进气候模型的模拟与预测有重要的科学意义。如何在流量的实测序列中检测和识别人为气候变化的影响与贡献,是水文和气候学家面临的一个难题(Labat et al.,2004;Legates et al.,2005)。

IPCC 的四次评估报告中前两次报告的水循环要素影响分析主要集中在气候均值变化对水文水资源的影响和适应对策研究(IPCC,1990,1995)。自第三次评估报告后开始注意到径流自然变异问题,并在气候变化影响的归因研究中强调了气候自然变异对径流影响的检测问题(IPCC,2001b)。在 IPCC 第四次评估报告(AR4)中,开始采用气候模型分离气候自然变异与人为气候变化引起的径流变化,并采用信号噪声比值来评价径流变化趋势中人为气候强迫变化及自然变异的贡献,给出了人为气候强迫影响显著性大于气候自然变异影响的地区,以及气候自然变异影响可能仍起主要作用的地区(IPCC,2007a)。目前,一些水文气候学家采用陆地水文模型与气候模型耦合的方法,试图将水文观测数据趋势的检测、归因研究与对未来水文水资源的预估统一起来。虽然还存在很多难点与问题，但是这些方面的探索反映了水文–气候研究的发展态势。该方向的研究能够为决策者及水资源管理者提供更有效的气候变化风险管理信息。

（3）不确定性是气候变化对水资源影响研究的难点之一

气候变化对水文水资源影响的评估面临多个不确定性来源，其中包括气候变化大气环流模式（GCMs 模式）输入到陆地水文模式降水预估的不确定性（包括降尺度过程的不确定性）和水文模拟的不确定性等。不确定性问题一直是全球气候变化与水资源影响研究的难点（Milly et al.，2002，2005）。然而，目前所认识的最大不确定性主要来自于降水预测的不确定性。

自 IPCC 发布第四次评估报告以来，学术界开始探索和采用多气候模型的集合方法以减少降水模拟中的不确定性（IPCC，2007）。在 IPCC 第四次报告中，世界上大约有 20 个气候研究中心已经使用不同的海气耦合模式（AOGCMs），针对不同温室气体和气溶胶排放情景下的 20 世纪和 21 世纪气候趋势进行了大量的数值模拟。这些模拟结果代表了气候变化的最新科学进展，并且比以前的评估报告更加全面和深入。这是因为它包括更多的模型和更好的物理过程；模型试验更加全面，有在不同排放情景下的工业前和现在的气候模拟与未来气候预估的许多试验；数据档案在内容上更加丰富，有不同时间段记录的更多的气候变量，并且数据格式一致，使用起来也更简单方便（Taylor，2005）。

尽管 IPCC AR4 提供了内容丰富的气候模拟和预估数据集，但是直接解释和应用这些数据时仍然存在困难。目前还不清楚如何最好地使用 IPCC AR4 的资料来研究气候对区域水资源的影响。其主要原因是气候变化预估中具有显著的不确定性，其中包括气候强迫、边界和初始状况、模式物理表征和模型参数估值；气候模式预估能力之间有很大差异（Coquard et al.，2004）；气候变化预估的空间尺度（如几万到几十万平方千米）并不适合区域影响研究所使用的空间尺度（如 $10\sim1000km^2$）。国际上的研究表明，每一个 IPCC AR4 模式都有各自独特的优点和缺点，但是没有一个模式能可靠地预测所有区域的所有气候变量（Covey et al.，2003）。大量的研究表明，通过采用多模式集成方法的多模型预估结果比任何单个模式的预估结果具有更好的预测技术和可靠性（Krishnamurti et al.，1999；Gates et al.，1999；Barnston et al.，2003）。单个模式预估往往是太自信并低估了所预估的不确定性（Raftery et al.，2003）。此外，多模式集成概率预估比通过初始条件、强迫输入和模型参数的扰动而生成的单模式集合概率预估更优越（Georgakakos et al.，2004）。目前，亟待研究的问题是如何对气候变化预估的不确定性进行定量化，解释不同气候模式间预估结果的差异。

段青云（Duan，2007）和 Ajami 等（2006）研讨了一些多模式集成方案，包括由基于回归的多模式超级集合（MMSE）和贝叶斯模型方法（BMA）。这些方案已经在一些水文模型中得到应用，得出河流流量预估是一致和可靠的结论（Duan et al.，2007）。因此，在研究未来气候变化对水资源影响问题中，如何减少降水输入的不确定是当前国际气候变化与水循环研究的难点之一。

（4）气候变化影响下陆地水循环响应机理的研究正从单向连接向陆面水文与区域气候的相互作用和反馈机理方向发展

陆地水循环是大气环流的重要组成部分，它既受大气环流的支配，又通过陆气间的水量能量交换对大气进行反馈，还受人类活动的干预和影响，主要反映在两方面：一类是由于人类工业生产和社会经济发展使大气的化学成分发生变化，如 CO_2、CH_4 等温室气体浓度的显著增加，改变了地球大气系统辐射平衡而引起气温升高、蒸发加大和全球水循环的加快及区域水循环格局变化，这种变化的时间尺度可持续几十年到几百年；另一类是由于人类活动作用于流域的下垫面，如土地利用的变化、农田灌溉、农林垦殖、城市化过程、水资源开发利用和生态环境变化等引起陆地水循环变化，这种人类活动的影响虽然是局部的，但往往强度很大，有时对水循环的影响可扩展至较大地区。

气候、人类活动与陆地水之间的相互作用，无论从科学层面还是从社会经济发展层面上看，都处于相互依存与相互制约之中，它们之间的相互作用既可能是正反馈也可能是负反馈，水文–气候过程是高度非线性和非稳态的。但是，目前气候变化对水循环的影响研究主要采用的是气候–水文模型的单向连接方法，即将气候模式输出的结果，如降水、气温等气象要素通过降尺度（downscaling）方法直接作为水文模型的驱动（Semenov and Brooks，1999；Xia，1996；Xia et al.，1997；Wilby et al.，2000），模拟出蒸发和径流等水文要素，缺乏下垫面水文变化对气候的影响与反馈。由于这种单向连接方法很难将气候变暖及人类活动引起的陆地水循环变化反馈给大气，既影响对降水模拟和预估的精度，又不能正确地描写陆地水循环的变化，导致 GCM 与水文模型对水量与热量平衡描述不一致，对水循环整体机制描述不完善（Milly et al.，2002，2005）。水文变化对气候影响与反馈的研究非常重要。未来的发展趋势是采用气候系统的观念指导气候变化对水文影响研究，需要解决一系列不同时空尺度陆–气相互作用与转换问题，正确模拟土壤、植被、地形、降水的空间变化对蒸散发、土壤水、地表和地下水径流的影响及其相互作用。合理地描写人类活动引起陆面参数的变化是衡量水文模型是否能够正确描写陆地水循环和陆气相互作用的基础。具有上述能力的大尺度水文模型将最终实现与气候系统模式的陆面过程模型耦合。

陆地水文–区域气候的双向耦合研究，已成为 IPCC 技术报告《气候变化与水》中专门论述和强调的未来研究的新方向（IPCC，2001a，2007b；Milly et al.，2002，2005；Bates et al.，2008），必将得到越来越多的关注。

（5）水资源脆弱性与适应对策研究是应对气候变化影响的重要研究内容

21 世纪以来，气候变化影响下的水资源脆弱性和适应对策研究已成为全球和各个国家应对气候变化的重要需求和研究的问题。气候变化对水资源脆弱性和适应性管理对策，要求在合理评估气候变化对水循环影响的基础上提出人类响应策略（IPCC，2007b；Bates et al.，2008）。IPCC《气候变化与水》的技术报告、DWC（Dialogue on Water and Climate）研讨会报告、UNEP 组织编写的《全球国际水资源评估》报告等都提出了以加强区域和流域尺度气候变化对水资源影响的适应性管理对策研究，来指导国家和国际适应与减缓全球及区域气候变化的影响。通过气候变化影响下水资源脆弱性和适应性系统研究，可以揭示环境变化下水资源脆弱性,以及气候变化影响与社会经济的相互耦合关系,建立气候变化下水影响资源影响适应性管理对策体系,提高应对气候变化下水资源安全保障的适应能力。但是,迄今为止在气候变化分析和气候政策制定过程中尚未充分地对待水资源问题。同样,在大多数情况下,尚未利用水资源分析、水资源管理和制定政策的方式充分地处理各种气候变化问题(IPCC,2007b;Bates et al.,2008)。

因此,气候变化影响下水资源的脆弱性与适应对策研究是相关基础研究的最终归宿,是各国政府应对未来气候变化影响的重要应用基础工作。

1.3.2 国内研究现状和水平

在科技部和有关部门的支持下,二十余年来,国内学者开展了一系列有关气候变化对全国和部分流域水资源影响的研究。这些研究包括以下内容。

1)国家攀登计划项目和973计划项目"我国未来20~50年生存环境变化趋势的预测研究""黄河流域水资源演化规律与可再生性维持机理""我国生存环境演变和北方干旱化趋势的预测研究""我国重大气候和天气灾害形成机理与预测理论研究"和"全球变暖背景下东亚能量和水分循环变异及其对我国极端气候的影响"等。

2)国家科技攻关计划(科技支撑计划)项目"全球气候变化预测、影响和对策研究""全球气候变化与环境政策研究"和"全球环境变化的对策与支撑技术研究"等。

3)各部门支持的相关研究项目,如中国科学院和国家自然科学基金委员会重大项目"中国气候与海面变化及其趋势和影响研究"、中国科学院重大项目课题"中国西部气候与环境演化科学评估"、全国水资源规划工作研究专题"气候变化对我国水资源情势影响综合研究"、水利部公益性行业专项"气候变化对我国水安全影响及对策研究"和中国气象局与水资源有关的气候变化专项等。

上述研究在不同程度上涉及气候变化对水资源影响方面的内容,并获得了一系列重要成果(刘春蓁,2004,2007;张建云和刘九夫,2000;张建云等,2007)。《中国气候与环境演变》、《气候变化国家评估报告》、"气候变化对水文水资源影响研究"和"气候变化与中国水资源"等研究和评估报告对上述部分研究成果进行了系统总结(秦大河等,2005;陈宜瑜等,2005;气候变化国家评估报告编写组,2007;张建云等,2007;任国玉,2007)。

研究发现,在过去100年,中国主要流域水文气候要素发生了明显的变化,主要表现为大部分地区气温显著升高;近50年东部季风区域降水存在"南涝北旱"的趋势变化(叶笃正和黄荣辉,1996;符淙斌等,2005;丁一汇等,2006;丁一汇和任国玉,2008),北方多数外流河流域径流减少,加剧了北方水资源的供需矛盾和南方防洪抗灾的压力(陈志恺,2002;刘昌明,2004;钱正英等,2007);全国大部分地区潜在蒸发能力(水面蒸发)明显下降(邱新法等,2003;杨建平等,2003;任国玉和邵军,2006;Liu et al.,2004);未来的气候变化可能对中国水资源产生较大影响(王国庆等,2002;刘春蓁,2007;张建云和刘九夫,2000;夏军等,2008),北方部分江河径流量可能减少、南方江河径流量可能增加（林而达等，2006），各流域年平均蒸发量可能增加（王守荣等，2003），旱涝等灾害的出现频率可能增加，从而进一步加剧了水资源的脆弱性与供需矛盾（林而达等，2006），并对现有的水利工程设施的功能和效率提出了新的挑战。

但是，就气候变化对水资源影响来说，国内研究在许多方面还存在薄弱环节。深化有一定研究基础领域的工作，加强在若干薄弱环节上的研究，将使我国气候变化对水资源安全影响的研究迈上一个新的台阶。

1.4 关键科学问题与框架体系

1.4.1 科学问题与关注要点

面向国家水资源重大战略需求和国际前沿，选择对我国水资源安全有重要意义的东部季风区为对象，以陆地水文时空分布和变化、南北方典型的水资源问题为切入点，本书核心团队在项目首席带领下深入地探索了 3 个关键的科学问题：①气候变化影响下水循环要素时空变异与不确定性；②陆地水文-区域气候相互作用与反馈机理；③气候变化影响下水资源脆弱性与适应性。设置了 4 个主要内容，即检测与预估、响应与归因、影响与后果、适应与对策，试图回答"过去怎么变和未来怎么变？变化的机理是什么？如何应对气候变化"这些关键的科学问题与应用基础的国家重大需求问题。

主要研究内容包括以下 4 个层面：①过去水循环要素演变规律与未来情景预估；②气候变化影响下水循环区域响应与变化归因；③气候变化对南北方典型水资源问题的影响研究；④气候变化影响下水资源的脆弱性和适应对策。

1.4.2 框架体系

面向国家和区域水资源安全研究的关键的科学问题，以中国东部季风区陆地水循环系统（即由与季风区相联系的松花江、辽河、海河、黄河、淮河、长江、东南诸河、珠江八大流域系统组成）及其相关的南北方重点区域为研究对象，充分利用全国水文气象长序列观测资料、实验台站网络和长期科学研究的基础与优势，从两大科学目标（陆地水循环演变规律和水资源安全影响机理）、3 个核心问题（过去变化的事实、未来变化预估和气候变化下水循环时空变异与响应）、4 个研究层次（检测与预估、响应与归因、影响与后果、适应与对策）、6 个重点内容（过去 50 年陆地水循环要素的变化规律甄别、未来气候情景与水文变化预估、陆地水文-区域气候的作用与反馈模型、气候变化对我国南方和北方典型区域水资源的影响、气候变化对南方典型洪涝灾害高风险区防洪安全影响及适应对策、气候变化影响下水资源的脆弱性与适应性对策）开展历时五年的科学研究，从而形成本书的系列总结与提炼成果。

通过对与我国季风区联系的流域水循环要素的长期观测、未来气候变化下降水等水文要素预估，以及陆地水文–区域气候双向耦合模式的建立与水循环要素（降水、蒸发、土壤水、地表水以及地下水）的模拟分析，深入研究了气候变化与水文水资源变化的关系，揭示气候变化影响下我国东部季风区陆地水循环格局变化的驱动机理，认识了气候变化影响下我国北方和南方典型区域的水资源安全问题，建立了气候变化影响下水资源脆弱性评估指标体系和方法，综合评估了气候变化影响下我国及重点区域水资源脆弱性及时空变化特征，提出了应对气候变化水资源适应性管理与对策，从而为保障我国水安全及区域可持续发展提供科学依据。整个项目科学研究的框架体系如图 0-1-3 所示。

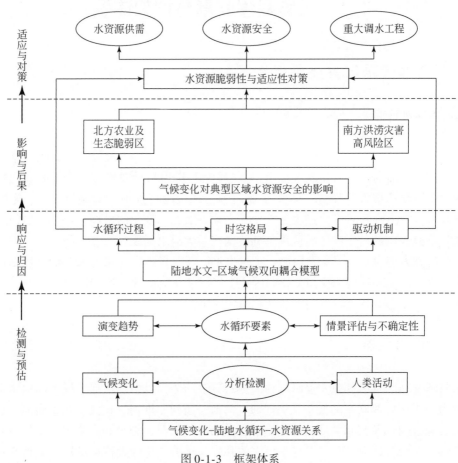

图 0-1-3　框架体系

第2章 气候变化对中国东部季风区水循环水资源影响的检测与归因

2.1 季风区陆地水循环时空变异的检测与归因

针对季风区陆地水循环要素演变规律分析与成因辨识的科学问题和关键内容，利用中国气象局和水利部的长期气象和水文观测资料，开展了陆地水循环格局和水资源情势的时空演变规律和变化过程检测及诊断研究，以揭示陆地水循环要素和水资源格局的主要控制因素及其演化趋势，辨识气候变化和人为活动因素对陆地水循环格局和水资源情势影响的相对贡献。

气候变化对水资源影响最直接的气候要素是降水和温度，与水资源联系最直接的是降水、蒸散发、土壤湿度和径流。因此，检测过去气候变化对水资源的影响，需要可靠的气象水文观测基础数据（依据），需要分析过去 50 多年东部季风区水循环、水资源变化观测的事实。为此，我们建立了我国东部季风区主要江河流域水文–气候数据库，并进行质量控制、均一化处理、空间插值和图解（mapping），包括主要江河流域过去 50 年和未来 50 年站点与格点的气候和水文数据库，为气候变化影响的检测与归因奠定了坚实的基础。

2.1.1 大气中水汽–降水–径流收支平衡与水循环变化的再认识

气候变化背景下区域和流域水循环变化是研究气候变化对水资源影响的基础，也是气候变化与水资源研究的核心问题。国内针对水资源的区域水循环时空变化评估工作，目前只有 20 世纪 80 年代由水利部南京水资源研究所刘国纬和周仪（1985）做的探空和水文资料途径下的相关研究。自 20 世纪 80 年代，在全球气候变化背景下，我国的水循环特征发生了一些突出的变化，包括南涝北旱的格局、东部季风区的水汽收支和水文观测手段及资料情况也发生了变化。自 1980 年新增加观测后的中国东部季风区大气中水汽–降水–径流收支平衡与水循环变化的再认识，之前一直是一个空白。针对该问题，本书基于最新的观测手段和资料，开展了气候变化背景下水循环要素的检测与分析，得到一些新的结果与认识。

（1）水汽

水汽通量输送利用美国国家环境预报中心/美国国家大气研究中心（NCEP/NCAR）1960 ~ 2013 年的月平均再分析资料，包括比湿场（shum）、水平纬向风场（uwnd）、经向风场（vwnd）、高度场（hgt）、地面气压（pres），水平分辨率为 $2.5° \times 2.5°$，其中水平纬向风场、经向风场和高度场在垂直方向有 20 ~ 1000hPa 共 17 层，而比湿场在垂直方向有

300~1000hPa 共 8 层。中国东部季风区 8 个流域的模拟边界如图 0-2-1 所示。

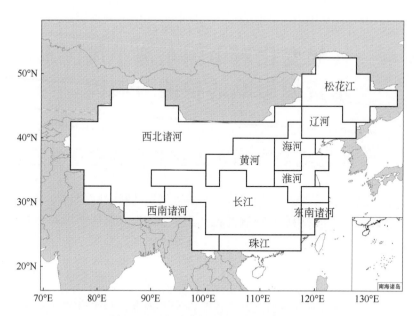

图 0-2-1　中国东部季风区流域模拟边界框

　　根据 NCEP/NCAR 再分析资料 1960~2013 年水汽含量模拟结果，中国上空大气中的水汽总量为 131.2km³，折合平均水深为 14.3mm。具体来看，各流域水汽含量差别也较大，季风区内各大流域水汽总含量从南向北递减，北部和内陆水汽总含量相对较少，平均水汽含量最小的为松花江和黄河流域，为 12mm 左右，最大的为珠江和东南诸河流域，水汽含量大于 30mm（表 0-2-1）。

表 0-2-1　中国东部季风区流域多年（1960~2013 年）平均水汽含量　　　　（单位：mm）

流域	松花江	辽河	海河	黄河	淮河	长江	东南诸河	珠江
水汽含量	12.0	13.2	16.3	11.9	24.8	21.6	32.1	35.1

　　NCEP/NCAR 再分析资料的整层大气水汽含量多年变化曲线如图 0-2-2 所示。通过 Mann-Kendall（M-K）非参数检验方法，总体来看，各大季风流域的整层大气水汽含量都呈下降趋势。由表 0-2-2 可以看出，除珠江流域外均通过了 M-K 置信度 99% 的显著性检验。由表 0-2-2 可以看出，20 世纪六七十年代，除东南沿海的珠江和东南诸河流域变化趋势不明显外，东部季风区其余 6 个流域都呈显著下降的趋势，均通过了 M-K 置信度 95% 的显著性检验。北部 3 个流域，即松花江、辽河、淮河流域变化趋势较为一致，在 90 年代有略微增加的趋势，2000 年以后又开始减少，2010 年以后又略有增加，但 1980~2013 年总的趋势仍然是显著下降的，且通过了 M-K 置信度 95% 的显著性检验。淮河和黄河流域在 1960~2013 年均呈下降趋势，但淮河流域下降速度由慢变快，黄河流域下降速度由快变慢。长江流域在 20 世纪八九十年代有上升趋势，但总体而言仍呈下降趋势。东南诸

河流域和珠江流域在 2000 年前变化趋势不明显，2000 年后开始出现显著下降的趋势。

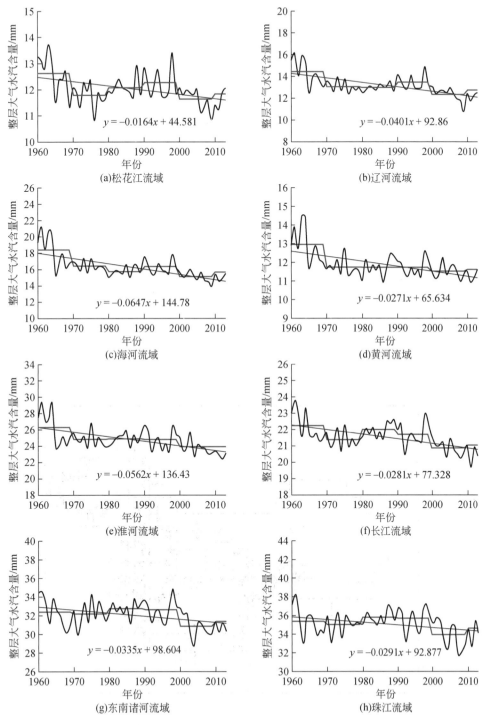

图 0-2-2　中国东部季风区各流域整层大气水汽含量时间变化趋势

注：黑色直线为线性趋势，红色为年代际平均值

表 0-2-2　中国东部季风区各流域的整层大气水汽含量变化趋势

流域	NCEP(1960~2013 年)	NCEP(1960~1979 年)	NCEP(1980~2013 年)
松花江	-3.01 ↓ ***	-3.27 ↓ ***	-2.54 ↓ **
辽河	-4.71 ↓ ***	-3.21 ↓ ***	-3.20 ↓ ***
海河	-5.46 ↓ ***	-2.88 ↓ ***	-2.52 ↓ **
黄河	-3.99 ↓ ***	-3.47 ↓ ***	-1.39 ↓
淮河	-4.11 ↓ ***	-2.30 ↓ **	-3.23 ↓ ***
长江	-3.92 ↓ ***	-2.75 ↓ ***	-4.29 ↓ ***
东南诸河	-2.71 ↓ ***	-0.81 ↓	-3.55 ↓ ***
珠江	-1.98 ↓ **	-1.13 ↓	-2.99 ↓ ***

** 表示通过置信度 95% 检验；*** 表示通过置信度 99% 检验

图 0-2-3 给出了中国东部季风区各流域 1960~2013 年平均水汽收支状况。可以看出，东北地区的松花江流域、海河流域全年平均为弱的水汽汇，辽河流域为弱的水汽源；边界水汽收支的净值松花江流域为 0.05×10^7 kg/s，辽河流域为 -0.09×10^7 kg/s，海河流域为 0.08×10^7 kg/s。总体来看，东北地区全年位于西风输送带，西部边界输入值最大，冬季到夏季的输入值增大；冬半年，北部边界也有输入，与西部边界的输入值相近；夏半年，南部边界的输入增多，在 7 月南部边界的输入值增大到 20×10^7 kg/s 以上，与西部边界水汽输入值的大小相近。东边界在全年都为水汽输出边界，北边界夏季输出增大，南部边界夏季输出减小，冬季输出量级与东边界相近。

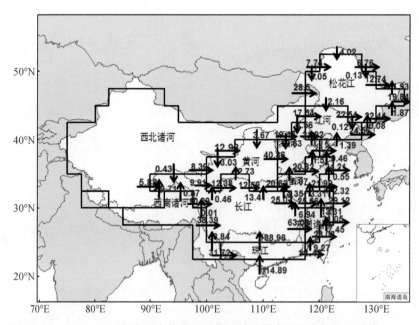

图 0-2-3　1960~2013 年中国东部季风区各流域平均水汽收支状况（单位：mm）

黄河流域为多年平均水汽汇区，1960～2013 年多年平均水汽辐散值为 -0.54×10^7 kg/s。总体来看，黄河流域的西边界也为最大输入边界，夏秋季的输入值要比冬春季的输入值大两倍左右；北边界和南边界也常年有输入，但北边界输入较小；南边界在夏季输入增多，在 7 月要超过西边界的输入值。东边界为主要的输出边界，北边界在夏季也有弱的输出，南边界冬、春、夏 3 个季节均有输出，但输出值较小。

长江流域为多年平均水汽汇区，1960～2013 年多年平均水汽辐合值为 1.18×10^7 kg/s，在十大流域水汽收支中的绝对值最大。总体来看，长江流域南部边界为主要的输入边界；西部边界在冬半年输入中占主导地位，并且由于副热带高气压带西南方的偏东气流以及部分台风带来的水汽，在夏末秋初东部边界有水汽输入。东部边界仍为主要的输出边界；北部边界的输出也较大，在 7 月甚至超过东部边界的输出值；南部边界的输出值全年都较小；西部边界在 8 月有微弱的输出。

东南诸河流域多年平均为水汽源区，1960～2013 年多年平均水汽辐散值为 0.6×10^7 kg/s。总体来看，东南诸河的西部边界全年都有水汽的输入；南部边界在夏季的水汽输入量能达到西部边界输入量的两倍，但在秋季没有水汽输入；北部边界在冬半年有弱的水汽输入，在夏半年没有水汽输入；东部边界在夏末秋初有水汽的输入。东部边界在 8 月的净输出量为 0，但在西部边界的 8～9 月份有弱的水汽输出，南部边界在春夏季的输出也为 0。

珠江流域多年平均为水汽汇区，1960～2013 年多年平均水汽辐合值为 1.42×10^7 kg/s。总体来看，南边界为主要的输入边界，西边界夏季输入较小，东边界在夏末秋初 3 个月有水汽输入，北边界在秋、冬两季有弱的水汽输入。水汽的输出以北边界为主，东部边界次之，西部边界在夏末秋初有水汽输出。

东部季风区各流域内的水汽收支净入量的多年变化曲线如图 0-2-4 所示。总体来看，除长江流域有微弱上升趋势外，季风区其他 7 个流域的水汽净流入量都呈下降趋势。珠江、东南诸河流域除在 1961 年为水汽汇之外，其余年份均为水汽源地，流域内水汽辐散，1985 年以前，流域内水汽输出迅速增加，1986 年之后，流域内输出水汽含量减少。东部季风区北部松花江、辽河、海河 3 个流域由水汽汇转为水汽源，水汽净流入量呈显著下降趋势，1980 年前下降速度较快，1980 年以后下降趋势变缓，但海河流域在 2002 年以后又略有增加，重新转为水汽汇地。黄河流域为水汽汇，多年水汽净入量呈减小的趋势，1978 年前下降速度较快，1978 年以后下降趋势变缓。淮河流域为多年的水汽汇，仅在 2000 年左右有几年为水汽源地，且在 2002 年以后，与海河流域类似，流域的水汽净入量有增加的趋势。长江流域常年为水汽汇，多年趋势略有增加。

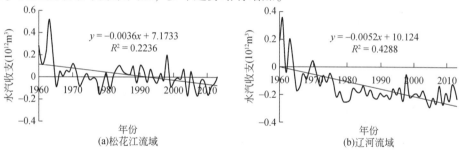

(a)松花江流域　　(b)辽河流域

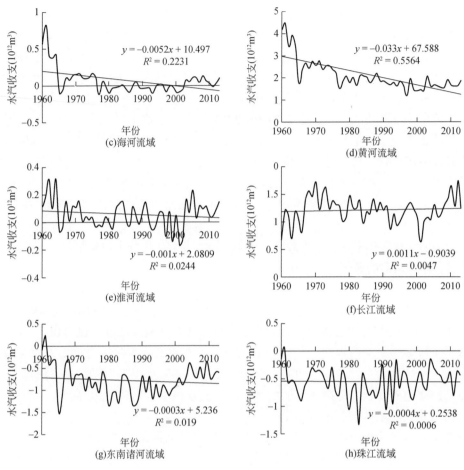

图 0-2-4　中国东部季风区各流域净水汽收支

注：虚线为线性趋势

（2）降水

根据国家气象信息中心提供的中国 756 个气象站 1961～2012 年逐日降水观测数据，中国东部季风区多年平均降水量为 890.3mm。具体来看，各个主要流域降水量差别较大，如表 0-2-3 所示。东部季风区内各大流域降水量从南向北递减，北部和内陆降水量相对较少，降水量最小的黄河流域，为 451.0mm，其次为北部松花江、海河、辽河 3 个流域，淮河流域的降水量较大，长江更是超过了 1000mm，最大的为东南诸河和珠江流域，降水量为 1500mm 左右。

表 0-2-3　中国东部季风区各流域多年平均（1961～2012 年）的降水量　（单位：mm）

流域	松花江	辽河	海河	黄河	淮河	长江	东南诸河	珠江
降水量	505.1	616.8	530.8	451.0	813.2	1152.6	1472.3	1580.9

表 0-2-4 给出了中国东部季风区各流域的降水量变化趋势，总体来看都没有通过 M-K

显著性检验。但通过数据可以看出，最近 27 年（1986~2012 年）相对于之前的 25 年（1961~1985 年），辽河、海河、黄河、淮河流域下降的趋势变缓，且黄河、淮河流域在 1986 年后出现了增加的趋势；东南诸河流域增加的趋势加剧，珠江流域增加的趋势变缓。长江流域在 1961~1985 年和海河流域在 1986~2012 年的变化趋势不明显。

表 0-2-4   中国东部季风区各流域的降水量变化趋势   （单位：a/mm）

流域	1961~2012 年	1961~1985 年	1986~2012 年
松花江	−0.23	−0.11	−1.08
辽河	−0.92	−0.95	−0.41
海河	−1.21	−1.00	0
黄河	−0.99	0.16	1.08
淮河	−0.52	−0.63	1.10
长江	−0.64	0	−0.75
东南诸河	1.34	0.11	0.25
珠江	−0.08	1.09	0.25

（3）径流

从十大水文分区逐年径流量变化来看（表 0-2-5），1961~2012 年中国八大流域径流总量除东南诸河流域表现为增加趋势外，其余 7 个流域均表现为减少趋势。其中，松花江流域 52 年来径流量总体呈现减少趋势，但没有通过置信度检验，且表现出年代际变化特征，1980 年前为径流量减少阶段，1980~2000 年径流量则有较为明显的增加，2000 年后松花江流域径流量处于另一个增加阶段；辽河、海河及黄河流域 1961~2012 年径流量则呈现出一直减少的趋势，减少趋势同样没有通过显著性检验；淮河、长江和珠江流域 1961~2012 年径流量呈现下降趋势，但趋势并不显著；东南诸河流域年径流量呈现增加趋势。

表 0-2-5   中国东部季风区各流域 1961~2012 年多年平均径流量及变化趋势

流域	多年平均径流量（亿 m³）	M-K 统计值
松花江	991.7	−0.24
辽河	406.7	−0.93
海河	118.9	−1.22
黄河	466.1	−1.01
淮河	805.0	−0.54
长江	10 165.6	−0.65
珠江	4 576.7	−0.09
东南诸河	1 623.2	1.36*

＊表示通过置信度 90% 检验

（4）流域水量平衡

根据 2.1 节对中国东部季风区水循环各要素的计算结果，得到中国东部季风区各大流域平均的水量平衡及变化结果。

降水：前后两个时段（1960～1985年和1986～2013年）中国东部季风区各大流域年平均降水量大都呈现减小的特点，多年年均降水变化量分别为辽河流域（–10mm）、海河流域（–35mm）、淮河流域（–25mm）、黄河流域（–31mm）、长江流域（–3mm）、珠江流域（–22mm），呈现增加的为松花江流域（8mm）、和东南诸河流域（74mm）。东部各大流域的平均结果为减小（–5mm）。

径流深：前后两个时段各大流域年径流深同样大都呈现减小的特点，多年年均径流深变化量分别为黄河流域（–4mm）、淮河流域（–8mm）、辽河流域（–3mm）、海河流域（–3mm）、长江流域（–1mm）、珠江流域（–10mm），呈现增加的为东南诸河流域（34mm），没有变化的为松花江流域（0mm）。东部季风区各大流域的平均结果为增加（1mm）。

蒸散发：前后两个时段各大流域年蒸散发量大都呈现减小的特点，分别为辽河流域（–7mm）、海河流域（–30mm）、淮河流域（–17mm）、长江流域（–19mm）、珠江流域（–61mm），呈现增加的有黄河流域（12mm）、松花江流域（25mm）和东南诸河流域（40mm）。东部各大流域的平均结果为减小（–8mm）。

水汽含量：前后两个时段各大流域水汽含量大都具有±1～2mm的波动，变化不明显。

蓄水变量：包括土壤水分变量、地下水变量以及人类活动引起的蓄排水变量等。较降水量、径流量及蒸散发量等水循环要素，蓄水变量是很小的，因此常假设其多年平均值为0，但近年来随着人类活动对水资源的开发利用，河道兴修水利工程，会使其发生相应的变化。蓄水变量正值表示下垫面蓄水的盈余，负值表示下垫面蓄水的亏缺。前后两个时段比较，蓄水变量下降的流域有黄河流域（–24mm）、松花江流域（–17mm）、海河流域（–1mm），增加的流域有长江流域（16mm）、珠江流域（49mm）。东部各大流域的平均结果为增加（1mm）。

从前述分析结果看，中国东部季风区各大流域水量平衡各要素的变化非常复杂，很难给出一个确切的答案来回答中国水循环是否"加速"。但是结合前文和本节的分析可以看出，气候变暖背景下，中国东部季风区水循环的确发生了一定程度的变化，如近10年来某些流域降水量、径流量和蒸散发量的减小，同时某些流域的降水量、径流量和蒸散发量也呈现增加的特点。水循环陆地分支水量平衡各要素的变化直接与陆地水资源量的变化息息相关。同时，也应注意到水循环的大气分支与陆地分支各要素具有分水岭意义的流域边界不同，水循环大气分支的水汽含量要素存在临近流域间的交换。尽管中国东部季风区各流域空中水汽含量的变化并不明显，但空中水汽的交换对陆地水循环及整个区域水量平衡的影响作用仍不容忽视。

2.1.2 蒸散发的年代际时空变化规律与成因

在联系气候系统大气过程和陆面过程的水文循环中，蒸散发过程是最为关键的环节之一。蒸散发研究对于理解气候变化及气候变化的影响具有重要的意义，其年际时空变化规律与成因的准确分析，对水资源、农业、生态环境等方面都具有十分重要的应用价值。

中国地区蒸发皿蒸发量的变化趋势与全球基本一致。采用中国 600 多个气象台站资料，对中国及主要流域蒸发皿记录的蒸发量及相关气候要素变化趋势进行了分析，得出 1956～2000 年中国蒸发皿蒸发量呈显著下降趋势，东部、南部下降较为明显（表 0-2-6）。从东部季风区的流域上看，长江、海河、淮河、珠江流域的年平均水面蒸发量均明显减少，海河和淮河流域减少尤为显著，黄河和辽河流域减少也较明显，但松花江流域未见明显变化。在多数地区，日照时数、平均风速和温度日较差同水面蒸发量具有显著的正相关性，并与水面蒸发呈同步减少，其为引起大范围蒸发量趋向减少的直接气候因子；地表气温和相对湿度一般在蒸发减少不很显著的地区与蒸发量具有较好的相关性，绝大部分地区气温显著上升，相对湿度稳定或呈微弱下降，表明其对水面蒸发量趋势变化的影响是次要的。

表 0-2-6　中国东部季风区各流域蒸发皿蒸发量的变化趋势

地区/流域	全国	长江	黄河	海河	淮河	珠江	辽河	松花江	东南诸河
变化率（mm/10a）	-30.7	-37.5	-21.1	-51.7	-54.6	-35.9	-16.6	-0.9	-19.8

潜在蒸散发反映下垫面在充分供水条件下的最大蒸散发量。全国地区的研究结果表明，1956～2000 年，除松花江流域外，全国绝大多数流域的年潜在蒸散量和季节的潜在蒸散量均呈现减少趋势，南方各流域年和夏季潜在蒸散量减少趋势尤其明显。1980～2000 年和 1956～1979 年两时段多年平均年潜在蒸散量差值表明，我国大部地区 1980～2000 年时段多年平均年潜在蒸散量较前一时段减少，山东半岛、黄河和长江源区的中西部等地则增多。从原因上看，全国及大多数流域的年和季节潜在蒸散量与日照时数、风速、相对湿度等要素关系密切，而 1956～2000 年日照时数和风速的明显减少可能是导致大多数地区潜在蒸散量减少的主要原因。

实际蒸散发由于很难通过仪器测定足够数量的、可靠的数据，目前多是依赖模型计算方式获取具有一定时空尺度的实际蒸散发量。采用改进的水量平衡模型计算结果表明，中国 100°E 以东的大部分地区实际蒸发量呈现下降趋势，100°E 以西，以及中国东北的北部区域实际蒸发量有增加趋势（图 0-2-5）。

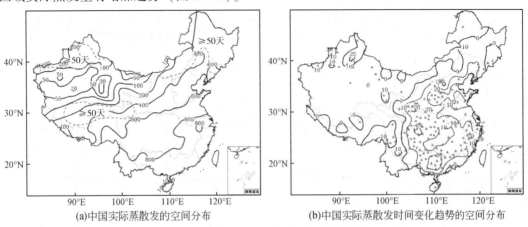

(a)中国实际蒸散发的空间分布　　　　(b)中国实际蒸散发时间变化趋势的空间分布

图 0-2-5　中国实际蒸散发及其时间变化趋势的空间分布

在区域/流域尺度上，采用蒸散发互补相关理论模型计算的结果表明，中国东南部的鄱阳湖流域及整个长江流域、海河流域、珠江流域实际蒸发量在过去 50 年间都呈现下降趋势，而松花江流域、黄河流域等在过去 40～50 年都呈现增加趋势（表 0-2-7）。

表 0-2-7 中国东部季风区各个流域实际蒸发量的变化趋势

地区/流域	变化率（mm/10a）	研究时段
松花江	4.9	1961～2010 年
海河	−6～11.7	1960～2002 年
海河	−12.5	1961～2010 年
黄河	5.0	1960～2000 年
长江	−11.8	1961～2007 年
中国东南半部	5～20	1960～2002 年
珠江	−24.3	1961～2010 年

在实际蒸散发的归因方面，研究结果表明，温度不是影响实际蒸散发时空变异的唯一要素，各种气象要素的综合作用最终造成了实际蒸散发的时间变化和空间格局。研究发现，以珠江、海河流域等为中国湿润、半湿润半干旱等 2 个气候区代表的流域，1961～2010 年这两个区域日照时数（表征能量条件）的变化贡献了实际蒸散发的主要变化量，其他气象要素的贡献量相对较低。降水（表征下垫面供水条件）的变化对实际蒸散发的变化在湿润地区贡献较低，在半湿润半干旱地区贡献相对较大，如海河流域降水的下降对实际蒸散发的下降有较大贡献。

2.2　水循环时空变异及其原因

东部季风区水资源的变化既有气候变化（温室气体排放等人为强迫）的影响和下垫面人类活动（LUCC）的影响，又有季风与海气相互作用的自然变率的影响。需要回答的科学问题：水循环水资源变化的驱动机理是什么？哪些是自然变率气候因素驱动，哪些是人为强迫非气候因素驱动？这涉及气候变化对水资源影响的归因问题。本书通过 GCMs-RGMs-陆面水文模式和数值实验途径，辨识气候自然变率和人类活动（CO_2 排放）因素对陆地水循环格局和水资源情势影响的相对贡献，即归因分析。

(1) 模式、试验设计、资料和方法

试验所使用的区域气候模式为国际理论物理中心（The Abdus Salam International Center for Theoretical Physics，ICTP）区域气候模式 RegCM4.0（Giorgi et al.，2012），运行模式所需的驱动场由 BCC_CSM1.1 全球模式的历史试验（GCM-hist）和气候归因试验（GCM-nat）提供，这些试验由 1850 年开始积分至 2005 年，其中 GCM-hist 中考虑了人类活动和自然因子的共同影响，GCM-nat 则只包含了自然因子的作用。BCC_CSM1.1 的水平分辨率为 T42 (2.8°×2.8°)，垂直方向为 26 层。研究选取全球模式两个试验结果中的 1960 ~ 2005 年时段，作为试验运行所需的初始和侧边界场，分别进行 RegCM4.0 由 1960 年 1 月 1 日 ~ 2005 年 12 月 31 日的积分，其中除 1960 年作为模式初始化时段不参加分析外，其余时段分别称为区域模式的历史试验 RCM-hist 和区域模式的归因试验 RCM-nat，以 RCM-hist 和 RCM-nat 差别比较，讨论人类活动和自然强迫对中国及各大流域气候的影响。其中，RCM-hist 试验结果曾被用来作为中国区域气候变化预估的参照时段。分析表明，RegCM4.0 较全球模式驱动场在很大程度上提高了对中国区域气候的模拟效果。

注意到 RCM-hist 试验中仅考虑了温室气体的作用，这里的"人类活动"一词，仅指人为温室气体的排放。在 RCM-hist 和 RCM-nat 的试验中，RegCM4.0 的范围覆盖中国大陆及周边地区，分辨率为 50km，垂直方向分成 18 层，层顶高度为 10hPa。各物理过程选择为辐射使用 NCAR CCM3 方案，行星边界层使用 Holtslag 方案，大尺度降水采用 SUBEX，积云对流参数化选择基于 AS 闭合假设的 Grell 方案，陆面过程使用 BATS1e。模式使用的植被覆盖在中国区域内使用实测资料，中国区域外使用 USGS 基于卫星观测反演的 GLCC (global land cover characterization)。

用于检验模式所模拟地面气温和降水分布及其历史变化的观测资料分别采用了同期 0.5°×0.5° 分辨率的 CN05.1 格点数据，数据基于 2400 多个气象台站的观测资料，通过"距平逼近法"制作而成（吴佳和高学杰，2013）。

（2）人类活动和自然变率的贡献分析

图 0-2-6 (a) 和图 0-2-6 (b) 分别给出了 RCM-nat 试验所模拟的 1961 ~ 2005 年逐年平均气温的变化趋势及其与 RCM-hist 试验模拟的同期气温变化趋势之差，后者被认为是人类活动的影响。在自然变率的作用下，强迫的影响（RCM-nat）使得中国地区气温除青藏高原为弱的降低（0 ~ 0.5℃/45a）外，其他大部分地区为弱的增温趋势，速率为 0 ~ 0.5℃/45a，其中位于高纬度地区的西北北部、松花江和辽河流域以及位于中纬度的海河东部、黄河南部和淮河流域北部的增温幅度较大，速率为 0.5 ~ 1.0℃/45a ［图 0-2-6 (a)］。图 0-2-6 (b) 为 RCM-hist 和 RCM-nat 两个试验的气温趋势之差，反映了人类活动的影响从 1961 ~ 2005 年对中国气温变化的贡献可以看到，近几十年温室气体的增加使得中国地区普遍变暖，为一致的增温趋势，引起大部分地区增温 0.5 ~ 1.0℃，青藏高原地区（西北地区南部和西南大部分地区）增温 1.0 ~ 1.5℃ ［图 0-2-6 (b)］。

图 0-2-6 (c) 给出了 RCM-hist 和 RCM-nat 两个试验 1961 ~ 2005 年多年平均气温差别的空间分布。温室气体的人为排放（即本书中所称的人类活动）由工业化革命时期的 1850 年开始，气温逐渐升高。由于研究使用的驱动场 GCM-hist 和 GCM-nat 两个试验从 1850 年开始，所以与图 0-2-6 (b) 不同，图 0-2-6 (c) 反映的是 1850 ~ 2005 年累计温室气体排放对中国区域的增温贡献。由图 0-2-6 (c) 可以看到，温室效应对中国区域气温的总体影响为大范围的升温，并以西北地区最为明显，幅度一般达到 2℃ 以上，东部升温相对较小，其中南方沿海地区的升温在 0.5℃ 以下。

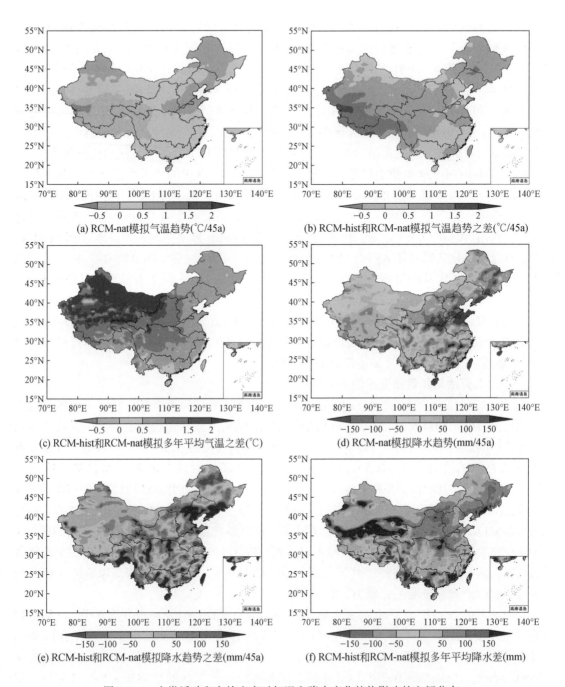

(a) RCM-nat模拟气温趋势(℃/45a)

(b) RCM-hist和RCM-nat模拟气温趋势之差(℃/45a)

(c) RCM-hist和RCM-nat模拟多年平均气温之差(℃)

(d) RCM-nat模拟降水趋势(mm/45a)

(e) RCM-hist和RCM-nat模拟降水趋势之差(mm/45a)

(f) RCM-hist和RCM-nat模拟多年平均降水差(mm)

图 0-2-6　人类活动和自然变率对气温和降水变化趋势影响的空间分布

　　表 0-2-8 给出了 1961～2005 年各流域和全国区域平均的观测（OBS）、人类活动和自然变率强迫共同作用（RCM-hist）下、人类活动（ANT，RCM-hist 与 RCM-nat 之差）以及自然变率强迫（RCM-nat）下气温的变化趋势，同时给出了人类活动和自然变率对气温总体变化贡献所占的比例（ANT/RCM-hist 和 RCM-nat/RCM-hist）。其中，OBS 和 RCM-hist

用于检验模式对历史气温变化趋势的模拟能力,由表0-2-8可以看到,检验模式在松花江流域、西北和黄河流域 RCM-hist 模拟的流域平均增温幅度小于观测,其余流域模拟值和观测相近,全国平均观测和模拟增温速率分别为 1.2℃/45a 和 0.9℃/45a。在多数流域和全国平均,人类活动引起的增温幅度贡献都较自然变率大,一般占到总比例的 50% 以上,全国区域平均人类活动的贡献率为 80% (0.7℃/45a),自然变率为 20% (0.2℃/45a),即目前所观测到的中国区域增温现象,大部分可以归因于人类活动引起的温室气体排放增加。

表0-2-8 人类活动、自然变率对气温变化的影响

作用类别	松花江	辽河	海河	黄河	淮河	长江	东南	珠江	西北	西南	全国
OBS（℃/45a）	1.9	1.4	1.2	1.3	0.9	0.6	0.5	0.6	1.4	1.0	1.2
RCM-hist（℃/45a）	1.4	1.2	1.1	0.9	1.2	0.7	0.6	0.6	0.9	0.9	0.9
ANT（℃/45a）	0.8	0.7	0.5	0.6	0.6	0.6	0.5	0.4	0.8	1.0	0.7
RCM-nat（℃/45a）	0.6	0.5	0.6	0.3	0.6	0.1	0.1	0.3	0.1	-0.1	0.2
ANT/RCM-hist	0.5	0.6	0.5	0.7	0.6	0.8	0.9	0.9	1.1	0.8
RCM-nat/RCM-hist	0.5	0.4	0.5	0.3	0.5	0.1	0.2	0.4	0.1	-0.1	0.2

注:OBS 为观测;RCM-hist 为人类活动和自然变率强迫共同作用;ANT 为人类活动;RCM-nat 为自然变率强迫下气温的变化趋势;ANT/RCM-hist 和 RCM-nat/RCM-hist 分别为人类活动和自然变率对气温总体变化贡献所占的比例

图0-2-6 (d) 和图0-2-6 (e) 分别给出了 RCM-nat 对 1961~2005 年逐年平均降水变化趋势的模拟及其与 RCM-hist 之差。从图0-2-6 (d) 可以清楚地看到,在自然变率的作用下,中国东部降水呈现明显的"南涝北旱"分布,海河、黄河和淮河等流域降水减少明显,最大可以达到 150mm/45a,长江和东南沿海流域则以增加为主。同时,人类活动的影响 [图0-2-6 (e)] 则在某种程度上与之相反,在东部地区呈现一定程度的"北涝南旱"现象,使得如海河流域北部和辽河流域南部等地降水明显增加,淮河和长江中下游流域降水减少。在西北地区,自然变率情况下降水减少,人类活动则引起降水增加,后者起主导地位,使得模拟结果和观测一致,区域降水增加 [图0-2-6 (f)]。注意到在大部分的气候变化预估模拟中,未来西部地区的降水都是增加的 (Xu et al., 2010; Gao et al., 2013)。1850 年以来,温室气体排放对中国降水的总体影响为使得大部分地区降水增多,但青藏高原和江南部分地区降水减少 [图0-2-6 (f)]。

表0-2-9 给出的是降水的情况。降水本身的模拟难度比气温大很多,尤其是在具有复杂天气气候系统的东亚区域。对全国十大流域,在 RCM-hist 降水趋势变化模拟中,海河和黄河流域降水减少,长江、东南沿海、珠江、西北和西南流域降水增加,上述 7 个流域模拟降水变化趋势和观测一致,可以认为模拟结果在这些流域相对更加可靠。其他如松花江、辽河和淮河流域,模拟和观测的趋势相反,模拟结果的不确定性相对较高。全国的情况,模拟中的降水趋势变化不大,但实际观测降水增加。

由表0-2-9 中的第 5 行和第 6 行数据可以看出,人类活动引起的降水变化在半数流域起到主导作用,包括长江、珠江、西北和西南(可靠性相对较高)以及辽河流域(不确

定性较大）；自然变率占到主导作用的流域包括海河、黄河（可靠性相对较高）、松花江、淮河和东南（不确定性较大）流域。此外，还可以看出，在辽河、海河、黄河、东南和珠江流域，人类活动和自然变化的作用都很大，最终产生一个较小的综合结果，如在模拟和观测降水变化一致的流域中，人类活动引起海河和黄河流域降水分别增加 93mm/45a 和 46mm/45a，自然变率情况下使得降水减少 119mm/45a 和 83mm/45a，两者共同作用下降水减少 26mm/45a 和 38mm/45a。

表 0-2-9　人类活动、自然变率对降水变化的影响

类别	松花江	辽河	海河	黄河	淮河	长江	东南	珠江	西北	西南	全国
OBS （mm/45a）	8	−33	−71	−48	10	26	110	18	27	44	16
RCM-hist （mm/45a）	−72	26	−26	−38	−147	22	5	15	24	18	0
ANT （mm/45a）	−25	95	93	46	−11	21	−27	49	20	48	27
RCM-nat （mm/45a）	−48	−69	−119	−83	−136	2	32	−33	4	−30	−27
ANT/RCM-hist	0.3	3.6	−3.6	−1.2	0.1	0.9	−6.0	3.1	0.8	2.6	—
RCM-nat/RCM-hist	0.7	−2.6	4.6	2.2	0.9	0.1	7.0	−2.1	0.2	−1.6	0.7

注：OBS 为观测；RCM-hist 为人类活动和自然变率强迫共同作用；ANT 为人类活动；RCM-nat 为自然变率强迫下降水的变化趋势；ANT/RCM-hist 和 RCM-nat/RCM-hist 分别为人类活动和自然变率对降水总体变化贡献所占的比例

综上所述，我国陆地水文循环的主要变化是温室气体排放（CO_2）影响叠加东部季风区显著自然变率背景下共同作用形成。自然变率占主要成分，降水自然变率导致径流变化的贡献率达 70% ~ 90%，全国平均贡献率约占约 2/3；温室气体排放贡献也占 10% ~ 30%，全国平均贡献率约占约 1/3。在未来 CO_2 排放增加的情景下，气候变化影响的贡献率将逐步增大，其也是水资源变化的重要驱动因子，需要在水资源规划和管理中加以新的认识与考虑。

第3章　未来气候变化影响的
不确定性与情景预估

IPCC 的气候变化模拟与预估存在很大的不确定性，气候变化影响下未来水文情景的不确定性研究属于国际前沿与热点。气候变化对水资源影响有多个来源的不确定性，最主要来自 GCMs 多模式降水与气温预估的不确定性。如何识别和减少 GCM 降水与气温预估不确定性是一个难点问题，是科学判断未来水资源如何变化的核心。围绕多 GCM 模式对未来气候变化预估不确定性的科学问题，本章提出了新的贝叶斯不确定性量化方法，量化了不同气候变化情景下降水和气温相关变量的变化趋势及其不确定性，提供了未来情景的降水、气温等降尺度数据，为未来气候变化影响的不确定性分析开拓了新的途径。

3.1　贝叶斯理论模型

发展针对多气候模式降水与气温输出的概率预报贝叶斯理论模型，是当前探索气候变化影响不确定性的一个重要途径。该模型充分考虑多时空尺度气候要素的统计相关结构，可为水文应用提供多尺度的区域气候变化信息。该方法与其他贝叶斯方法的区别在于，它能够把 GCM 模拟过去的能力和生成将来共识性预报的能力结合起来，在贝叶斯原理框架下运算，得到理论上更合理的结果。

根据概率论中的贝叶斯定理（Bayes' theorem），当观测到事件 B 之后，发生事件 A 的条件概率为

$$P(A \mid B) = \frac{P(B \mid A)P(A)}{P(B)} \tag{0-3-1}$$

现将 B 替换为随机变量 Y 的观测数据集 y^{obs}，并用其概率密度函数（probability density function，PDF）$p(y)$ 替换概率 P，将 A 替换为关于 Y 的某一模型 M_k，$k = 1$，$\cdots$，K，则得到模型 M_k 的后验概率为

$$P(M_k \mid y^{\mathrm{obs}}) = \frac{p(y^{\mathrm{obs}} \mid M_k)P(M_k)}{\sum\limits_{k=1}^{K} p(y^{\mathrm{obs}} \mid M_k)P(M_k)} \tag{0-3-2}$$

并满足 $\sum\limits_{k=1}^{K} P(M_k \mid y^{\mathrm{obs}}) = 1$；$p(y^{\mathrm{obs}} \mid M_k)$ 为 y^{obs} 在模型 M_k 下的似然函数。随机变量 Y 的后验预测 PDF 则为

$$p\left(y\,|\,y^{\mathrm{obs}}\right) = \sum_{k=1}^{K} p\left(y\,|\,M_k\right) P\left(M_k\,|\,y^{\mathrm{obs}}\right) = \sum_{k=1}^{K} w_k p\left(y\,|\,M_k\right) \qquad (0\text{-}3\text{-}3)$$

式中，$w_k \equiv P\left(M_k\,|\,y^{\mathrm{obs}}\right)$ 起到权重的作用，称为模型 M_k 的后验权重。式（0-3-3）即为贝叶斯模型平均（Bayesian model averaging，BMA）的表达式，是作为用多个统计模型进行联合推断和预测方法而提出的。

3.2　降水预估的共识性与可信度统计方法

为了验证单模式或多模式气候预估的可信度，本节提出从寻找气候变量场的季节可预报信号的角度来评估气候变化预估的可信性。通过使用 ZF2004 的（协）方差分解方法，将气候变量场的（协）方差矩阵进行分解，分别得到对应"季节可预报"和"季节内变率"部分的（协）方差场，进而得到分别对应这两个部分的主要空间模态，从而更好地研究气候变量场（本书主要针对中国东部区域的降水和北半球冬季 500hPa 气压场）的季节可预报性及其相关问题。本节定量化地给出了中国东部降水各个季节的可预报性大小，分别讨论了降水和大气环流场的"可预报模态"及"不可预报模态"的空间形态特征。

使用降水、海温及环流场资料，采用主要统计工具，针对降水季节预报的研究步骤如图 0-3-1 所示。

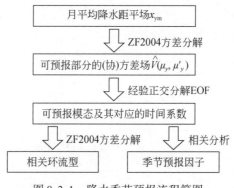

图 0-3-1　降水季节预报流程简图

3.2.1　降水季节预报流程

根据图 0-3-1 的流程，首先，将应用某一区域某一季节（3 个月）月平均的降水资料进行 ZF2004 的方差分解，分别得到降水"季节可预报"分量的协方差场和"季节不可预报"分量的协方差场。然后，将"可预报"分量的协方差场应用经验正交分解 EOF 方法得到"季节可预报模态"，而后通过将"季节可预报模态"投影在降水的原始场上，得到对应"季节可预报模态"的"可预报时间系数"。根据得到的降水"可预报时间系数"与海表温度 SST、环流场要素（如 500hPa 气压场、850hPa 水汽输送等）做相关分析（对环流场要素最好做 ZF2004 的协方差分解，因为不同与海温，环流场的季节变率较大，ZF2004 的分解方法可以更好地得到与季节可预报有关的环流场信息），从而得到降水的季节预报因子（通常是季节内变化不大的海温要素 SST，或者一些缓慢变化的大气内部动力过程，如一些遥相关现象：太平洋–北美型 PNA；北半球环状模 NAM 等），或从动力角度分析影响降水的大气环流因子。

3.2.2 中国东部季风区降水的季节可预报性

在本节中，利用中国东部季风区 106 个站点的降水资料，研究该区域在各个季节的降水季节可预报性问题，结果如图 0-3-2 所示。

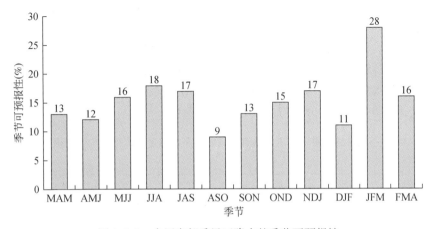

图 0-3-2　中国东部季风区降水的季节可预报性

由图 0-3-2 可见，中国东部季风区的降水季节可预报性百分率总体数值不大，数值平均在 16% 左右，即中国东部季风区降水的季节可预报性十分有限。这说明，对某个季节，中国东部季风区降水年际变化的影响主要来源于季节内变率（10 ~ 60 天）的大气内部动力过程，从另一个侧面说明，在中国东部降水季节预报研究中进行季均值场方差分解的重要性。只有将降水总体方差分解为"可预报"方差和"不可预报"方差两部分，才能更好地去除相对季节预报而言为噪声的"季节内变率"（"不可预报"）部分的影响，从而更好地研究降水的季节可预报信号及其影响因子。

另外，由图 0-3-2 可见，对中国东部季风区的降水，冬季 1 ~ 3 月（JFM）的可预报性相对最高，达到 28%；其次为夏季 6 ~ 8 月（JJA）的可预报性，为 18%；夏秋转换季节 8 ~ 10 月（ASO）的季节可预报性最低，仅为 9%。总体而言，中国东部降水季节可预报性呈现一种冬夏季节高、转换季节低的季节变化规律。

3.3　贝叶斯多模型统计降尺度方法及应用

本研究首次系统评估了 IPCC AR5 所提供的近 50 个 GCM 在中国东部季风区八大流域

气候变化对中国东部季风区陆地水循环与水资源安全的影响及适应对策

的适用性。基于贝叶斯原理，提出了贝叶斯多模型统计降尺度技术，为定量表述甚至减小统计降尺度结果的不确定性提供了科技支撑，并生成未来气候变化情景下季风影响区八大流域未来 20~50 年 1°×1°网格（典型流域 0.5°×0.5°网格）的日平均气温和降水量的概率分布估计，提供多种数据集。

基于 CMIP5 多模式输出结果，将 BMA 多模型降尺度方法应用于中国东部季风区主要流域（海河、淮河、辽河、太湖、渭河和珠江流域），对日平均温度和日降水量建立降尺度模型，并对 Historical（1971~2000 年）情景和未来（2021~2050 年）的低（RCP2.6）、中（RCP4.5）、高（RCP8.5）3 种排放情景在覆盖流域的网格点上进行随机模拟。因珠江流域较大，以 109°E 为界分东西两部分分别进行降尺度和随机模拟。格点空间分辨率为 0.5°×0.5°。对每一情景的随机模拟均包含 50 个序列的样本，同时以百分位数形式给出不确定性估计。降尺度模拟数据以 NetCDF（http://www.unidata.ucar.edu/software/netcdf/）格式文件提供。

为了对未来气候变化情景经过降尺度后对流域的影响进行粗略的估计，根据各流域在历史和未来时期各情景下日平均温度和日降水量的模拟样本，计算了各流域格点平均的日平均温度和年降水量分布的均值和极端分位值（对于降水只关心高分位值），并比较未来时期相对历史时期的变化，分别得到表 0-3-1 和表 0-3-2。

表 0-3-1　不同排放情景下各流域格点平均的日平均温度模拟样本均值和极端百分位值

（单位：℃）

排放情景	统计量	海河流域	淮河流域	辽河流域	太湖流域	渭河流域	珠江流域（西）	珠江流域（东）
历史	q_5	3.8	9.4	0.8	10.9	3.8	12.7	13.8
	q_{10}	4.9	10.4	2.0	11.9	4.9	13.6	14.8
	均值	9.1	14.0	6.7	15.5	8.8	16.9	18.5
	q_{90}	13.4	17.6	11.3	19.2	12.7	20.2	22.2
	q_{95}	14.5	18.6	12.6	20.1	13.7	21.1	23.1
RCP2.6	q_5	4.3 (11.5%)	9.7 (3.3%)	1.2 (55.6%)	11.1 (1.7%)	4.3 (10.9%)	13.4 (5.2%)	14.5 (4.8%)
	q_{10}	5.4 (8.9%)	10.7 (3%)	2.4 (21.1%)	12.1 (1.6%)	5.3 (8.6%)	14.3 (4.9%)	15.5 (4.5%)
	均值	9.6 (4.8%)	14.3 (2.2%)	7.1 (6.3%)	15.7 (1.2%)	9.2 (4.8%)	17.6 (3.9%)	19.1 (3.6%)
	q_{90}	13.8 (3.3%)	17.9 (1.8%)	11.8 (3.7%)	19.4 (1%)	13.1 (3.3%)	20.9 (3.3%)	22.8 (3%)
	q_{95}	14.9 (3.1%)	18.9 (1.7%)	13.0 (3.3%)	20.3 (0.9%)	14.2 (3.1%)	21.8 (3.2%)	23.8 (2.9%)

排放情景	统计量	海河流域	淮河流域	辽河流域	太湖流域	渭河流域	珠江流域（西）	珠江流域（东）
RCP4.5	q_5	4.3 (11.5%)	9.7 (3.4%)	1.2 (56.1%)	11.2 (2%)	4.2 (10.1%)	13.4 (5.2%)	14.5 (5.1%)
	q_{10}	5.4 (8.9%)	10.7 (3.1%)	2.4 (21.3%)	12.1 (1.8%)	5.3 (8%)	14.3 (4.9%)	15.5 (4.7%)
	均值	9.6 (4.8%)	14.3 (2.3%)	7.1 (6.4%)	15.8 (1.4%)	9.2 (4.4%)	17.6 (4%)	19.2 (3.8%)
	q_{90}	13.8 (3.3%)	17.9 (1.8%)	11.8 (3.8%)	19.4 (1.1%)	13.1 (3.1%)	20.9 (3.3%)	22.9 (3.2%)
	q_{95}	14.9 (3%)	18.9 (1.7%)	13.0 (3.4%)	20.3 (1.1%)	14.1 (2.8%)	21.8 (3.2%)	23.8 (3%)
RCP8.5	q_5	4.4 (14.3%)	9.8 (4.3%)	1.3 (71.3%)	11.2 (2.4%)	4.3 (12.7%)	13.5 (6.3%)	14.7 (6.1%)
	q_{10}	5.5 (11.1%)	10.8 (3.9%)	2.5 (27.1%)	12.2 (2.2%)	5.4 (10%)	14.4 (5.9%)	15.6 (5.7%)
	均值	9.7 (6%)	14.4 (2.9%)	7.2 (8.1%)	15.8 (1.7%)	9.3 (5.6%)	17.7 (4.8%)	19.3 (4.6%)
	q_{90}	13.9 (4.1%)	18.0 (2.3%)	11.9 (4.8%)	19.4 (1.4%)	13.2 (3.9%)	21.1 (4.1%)	23.0 (3.8%)
	q_{95}	15.0 (3.8%)	19.0 (2.2%)	13.1 (4.3%)	20.4 (1.3%)	14.2 (3.6%)	21.9 (3.9%)	24.0 (3.6%)

注：括号内百分数为相对 Historical 情景的变化

表 0-3-2　不同排放情景下各流域格点平均的年降水量模拟样本均值和极端百分位值

（单位：mm）

排放情景	统计量	海河流域	淮河流域	辽河流域	太湖流域	渭河流域	珠江流域（西）	珠江流域（东）
历史	均值	522.3	900.1	533.5	1312.3	499.5	1354.3	1609.1
	q_{90}	1558.7	2765.7	1640.9	4163.6	1562.8	4217.9	5075.7
	q_{95}	2960.6	4966.4	2955.7	6801.1	2689.5	6465.6	7945.0
RCP2.6	均值	649.2 (24.3%)	1009.5 (12.2%)	645.9 (21.1%)	1451.4 (10.6%)	581.8 (16.5%)	1603.1 (18.4%)	1595.6 (-0.8%)
	q_{90}	1964.6 (26%)	3115.6 (12.7%)	2001.9 (22%)	4601.6 (10.5%)	1826.8 (16.9%)	4945.6 (17.3%)	5018.6 (-1.1%)
	q_{95}	3619.6 (22.3%)	5533.0 (11.4%)	3527.4 (19.3%)	7475.3 (9.9%)	3097.0 (15.2%)	7515.5 (16.2%)	7899.5 (-0.6%)

排放情景	统计量	海河流域	淮河流域	辽河流域	太湖流域	渭河流域	珠江流域（西）	珠江流域（东）
RCP4.5	均值	663.9 (27.1%)	1007.3 (11.9%)	665.4 (24.7%)	1453.1 (10.7%)	581.8 (16.5%)	1634.8 (20.7%)	1602.0 (−0.4%)
	q_{90}	2018.0 (29.5%)	3108.3 (12.4%)	2067.5 (26%)	4608.5 (10.7%)	1826.8 (16.9%)	5038.6 (19.5%)	5032.8 (−0.8%)
	q_{95}	3689.7 (24.6%)	5524.5 (11.2%)	3617.2 (22.4%)	7487.6 (10.1%)	3098.6 (15.2%)	7652.6 (18.4%)	7934.8 (−0.1%)
RCP8.5	均值	683.7 (30.9%)	1022.5 (13.6%)	674.2 (26.4%)	1478.0 (12.6%)	596.4 (19.4%)	1667.7 (23.1%)	1595.5 (−0.8%)
	q_{90}	2076.8 (33.2%)	3156.2 (14.1%)	2091.9 (27.5%)	4686.0 (12.5%)	1872.4 (19.8%)	5128.8 (21.6%)	5004.6 (−1.4%)
	q_{95}	3796.5 (28.2%)	5602.4 (12.8%)	3669.7 (24.2%)	7607.5 (11.9%)	3168.9 (17.8%)	7789.0 (20.5%)	7908.7 (−0.5%)

注：括号内百分数为相对 Historical 情景的变化

由表 0-3-1 可见，未来排放情景下各流域日平均温度的统计量均有增长，高排放的 RCP8.5 情景下相对增幅最大，低排放的 RCP2.6 情景下相对增幅最小；各流域极端低温（q_5、q_{10}）的相对增幅较大，极端高温（q_{90}、q_{95}）的相对增幅较小；而长江以北流域的相对增幅普遍较长江以南流域的相对增幅更大。由表 0-3-2 可见，未来排放情景下除珠江流域东部以外，其他流域年降水量的统计量均有增长，珠江流域东部则略有下降；降水量增长的情况下，高排放的 RCP8.5 情景下的相对增幅略大于其他两种情景；年降水量均值和极值的相对增幅基本相当，均值和 q_{90} 的相对增幅略大一些；长江以北流域和珠江流域西部的相对增幅较大。

3.4 基本认识

未来气候变化及其影响的不确定性是世界性难题。其中，难点来自 GCMs 多模式降水预估的不确定性，这属于全球变化研究的国际前沿，并且国内外正在探索而无成熟的、可借鉴的方法。本章介绍的贝叶斯多模式集成的概率预估不确定性理论，以及评估多模型概率预估可信度和面向流域水文过程的降尺度方法，为量化和减少气候变化预估的不确定性提供了一种新的途径。

依据 IPCC-AR5 不同排放情景（RCP2.6、RCP4.5、RCP8.5）下 GCMs 未来降水集合预估与综合判断：未来 20~30 年（2020~2040 年），东部季风区水文极端事件（水旱灾害）发生的频率与强度有增强的态势；中国东部季风区过去 63 年和未来 30~50 年的极端干旱将呈现波动上升的态势，由此将加大未来 30 年中国水资源供需矛盾和水资源的脆弱性，尤其是北方（华北、东北粮食主产区）农业水资源需水的压力；基于 GCMs 多模式预估，未来 20~30 年东部季风区"南涝北旱"的格局将逐步转变，北方降水将增加，但 2050 年左右很可能出现再回转的格局。上述结论依据详见本书专题篇课题二论述的相关内容。

第 4 章　"陆–气双向耦合"模式与水循环响应机理

4.1　区域水循环响应机理研究

传统的"气候–水文"影响研究主要采取单一方向的分析模式,即将降水等气候要素输入到水文模型,分析和评估气候变化对水文过程的影响,这样的方式将导致水文对气候响应反馈机制的缺失。由此,建立"水文–气候"双向耦合模型是陆地水循环响应与变化归因的核心。

问题和难点是:如何将复杂下垫面人类活动的影响(如跨流域调水、地下水超采等下垫面的变化等)嵌入大尺度水文模拟及气候模拟,实现"陆面–大气"水循环的双向耦合与互动?如何建立有效的陆面数据同化系统,为陆气耦合模式提供优化初始条件改进水文模拟?本章基于上述问题,做了如下章节成果简介的相关研究。

4.1.1　大尺度陆地水循环模型 CLM-DTVGM 的构建

基于水循环动力学–非线性系统理论,将流域水循环与人类用水与跨流域调水等影响耦合到陆面过程模型 CLM3.5,建立自主产权的大尺度分布式水循环系统模型(CLM-DTVGM),从而为研究气候变化和下垫面人类活动对水循环及水资源影响与驱动机制的辨识提供了科学基础与评估工具。

分布式时变增益水文模型(DTVGM)作为一种系统论与物理方法相结合的模型,能较好地反映蓄满和超渗的地表产流过程,易建立土地利用/土地覆被变化联系,且能描述人类活动,其简单、实用、效果好,对水文系统模拟的精度比较高,可广泛用于大尺度水文循环的模拟(夏军,2002)。针对 CLM3.5 中仅细致考虑了一维垂向上的水文过程,缺乏对二维水文过程的精确估算,尤其缺乏考虑人类活动对水文过程的影响等不足,采用 DTVGM 的时变增益因子概念和运动波汇流机制,改进 CLM3.5 中的产汇流模型,并在模型中考虑地下水开采、南水北调、三生用水、作物种植等人类活动影响,发展能够描述东部季风区典型地理特征下流域自然–人文过程的大尺度陆地水循环模型(CLM-DTVGM),为研究人类活动对陆面水文过程的影响及机理提供大尺度陆面水文模式平台。

(1) 产流模块改进

CLM3.5 模型参数化过程中考虑了植被截流、穿过植被冠层的降水、植被滴落的降水、雪的累积与融化、雪层间的水分传输、下渗、地表径流、次地表径流,以及模型柱内的植被冠层水的变化量 ΔW_{can}、雪水变化量 ΔW_{sno}、土壤水变化量 $\Delta W_{liq,i}$、土壤冰变化量 $\Delta W_{ice,i}$

等诸多水文变量。

系统中的水量平衡可以表示为

$$\Delta W_{can} + \Delta W_{sno} + \sum_{i=1}^{N} (\Delta W_{liq,\,i} + \Delta W_{ice,\,i}) = (q_{rain} + q_{sno} - E_v - E_g - q_{over} - q_{drai} - q_{rgwl})\Delta t$$

$$(0\text{-}4\text{-}1)$$

式中，q_{rain} 为液态降水；q_{sno} 为固态降水；E_v 为植被蒸散发；E_g 为地面蒸发；q_{over} 为地表径流；q_{drai} 为地下径流；q_{rgwl} 为冰川、湿地、湖泊类型中产生的径流；N 为土壤层数；Δt 为时间步长。

DTVGM 模型地表产流模型计算方法如下：

$$R = G(t)P(t) \qquad (0\text{-}4\text{-}2)$$

式中，$G(t)$ 为时变增益系数；$P(t)$ 为降水量（mm）；R 为地表水产流量（mm）。

$$G(t) = g_1 \left[\frac{W(t)}{W_m}\right]^{g_2} \qquad (0\text{-}4\text{-}3)$$

式中，g_1，g_2 为时变增益因子；$W(t)$ 为土湿，即土壤含水量（mm）；W_m 为土壤饱和含水量（mm）。考虑利用菲利普下渗公式计算的平均下渗量为

$$\overline{F} = F_c \left(\frac{W_m}{W(t)}\right)^{n_1} = K_s \Delta t \left(\frac{W_m}{W(t)}\right)^{n_1} \qquad (0\text{-}4\text{-}4)$$

式中，F_c 为 Δt 时段稳渗量（mm）；K_s 为土壤饱和状态的稳渗率（mm/d）；Δt 为计算的时段（d）；n_1 为模型指数参数，与土壤特性等下垫面条件有关，一般在 1.0 左右。考虑扣除下渗后的地表产流为

$$R = \begin{cases} P(t) - \overline{F} & P(t) \geqslant \overline{F}(t) \\ 0 & P(t) < \overline{F}(t) \end{cases} \qquad (0\text{-}4\text{-}5)$$

联立方程，根据水量平衡关系得到：

$$G(t) = \begin{cases} 1 - F_c \left[\frac{W_m}{W(t)}\right]^{n_1} \bigg/ P(t) & P(t) \geqslant F_c \left[\frac{W_m}{W(t)}\right]^{n_1} \\ 0 & P(t) < F_c \left[\frac{W_m}{W(t)}\right]^{n_1} \end{cases} \qquad (0\text{-}4\text{-}6)$$

上述关系式说明了时变增益因子与土壤含水量等的非线性函数关系，并有明确的物理意义。

（2）汇流模块改进

汇流计算中，CLM3.5 模型在坡面汇流和河道（网格间）汇流部分都是采用一阶线性方程进行计算，但实际的汇流非常复杂，简单的线性描述不能有效地表达汇流过程。CLM3.5 中河流传输模型（RTM）采用线性传输方案将水量从每一格点传输到相邻的下游格点，方案分辨率为 0.5°。每一个 RTM 网格内的河水水量变化可以表示为

$$\Delta W_{can} + \Delta W_{sno} + \sum_{i=1}^{N} (\Delta W_{liq,\,i} + \Delta W_{ice,\,i}) = (q_{rain} + q_{sno} - E_v - E_g - q_{over} - q_{drai} - q_{rgwl})\Delta t$$

$$(0\text{-}4\text{-}7)$$

$$F_{out} = \frac{v}{d}S \qquad (0-4-8)$$

式中，F_{out} 为从该网格流入下游邻近网格的流量（m³/s）；d 为相邻网格间的距离（m）；S 为一个网格单元的存储量（m³）。每个网格的流向为八个方向之一，并且流向是基于数字高程模型中的最陡坡度所做的。

陆面模型在每个时间步长的总径流为

$$R = q_{over} + q_{drai} + q_{rgwl} \qquad (0-4-9)$$

式中，q_{over} 为地表径流；q_{drai} 为地下排水；q_{rgwl} 为冰川、湿地、湖泊等径流，单位均为 kg/(m²·s)。

而 DTVGM 用非线性的方法进行汇流计算，对汇流过程的模拟是基于栅格的分级运动，波汇流模型是以栅格为基础划分汇流栅格等级（即汇流带）的，在此基础上应用运动波模型进行逐级汇流演算直至流域出口断面。因此，采取非线性的 DTVGM 汇流模块来修改线性的 CLM3.5 汇流模块，进而更加有效地进行汇流计算。

本书通过划分子流域、子流域与网格嵌套，采用运动波方程进行求解，得到更精确的研究区域流量过程。将水文单元分成坡面与河道两部分来进行汇流计算。在每个节点（产流单元）内用运动波计算，节点间通过网络连接汇流计算。该方法完全模拟实际的流域汇流路径与模式进行计算，理论合理。

（3）人类活动影响模块

1）地下水开采和取用水过程。为了探讨人类取水用水过程对水循环过程的影响，提出了一个简单的概念式方案用以表示这一过程。方案的基本框架如图 0-4-1 所示，为了满足每个时间步长内的总需水量 D_t，人类需要从附近的河流和地下含水层汲取水源，从河流中和地下含水层汲取的水量分别记为 Q_s 和 Q_g；而开采的水资源量主要用于 3 个方面：人类生活 D_d、工业生产 D_i 和农业灌溉 D_a。对于生活和工业部分，用水主要消耗于蒸发和凝练于工业产品，而剩余的水量作为退水（D_g）返回河道里；对于农业灌溉部分，所有的用水作为有效降水降落到土壤表面，并继续参加随后的产流等计算过程。

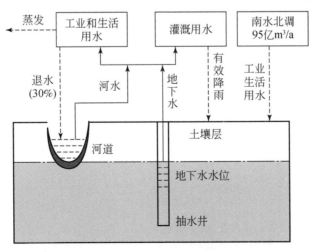

图 0-4-1　取水用水方案的框架示意

基于上述的方案框架，在水资源的开采部分，从河流汲取的地表水供水量 Q_s 在 CLM3.5 中主要从每个格点的总径流（地表径流与地下径流之和）中扣除，而从地下含水层中汲取的地下水供水量 Q_g 是在计算陆地水储量时扣除，可以表示为

$$\frac{\mathrm{d}W}{\mathrm{d}t} = q_{\mathrm{recharge}} - q_{\mathrm{drai}} - Q_g \tag{0-4-10}$$

式中，W 为陆地水储量；q_{recharge} 为土壤水对地下含水层的补给量；q_{drai} 为地下径流。在水资源的利用部分，工业和生活产生的废水量 D_g 视为 $\alpha(D_i + D_d)$，且被直接从模式格点柱内移除，不再参与格点柱内的计算（α 为工业和生活用水中返回河道的退水比例），而模式中的蒸发量相应地增加 $(1-\alpha)\times(D_i + D_d)$，到达地表的有效降水量也因灌溉而增加 D_a。

2）调水过程。考虑调水输入，用水供需平衡关系将会被改写为

$$D_t = Q_s + Q_g + Q_d \tag{0-4-11}$$

式中，D_t 为总用水需求；Q_s 为地表水开采量；Q_g 为地下水开采量；Q_d 为调水量。受水区调水量的输入并没有改变局地水资源的利用过程，调水前与调水后用水消费没有变化，而调水量的加入仅仅限制了局地水资源的开采过程。

实际上，受水区所接受的调水一般存储在当地的水库中，主要用于供应工业、生活用水，并无季节变化。因此，在维持原有的水资源利用水平下，地下水开采量由于调水量 Q_d 的引入而相应减少，可表示为

$$Q_g = \max(D_t - Q_d - R_{\mathrm{sur}} - R_{\mathrm{sub}},\ 0) \tag{0-4-12}$$

式中，R_{sur} 与 R_{sub} 分别为网格内各时间步的地表产流量与地下产流量。基于以上等式的修改，即可在原有的地下水开采利用方案中考虑大型调水工程的表示。

3）作物种植的考虑。农作物作为受人类活动影响最大的植被类型，其生长过程受到气候变化和人类灌溉、施肥等活动的共同影响。而陆面过程模型 CLM-DTVGM 中未能考虑农作物的播种、生长、收割过程，因此本书根据中国种植的主要作物分布，选取 CERES-Wheat、Maize、Rice 3 个模型与 CLM-DTVGM 进行耦合，用以增强 CLM-DTVGM 模型的模拟能力，探讨农作物生长对陆面过程的影响。

模型耦合设计如图 0-4-2 所示。CLM-DTVGM 的时间步长为 0.5h，而 CERES 作物模型

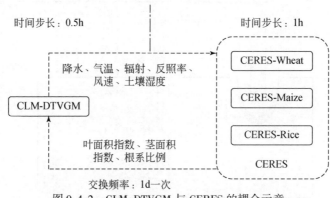

图 0-4-2　CLM-DTVGM 与 CERES 的耦合示意

的时间步长为1d，因此两个模型间的交换频率设定为1d一次。CLM-DTVGM 向 CERES 模型提供必要的强迫，包括降水、气温、辐射、反照率、风速、土壤湿度等；而在本书中，CERES 向 CLM-DTVGM 反馈叶面积指数、茎面积指数和根系比例3个参数。反馈的叶面积指数等变量通过影响植被蒸腾、到达地面的辐射量等进一步对陆面过程产生影响。

4.1.2 考虑取用水、调水和作物生长的区域陆–气耦合模式

将地下水位动态表示模型，所发展的人类取水用水及地下水开采利用方案、水资源开采利用过程和农作物生长收割过程参数化机制与陆面模型 CLM3.5 和区域气候模式 RegCM4.0 耦合，建立了考虑取水用水调水和农作物生长过程的区域气候模式。现行的区域气候模式中，陆面模式水文过程描述相对较简单，LUCC、地下水、跨流域调水联系的水系统与陆面模式耦合研究还十分薄弱。本节提出了一种大尺度水文模拟，考虑 LUCC、跨流域调水，以及地下水变化影响的陆–气双向耦合模拟方法，该成果开拓了高强度人类活动对水循环影响的一种新的分析途径，为揭示陆–气水循环相互作用机理以及气候变化、人类活动影响的成因提供了基础。

CLM_CERES 耦合模型向 RegCM4.0 大气模块提供各种陆面信息，如反照率、地表温度、潜热通量、感热通量等，而 RegCM4.0 大气模块向 CLM_CERES 提供降水、气温、辐射、湿度、风速等强迫。CLM_CERES 模型的时间步长为 30min，而 RegCM4.0 大气模块的时间步长设为 100s，两个模块之间的交换频率为 30min 一次。耦合模型 RegCM4.0 CERES 可以扩展模型的模拟能力，并考虑作物生长过程与区域气候变化的相互作用影响。模型的耦合思路如图 0-4-3 所示。将上述过程进行整合，并最终在区域气候模式中实现，建立考虑取水用水调水和农作物生长过程的陆面过程模型和区域气候模式（图 0-4-4）。

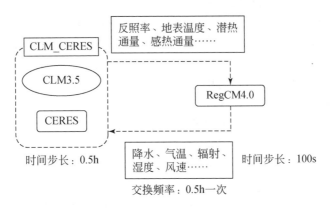

图 0-4-3　RegCM4.0 CERES 的耦合框架

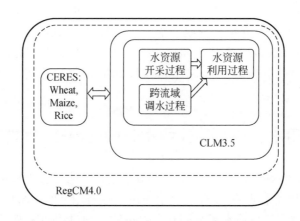

图 0-4-4　考虑取水用水调水和农作物生长过程的综合模型的建立

4.1.3　陆气双向耦合的陆面数据同化系统

研究人员发展了一个卫星遥感微波辐射亮温和 GRACE 卫星重力场观测信息, 既能同化陆面土壤湿度又能优化模型参数的 IAP 全球陆面数据同化系统, 建立了一种显式四维变分同化方法 PODEn4Dvar。该方法既保持了四维变分同化方法的优点: 同时同化多个时刻的观测信息, 提供整体平衡的分析解, 吸纳了集合卡尔曼滤波所具有的随流型变化、执行简单的优点, 简化了求解过程并减轻了计算代价。这一新的同化方法能够在很大程度上提高数据同化的精度, 是 4Dvar 与集合卡尔曼滤波相结合的典范。

（1）集合四维变分同化方法 PODEn4DVar

先进集合四维变分同化方法 PODEn4DVar 得到进一步的发展, 如图 0-4-5 所示。Tian 等（2008）首先提出的最初版本的 POD4DVar 算法是基于蒙塔卡洛方法和 POD 技术, 在 POD4DVar 中, POD 技术应用在模式空间来产生垂直基向量, 鉴于模式空间的维数较大, 势必会大大增加计算成本。为了缓解这个问题, Tian 等（2011）进一步将 POD4DVar 发展成为基于本征正交分解的集合四维变分同化方法 PODEn4DVar, 该方法将 POD 技术应用于观测扰动空间, 使得集合坐标得以优化, 在节省内存的同时, 也提高了同化精度; 同时利用 PODEn4DVar 与 EnKF 分析方程的相似性, 进一步用观测增量的集合取代单独的观测增量向量, 从而实现了 PODEn4DVar 分析样本的更新。

（2）基于多种观测算子的双通微波陆面数据同化系统

基于多种观测算子的双通微波陆面数据同化系统以 NCAR/CLM3.0 模型作为模型算子, 以微波辐射传输模型（QH、LandEM 和 CMEM）作为观测算子, 采用 Tian 等（2011）发展的 PODEn4DVar 方法同化被动微波亮温, 改善陆面过程模式模拟, 最终能够输出较高精度的陆表状态变量数据集（包括土壤水分、土壤温度、地表温度、感热潜热通量等）。图 0-4-6 为所发展的双通微波陆面数据同化系统的框架。

（3）GRACE 陆地水储量同化系统

地球重力场的变化反映地球系统物质质量重新分布的改变, 因此可以利用足够精度和

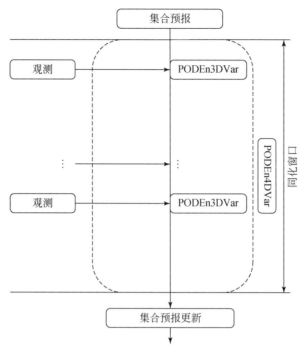

图 0-4-5　PODEn4DVar 与 PODEn3DVar 的耦合

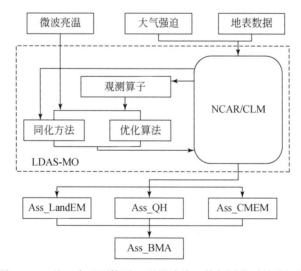

图 0-4-6　基于多观测算子双通微波陆面数据同化系统的框架

时空分辨率的重力场观测分析地球系统物质的迁移和交换（孙文科，2002）。2002 年，美国国家航空航天局（NASA）和德国宇航中心（DLR）联合发射 GRACE（the Gravity Recovery and Climate Experiment）重力卫星，能够提供高时空分辨率观测全球重力场（Zhong et al.，2003；Tapley et al.，2004），实现对大尺度陆地水储量变化的监测，GRACE 计划的主要目标之一就是通过探测地球重力场的变化来反演全球尺度的综合水储量变化。GRACE 卫星系统是目前唯一能够探测任何情况下任何深度的陆地水储量变化的遥感器（Zaitchik et al.，2008），其提供了前所未有的全球尺度的陆地水储量变化数据，为流域尺度到大陆尺度水文研究提供宝贵的观测方法和数据。

基于集合四维变分同化方法 PODEn4DVar 与陆面过程模式 CLM3.5，构建 GRACE 数据同化系统，将 GRACE 陆地水储量异常同化到陆面模式中，实现垂直水文变量综合观测信息与陆面过程模式所模拟水循环分量的有效融合，利用观测信息对整体进行优化约束，从而实现对陆面水循环过程，以及水循环各要素模拟性能的改善，其对陆面水文循环的研究和应用、水资源管理、干旱监测及环境变化监测具有重要意义。

4.2 东部季风区过去水循环变化成因探究

利用所发展的模型模拟 1965~2005 年不同因子强迫下温度和降水变化的响应，基于多元线性回归与最优指纹法，针对东部季风区水循环各分量变化进行检测与归因分析。

利用单信号检测归因结果进行重建。结果显示，由于人类活动的影响，长江下游水资源变化占观测变化的 22.9%。黄河下游水资源的年际变化中，大范围人为强迫对于该地区水资源变化的贡献比例约为 23%，自然强迫对该地区水资源变化的贡献比例为 77%；长江下游在 1982~2005 年蒸散发的年际变化中，大范围人为强迫对于该地区蒸散发变化的贡献比例约为 36%，自然强迫对该地区蒸散发的贡献比例为 64%。

总之，以 2000 年为基准年而言，过去的 50~100 年，我国东部季风区流域水循环要素（降水、蒸发、径流）发生了很大的变化，北方降水-径流减少比较突出，尤其是径流变化的减少，水旱灾害频率有增加的趋势，非稳态水文序列的特征突出，从而对现行流域防洪的水文频率计算和干旱灾害发生特性的评估提出了严峻的挑战。

上述结论的依据可见本书专题篇课题三的有关内容。

第5章 气候变化对东部季风区
北方和南方典型流域水问题的影响

气候变化背景下，极端事件的频率和强度可能增加，从而加剧了我国水旱灾害频发的风险，影响了现有水利工程和水旱灾害应急管理系统。阐明气候变化对我国典型区域洪涝灾害、农业干旱及水生态的影响机理，是保障我国经济社会可持续发展的战略需求。

5.1 气候变化对华北及东北农业水资源的影响

5.1.1 华北及东北地区干旱强度和频率的演变和趋势

基于多年降水实测数据、多模式耦合的土壤湿度数据，采用标准降水指数（SPI）、标准化降水蒸散指数（SPEI）、干湿指数、Palmer 干旱指数（PDSI）等指标，系统分析了我国华北、东北地区 1950～2010 年极端干旱发生频率的变化，揭示了北方 15 个省（直辖市）粮食产量和年代尺度干旱的关系。

（1）近 60 年来华北干旱时空演变特征

依据多年平均降水等值线将华北平原划分为 3 个子区域（A 区 <600mm，600mm ≤ B 区 ≤750mm，C 区 >750 mm），基于 1960～2009 年 60 个站点的逐日气象资料，采用修正的 Palmer 干旱指数（PDSI）、M-K 检测法和 EOF 分析法研究了该地区 1960～2009 年气象干旱的时空变化特征。《中国干旱灾害数据集》的记录显示，华北平原在 1951～1999 年发生了多次重大干旱灾害，可归结为以下三大特征：① "三年两旱" 和 "三年连旱" 的现象很常见；②春旱和夏旱最为严重，季节连旱经常发生；③海河流域北部和山东省发生大旱的频率较高。将其详细记录与上述计算的 PDSI 结果（图 0-5-1）进行对照，发现 PDSI 序列能较好地表征过去 50 年华北地区发生的干旱。例如，1968 年 3～10 月冀北、冀东、豫北、北京、天津等地发生特大干旱（据记载，3 月下旬部分地区未灌水的冬小麦干土层厚达 10cm，新年后分蘖的小麦已有 30%～40% 开始死亡），与其对应各站的 PDSI 全部小于 -4.0。

总体看来，A 区 PDSI 明显比 B 区的小，而 B 区 PDSI 值又小于 C 区，说明 A 区的干旱状况比 B 区严重，而 B 区比 C 区更严重。PDSI 序列 5 年滑动平均及线性趋势分析还表明，华北平原干旱的发生不但年际变化强烈，而且年代际间的波动也很明显；A 区和 B 区自 20 世纪 70 年代中后期开始，干旱呈明显的增加趋势，但 C 区的干旱尤其是自 2000 年后有所缓解，可能是受华北地区降水和温度变化的影响，这还有待进一步分析。逐年 PDSI 序列则表征了旱涝的年际变化，可见华北平原的干旱通常持续 2～3 年以上，因为 Palmer 指数的计算过程考虑了前期天气条件的影响，使得 PDSI 序列具有叠加累积效应，能较好地表征干旱期的年际变化特征。

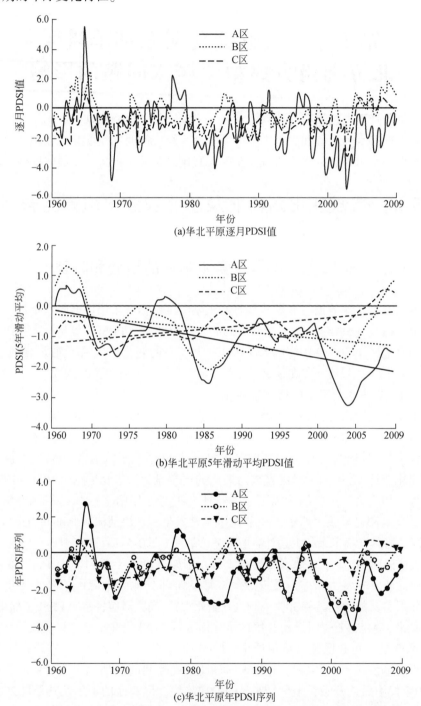

图 0-5-1　华北平原 1960～2009 年 PDSI 序列及其 5 年滑动平均变化趋势

月 PDSI 序列［图 0-5-2（a）］和年 PDSI 序列［图 0-5-2（b）］均存在显著跳跃趋势，两者的突变点基本重叠。A 区的 PDSI 序列自 1960 年开始处于显著上升趋势，但在 20 世纪 80 年代中前期发生了一次突变，其干旱有所减弱，该过程延续到 1993 年左右，随后跳跃为显著上升趋势，且极端干旱（PDSI<-4.0）明显增多；B 区的 PDSI 序列一直处于上升趋势，其突变的时间为 1969 年左右；而 C 区的 PDSI 序列基本处于下降趋势，以 1997 年左右为突变点。由此可见 A 区和 B 区的干旱呈加剧趋势，C 区则有所减缓。

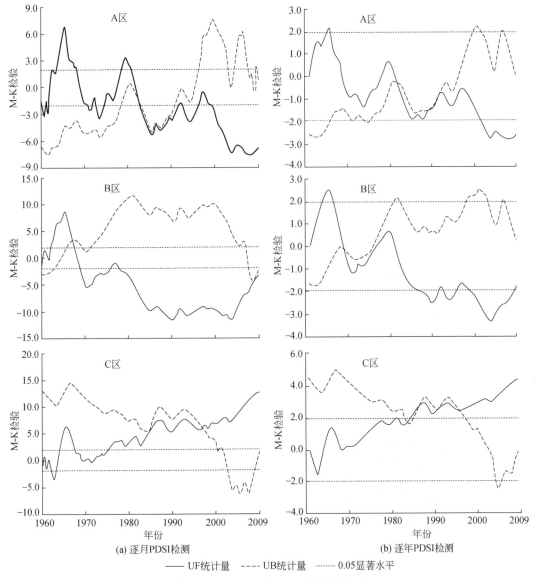

(a) 逐月PDSI检测   (b) 逐年PDSI检测

—— UF统计量   ---- UB统计量   ……… 0.05显著水平

图 0-5-2　M-K 法趋势和突变检测结果

根据 Palmer 干旱指数的分类等级，统计分析得出华北平原 1960～2009 年极端、严重、中等和轻微干旱发生频率的空间分布格局（图 0-5-3）。可见，极端干旱主要发生在北部的北京、天津和河北部分地区,南部地区几乎不出现极端干旱,从北到南递减的格局十分明显;严重干旱的频率也是北高南低,但山东和河南北部地区也是严重干旱多发区;除南部少数站点外,整个华北平原发生中等干旱的频率都非常高;轻微干旱则主要发生在南部的豫南、苏北和皖北等地,呈南北递减的格局。对 3 个子区域各自包含站点的干旱频率进行统计分析(方差检验和多重比较),发现 A 区各级干旱发生的频率为 53.60%±1.21%,显著($p<0.01$)高于 B 区的 45.65%±1.37%;而 B 区又显著($p<0.05$)高于 C 的 41.12%±2.15%。干旱发生频率在 3 个子区域上的空间差异明显:A 区极端干旱和严重干旱的频率显著($p<0.01$)高于 B 和 C 区,中等干旱的频率与 B 区基本相等,发生轻微干旱的频率则显著小于 B 区和 C 区;B 区发生严重干旱和中等干旱的频率均显著($p<0.01$)大于 C 区,但 C 区轻微干旱频率要显著高于 A 和 B 区。可见,华北平原不但是干旱多发区,而且不同干旱强度发生的频率存在很大的空间差异。

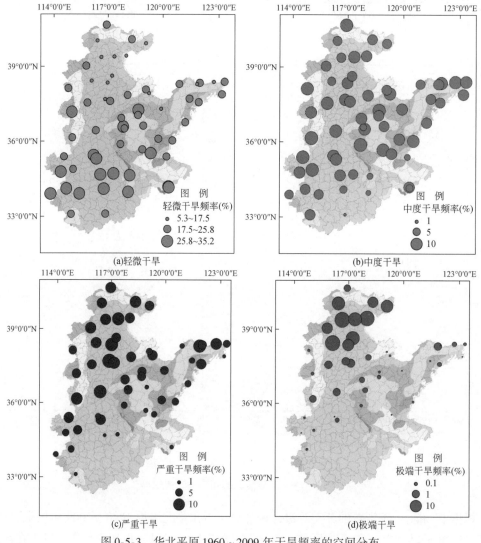

图 0-5-3 华北平原 1960~2009 年干旱频率的空间分布

各级干旱发生频率的年代际差异显著（图0-5-4）。A区各级干旱频率在20世纪70年代略有下降，在80年代又明显上升，严重、中等、轻微3类干旱频率在90年代呈一定程度下降后在2000年显著上升，而极端干旱的频率自80年代开始一直处于上升趋势；B区表现为80年代和90年代为各级干旱的多发期；C区轻微干旱的频率在70年代达到最大，之后随同其他干旱频率逐渐降低，且均在2000年后降至最低。总之，3个子区域干旱频率年代际的变化十分明显，A区的21世纪前10年振荡十分明显，且呈增加趋势，尤其是极端干旱频率持续增加；B区在20世纪80～90年代出现了一个持续20年左右的干旱频发期；C区自1960年开始，各级干旱频率基本呈下降趋势，说明其干旱状况有所缓解，有可能向湿润期过渡。

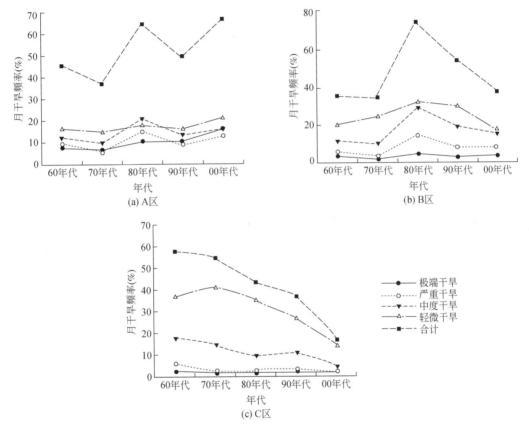

图 0-5-4　华北平原 1960～2009 年干旱频率的年代际变化

（2）未来华北干旱强度和频率的变化趋势

不同干旱指数表征华北平原在未来气候变化情景下的旱涝演替特征，如图0-5-5所示。由于降水和温度增幅的不同，导致不同情景下 SPI（反映降水变化）与 SPEI、PDSI（反映降水和温度的变化）表征的旱涝演变特征存在明显差异。RCP2.6 情景下，干旱主要发生于21世纪20年代后期、40年代、70年代中期和80年代后期，3个指数表征的年际旱涝变化特征完全一致，但40年代以后，SPEI 和 PDSI 表征的干旱烈度高于 SPI 表征值，说明一定程度上的增温将导致蒸散增加，加剧降水短缺引起的干旱。RCP4.5 情景下，由于60年代后降水的增幅有所加大,所以 SPI 表征的旱涝开始呈现两极分化的态势,即后 40 年要比前 40 年湿润;但温度增幅的增加导致蒸散需求增加,使得 SPEI 和 PDSI 表征的水平衡亏缺也主要表现在后40 年。RCP8.5 情景下的旱涝分布格局类似于 RCP4.5,且温度的作用更为明显,在 60 年代的一些相对少雨年份,蒸散需求的大幅增加将直接决定气象干旱的发生,70 年代之后整个华北平原将可能面临广泛的干旱。因此,未来华北平原的水资源(特指降水)即使存在明显增加的趋势,也可能由于水需求(蒸散)的快速增长而导致更多气象或农业干旱的发生。

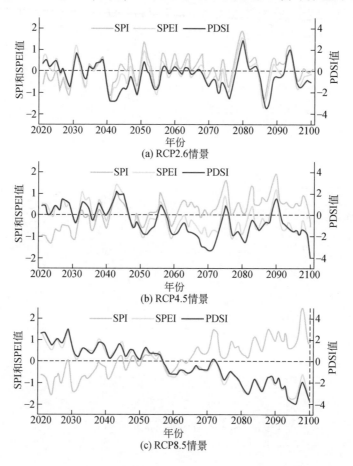

图 0-5-5　不同指数表征华北平原 2021~2100 年的旱涝年际变化

将 2011~2100 年划分为 3 个不同的年代际(即 2011~2040 年、2041~2070 年和 2071~2100 年),将 SPI、SPEI 和 PDSI 计算的干旱系列进行频率分布统计,并与历史基准(1961~1990 年)相比较(图 0-5-6)。可以发现,SPI 表征的干旱在 3 种情景下表现为 2011~2040 年干旱发生的频率大于基准期,而 2041~2070 年和 2071~2100 年两个时期的干旱频率都要低于基准期,不同情景下,年代际干旱频率之间的差异也较为明显。所以,即使未来的降水相对于基准期来说都是增加的趋势,但 SPI 基于概率分布的算法使得其将整个2011~2100年内的干旱主要分配到相对少雨的前 30 年中。

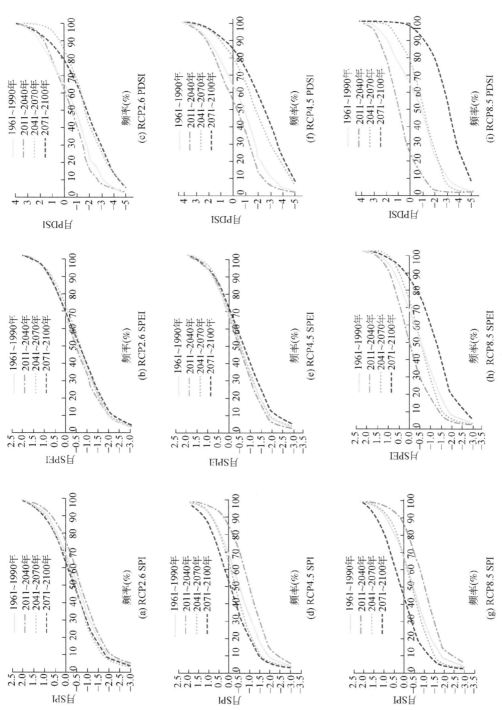

图 0-5-6 SPI，SPEI 及 PDSI 表征的华北平原未来干旱频率分布

SPEI 和 PDSI 统计的干旱频率分布与历史基准期的比较结果与 SPI 恰好相反，即 2011 ~ 2040 年的干旱发生频率要比基准期的低，而 2041 ~ 2070 年和 2071 ~ 2100 年两个年代际的干旱频率都要显著高于基准期，且不同情景下的差异较为明显。对 SPEI 来讲（图 0-5-6），在 RCP2.6 和 RCP4.5 情景下，未来 3 个年代际的干旱频率分布与基准期基本重合，但在 RCP8.5 情景下，2071 ~ 2100 年的干旱频率要显著高于基准期，极端干旱频率是基准期的 4 倍，严重干旱频率增加了 10%。对 PDSI 来讲（图 0-5-6），RCP2.6 和 RCP4.5 情景下，2041 ~ 2070 年和 2071 ~ 2100 年两个代际的干旱频率都明显高于基准期，RCP8.5 情景下 2071 ~ 2100 年的干旱最为频繁，温度的大幅上升将导致其长期处于干旱缺水的状态。

（3）近 60 年来松花江流域干旱格局和演变

SPI 能较好地表征 NEC（松花江流域）干旱程度与持续时间的变化过程，如图 0-5-7 所示。1961 ~ 2010 年干旱的发生主要分 3 个时期，即 20 世纪 60 年代后期、70 年代中后期至 80 年代前期、90 年代后期至 2000 年，且以第 3 个时期的干旱最为严重（持续时间长且强度大）。《中国干旱灾害数据集》的记录显示，NEC 在 1965 年、1980 年、1989 年、1993 年、1994 年和 1999 年均发生重旱，这与 SPI 所表征的结果基本吻合。对于典型旱涝年，如 1998 年松花江流域的特大洪水和 2000 年东北地区的严重干旱（图 0-5-8），SPI3 和 SPI12 的检测效果均很好。可见，从时间演替和空间分布模式两方面来讲，SPI 均适用于 NEC 干旱状况的检测分析。

值得注意的是，不同时间尺度上的干旱特征差异十分明显（图 0-5-7）。3 个月和 6 个月时间尺度上，干旱短期波动与季节性变化较强，发生频次多但持续时间相对短，说明 SPI3 和 SPI6 可用于监测短期水分亏缺和季节性农业干旱的发生；SPI12 和 SPI24 具有明显的年际与代际变化，干旱发生频次相对少而持续时间更长，这对于区域持续性的长期水文干旱事件和河湖、地下水位变化具有一定的指示作用。

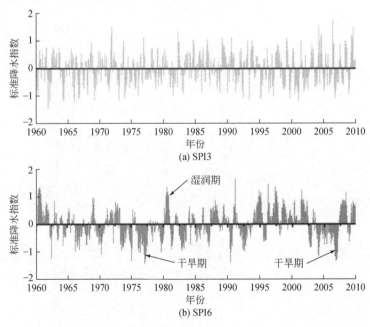

(a) SPI3

(b) SPI6

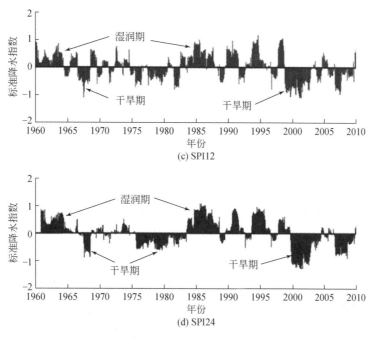

(c) SPI12

(d) SPI24

图 0-5-7　1961～2010 年区域平均多时间尺度 SPI 系列

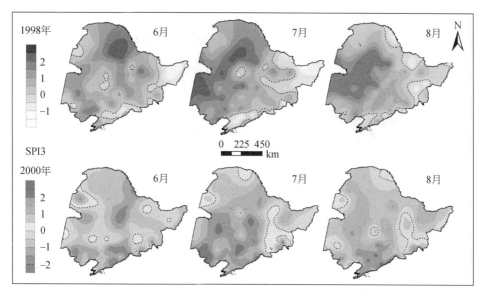

图 0-5-8　SPI3 和 SPI12 表征的典型年旱涝程度空间分布

注：虚线为 0 分界线

　　M-K 检测结果表明，NEC 在 3 个月和 6 个月尺度上分别有 13 个和 28 个站点的干旱程度在 1960～2010 年呈显著加强趋势，而干旱显著减弱的站点数分别为 24 个和 10 个，其余站点变化不显著；在 12 个月和 24 个月尺度上，干旱显著加强的站点数为 60 个和 62 个，而显著减弱的站点数仅为 7 个和 9 个。M-K 检验统计值 Z（绝对值大于 1.96 表示在 95%

的水平上变化显著)的空间分布如图 0-5-9 所示,干旱显著加强的站点($Z<-1.96$)主要分布在 NEC 的南部和中部地区;而干旱显著减弱的站点主要位于北部和东北部地区。南部大多数站点在各时间尺度上均呈干旱加剧趋势,随着时间尺度的增大,中部和东部的很多站点也呈干旱加剧趋势,这显然是由夏季降水异常所致,虽然整体上东北地区降水的下降趋势不明显,但其南部大多数地区(尤其是 6~8 月)降水变化明显,使得其干旱程度显著增加。3 个月尺度上干旱显著减弱的站点较多,且主要分布在高海拔和森林植被发育较好的地区,可能是由于海拔和植被的间接效应在短时间尺度上对季节性降水变率具有一定的缓冲效应,从而较好地减缓干旱,因为基于概率分布的 SPI 受降水变率的影响非常大;但随着时间尺度的增大,这种效应有所削减。

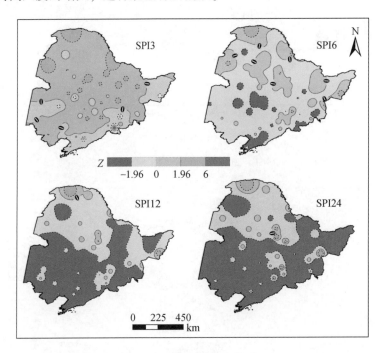

图 0-5-9　干旱变化趋势空间分布

(4) 未来情景下松嫩-三江平原干旱时空变化

A1b、A2 和 B1 情景下 2010~2060 年区域平均 SPI12 系列如图 0-5-10 所示,3 类情景在 2040 年之前均为干旱多发期,且以 A2 和 A1b 情景的干旱更为严重(强度和持续时间都较大),而 A2 情景在 21 世纪 40 年代还存在较长的干旱期,说明未来 50 年内 NEC 干旱的发生以前 30 年为主,所以在干旱规划中应当着重考虑。

综上所述,未来气候变化情景下,华北和东北的干旱发展态势呈现多样性。在低排放情景下,2010~2030 年华北南部和东北大部呈变湿趋势;但 2030 年后干旱化趋势明显;在中等排放情景下(RCP4.5),2045 年以后东北大部分地区呈变湿趋势;在高排放情景下,东北、华北各时段均呈严重的干旱化趋势。

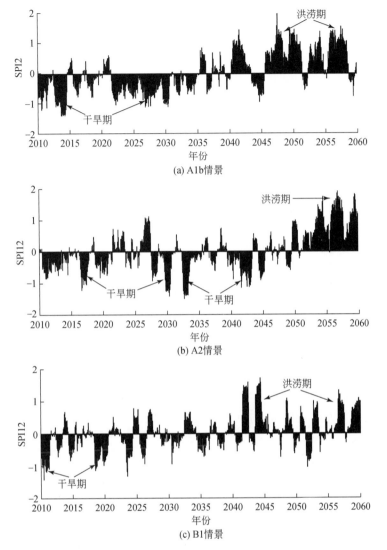

图 0-5-10　气候变化下 2010～2060 年区域平均 SPI12 的变化趋势

（5）粮食产量与干旱的关联性

研究发现，在北方 15 省（直辖市）部分省份，年代尺度干旱（年代尺度降水）与粮食产量的长期变化具有高度相关性，即粮食产量的多年时间尺度波动受降水变化的影响显著，如辽宁、河北和山东等省份。而一些省份在年代尺度上，干旱与粮食产量呈现负相关，这可能与这些地区粮食生产主要依赖灌溉有关。

5.1.2　生态水文关键参数的尺度扩展方法

针对气候变化对华北农业水资源影响问题，课题组提出了生态水文关键参数的尺度扩展方法，克服了以往区域生态水文模拟时无法识别参数空间分异性的缺陷，提高了预估气候变化对区域水资源影响的可靠性。我们建立了 VIP 生态水文动力学模型的关键参数光合能力参数 Vcmax 反演的两种新方法。第一种方法是以统计量为桥梁，建立遥感 MODIS 数据与冬小麦光合能力参数 Vcmax 的"指数关系"；第二种方法是采用一维黄金分割法，基于区间估计原理，引入参数空间先验分布，缩小 VIP 模型优化算法的搜索区间，构建"优化区间"法。采用这两种反演方法获取了华北平原 1km 分辨率的光合参数 Vcmax 空间分布，填补了人们对其区域分布特征未知的空白，为考虑参数空间变异的区域产量遥感估算提供了新思路。研究发现，华北平原的 Vcmax 均值为 $70\mu molC/(m^2 \cdot s) \pm 16\mu molC/(m^2 \cdot s)$，呈现南高北低的趋势，主要受土壤盐渍化、氮肥施用量等要素的影响。

5.1.3 华北平原作物种植系统对气候变化的响应

课题组采用 VIP 模型模拟分析了华北平原作物对气候变化的两种适应方案：一种是不考虑作物品种特性（假设作物品种特性一致）适应；另一种是考虑作物品种适应。前者是气候变化响应研究的通常做法，后者依赖于过程模型中作物品种的适应机制。研究发现，若不考虑作物品种特性，由于气候变化引起的温度升高，为保持作物本身需要的积温，作物生育期将缩短，从而导致减产，也减少耗水总量。若考虑作物品种适应，培育更高积温需求的作物品种，生育期保持不变甚或增加，这样能维持并可能增加产量，同时也增加耗水。所以应对气候变化有两种可能的办法：一种是完全无为，任其发展，接受作物减产的负效应和耗水减少的正效应；另一种是培育新品种，使其在气候变化条件下还能增产。然而，这将导致更多耗水，所以节水措施需跟上。因此，为保障粮食安全，稳定作物产量，作物生育期可能需要维持或延长，可能增加农业水资源安全的风险。

（1）选育和推广适应气候变化的新品种

目前，中国的种植制度是以热量为主导因素，过去 60 年气温上升使得中国冬小麦种植北界随温度升高呈现北移西扩的趋势，种植范围逐渐扩大。与 1950 年相比，中国冬小麦种植北界在 1990 年向北移动了 1～2 个纬度（Hao et al., 2001），其界线空间移动敏感区域为辽宁、河北、山西、内蒙古、陕西、宁夏和甘肃等地区。1960～2009 年海河流域冬小麦种植界限向北移动了 70km（胡实等，2014）。未来气候变暖条件下，根据冬小麦生长所需的积温以及越冬条件，确定不同品种冬小麦的适宜种植区域，如图 0-5-11 所示。随着温度的上升，不同品种冬小麦种植北界和南界均有更加显著的北移西扩趋势。

历史条件下，强冬性品种主要分布在海河流域、黄河流域和山东半岛。2030 年冬小麦强冬性品种种植北界北移西扩的变化趋势将使滦河和海河北系冬小麦种植面积分别扩大 15%～18% 和 10%～15%，温度升高将使其种植南界北移至海河南系流域和徒骇马颊河流域中部，其中山东半岛除泰山周边部分区域外，均不再适宜强冬性品种的种植。2050 年强冬性品种种植南界将继续北移，RCP2.6、RCP4.5 和 RCP8.5 情景下，海河南系的种植比例将减少至 74%、69% 和 13%；RCP2.6 和 RCP4.5 情景下，强冬性品种在徒骇马颊河流域和山东半岛分别减少至 59% 和 60%、49% 和 45%；RCP8.5 情景下，徒骇马颊河流域和山东半岛已不再适宜强冬性品种的种植。

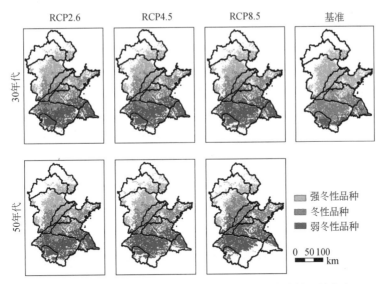

图 0-5-11　气候变化情景下不同品种冬小麦适宜种植区域分布

　　历史条件下，冬性品种主要分布在淮河流域。2050 年，RCP2.6 和 RCP4.5 情景下，冬性品种在海河南系、徒骇马颊河流域、山东半岛及沂沭泗河流域的种植比例将增加至 26% 和 31%、41% 和 51%、51% 和 55%、48% 和 36%；RCP8.5 情景下，冬性品种的种植范围将由淮河流域移至海河流域，整个海河流域的种植比例将高达 84%。

　　基准期，弱冬性品种只在淮河流域南部有极少种植，其种植比例不足 15%。2030 年除沂沭泗河北部和淮河中游北部极少数地区外，弱冬性品种种植范围将扩展至整个淮河流域。其中，沂沭泗河的种植比例将增加至 40% ~ 58%，淮河中游的种植比例将高达 90%。2050 年，弱冬性品种的种植北界将继续北移，RCP2.6 情景下，在淮河中游和沂沭泗河的种植比例分别为 96% 和 52%；RCP4.5 情景下，沂沭泗河的种植比例为 64%；RCP8.5 情景下，弱冬性品种种植北界将北移至海河南系北部，海河南系、花园口以下和沂沭泗河的种植比例分别为 14%、52% 和 96%。由于无法满足弱冬性品种冬小麦的春化条件，2050 年淮河流域南部的部分区域不再适宜种植冬小麦，使得冬小麦的种植面积减少，减少幅度 RCP8.5>RCP4.5>RCP2.6。

　　冬小麦种植北界的北移将使华北平原北部的滦河、海河北系和海河南系的种植面积呈增加趋势，面积增加区域主要种植强冬性品种。平原中部的徒骇马颊河、花园口以下、沂沭泗河流域和山东半岛，冬小麦种植面积没有变化，但随着温度的升高，强冬性品种将被冬性品种所取代。平原南部的淮河上游、淮河中游和淮河下游部分地区由于无法满足冬小麦春化条件，种植面积将逐渐减少。总体而言，未来气候变化背景下，华北平原目前推广的强冬性和冬性小麦品种，因冬季无法经历足够的寒冷期完成春化作用，将被其他类型的冬小麦品种所取代，因此应当注重培育更能适应暖冬的弱冬性小麦品种。此外，增温带来的华北平原冬小麦播种期的推迟，延长了冬小麦-夏玉米轮作系统中夏玉米的生长时间，进一步筛选培育晚熟并适宜华北的玉米新品种，其对实现粮食的稳产和高产十分重要。

（2）华北调整农业种植结构

华北平原可利用水资源短缺是农业用水短缺的主要原因，目前各种节水措施还远远不能解决农业用水短缺的问题。虽然气候变化背景下，海河流域可利用水资源总量的增加（2050 年增加 3.7% ~ 4.8%）能够缓解农业水分亏缺，但无法从根本上解决农业水资源亏缺的问题。2050 年，海河南系农业用水亏缺量仍将增加 0.9 亿 ~ 12.9 亿 m³（2.6% ~ 38.4%），徒骇马颊河流域将增加 2.4 亿 ~ 4.3 亿 m³（8.4% ~ 15.1%）。因此，要保障农业的发展，应该根据当地水资源的实际情况，改变过去形成的与目前及以后气候不相适应的农业习惯，包括作物种植类型、种植结构和区域布局，因水制宜地发展农业生产。华北平原的主要粮食作物为冬小麦，虽然各种耐寒抗旱品种不断出现，农田灌溉措施不断改善，但因其生育期属于华北平原缺水最严重的冬春季，水分亏缺仍然十分严重。华北平原冬小麦水分亏缺量为 180mm，其灌溉用水占农业种植业用水的 80% 以上。所以从长远的水资源可持续利用考虑，通过压缩高耗水作物种植比例（冬小麦的种植面积），在地表水资源严重不足的地区优先发展与当地水资源相适宜的作物，如需水量较少的棉花、谷子、甘薯等。

由于海河南系和徒骇马颊河流域在未来气候背景下农业用水亏缺状况最为严峻，因此农业种植结构调整主要针对上述两个流域进行。基于水量平衡原理，制订了两套冬小麦种植面积调整方案：方案一假定 2050 年无地下水超采和流域外来调水；方案二假定 2050 年无地下水超采，但仍然维持基准期的流域外来调水量。两种方案中农业用水亏缺量均通过缩减冬小麦种植面积来平衡，其中海河南系和徒骇马颊河流域多年平均地下水开采量分别为 26.2 亿 m³ 和 18.7 亿 m³，外来调水量分别为 7.4 亿 m³ 和 9.8 亿 m³。种植面积的减少将会导致区域粮食总产量下降，因此冬小麦种植面积缩减应以优先缩减低产地区灌溉冬小麦种植范围为原则。

鉴于无法对作物系数法估算的蒸散量与作物产量建立直接关系，为了估算冬小麦面积缩减带来的减产效应，本书采用 VIP 模型模拟气候变化情景下冬小麦产量的空间分布。通过对比基准期作物系数法计算的冬小麦蒸散量与调亏灌溉下冬小麦的蒸散量，确定华北平原各二级子流域的灌溉方式及其对应的产量。假定气候变化条件下各流域的灌溉方式保持不变。不同方案中，不同气候变化情景下以优先缩减低产像元的种植面积为原则，当缩减像元的灌溉量能够平衡农业用水亏缺量时，统计缩减像元的面积及除缩减像元外其他区域的产量。

两种方案下冬小麦种植面积调整的空间分布如图 0-5-12 所示。方案一中冬小麦播种范围缩减主要集中于沧州、衡水、滨州和德州一带（图 0-5-12 左图），2050 年缩减面积占研究区冬小麦播种面积的 9.8% ~ 11.3%（表 0-5-1）。由于方案二假定维持基准期流域外来调水量，冬小麦播种缩减面积小于方案一，2050 年缩减面积占研究区冬小麦播种面积的 7.0% ~ 8.8%（表 0-5-1），主要集中于沧州市，德州市的武城县、夏津县和滨州市的沾化县和无棣县（图 0-5-12 右图）。

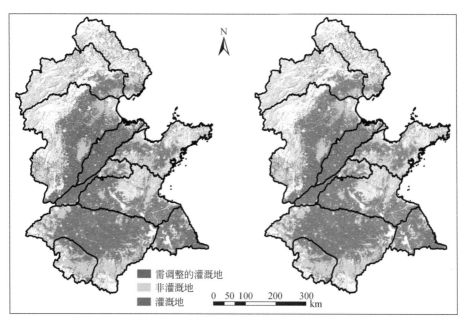

图 0-5-12　冬小麦种植范围调整分布

注：以 RCP4.5，2050 年为例，左图为无地下水超采和外来调水量；右图为无地下水超采，维持基准期流域外来调水量

表 0-5-1　冬小麦种植面积调整方案（2050 年）

方案	变化	情景	海河南系	徒骇马颊河	区域总值
方案一	播种面积变化/亿 m²	RCP2.6	−155.7（−28.7%）	−88.3（−53.3%）	−244（−9.8%）
		RCP4.5	−181.8（−33.5%）	−93.1（−56.2%）	−274.9（−11.0%）
		RCP8.5	−188.9（−34.8%）	−94.3（−56.9%）	−283.2（−11.3%）
	产量变化/10⁶ t	RCP2.6	−2.3（−23.8%）	−1.4（−35.9%）	0
		RCP4.5	−2.4（−25.4%）	−1.3（−32.7%）	2.8（4.5%）
		RCP8.5	−1.9（−19.4%）	−1.1（−28.0%）	7.5（11.9%）
方案二	播种面积变化/亿 m²	RCP2.6	−121（−22.3%）	−55（−33.2%）	−176（−7.0%）
		RCP4.5	−149.3（−27.5%）	−61.5（−37.1%）	−210.8（−8.4%）
		RCP8.5	−157.4（−29%）	−64.1（−38.7%）	−221.5（−8.8%）
	产量变化/10⁶ t	RCP2.6	−1.0（−10.4%）	−0.52（−13.4%）	1.9（3.0%）
		RCP4.5	−1.1（−11.2%）	−0.50（−12.8%）	5.1（8.0%）
		RCP8.5	−0.42（−4.4%）	−0.26（−6.6%）	10.1（15.9%）

注：不调整播种面积时，区域产量增加 RCP2.6 为 7.2%，RCP4.5 为 14.2%，RCP8.5 为 22.5%。方案一：2050 年无地下水超采和流域外来调水量；方案二：2050 年无地下水超采，维持基准期流域外来调水量

　　通过适当缩减海河南系和徒骇马颊河流域冬小麦的种植面积，维持流域水资源供需平衡，同时 CO_2 肥效的增产效应可缓解种植面积对总产量的不利影响，使得区域总产量仍然呈现增加趋势。与基准期相比，方案一中，RCP2.6 情景下冬小麦产量无变化，RCP4.5 和 RCP8.5 情景下区域冬小麦总产量将分别增加 4.5% 和 11.9%；方案二中，RCP2.6、

RCP4.5 和 RCP8.5 情景下区域冬小麦总产量将分别增加 3.0%、8.0% 和 15.9%。

未来气候变化背景下，作物育种策略必须改变。采用新技术，加速抗旱、抗逆品种的培育和应用，培育更能适应暖冬的弱冬性抗旱小麦品种，筛选培育晚熟并适宜华北的玉米新品种，以应对增温带来的两熟种植系统的新要求，对实现粮食的稳产和高产十分重要。由此课题研究人员提出了在制定气候变化适应的决策时，需要在维持高产和保障水资源持续利用之间寻找平衡的新建议。

5.1.4 东北和华北水资源消耗对气候变化的响应

1980~2010 年华北地区潜在蒸发下降，而实际蒸发上升（图 0-5-13）；松花江流域则呈现潜在蒸发上升，实际蒸发下降的趋势。这两个地区蒸发的变化符合互补相关原则。华北地区因灌溉设施、化石能源投入水平的提高，产量大幅度增加，耗水也增加。东北则大面积开垦荒地，农田扩张，但灌溉设施未完善，实际蒸散下降。

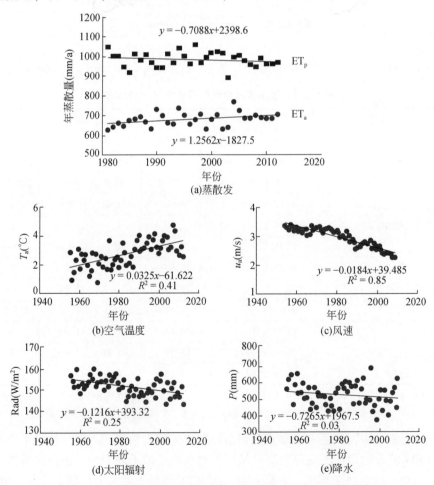

图 0-5-13 华北海河流域蒸散发的变化及其影响因素的变化

总体来看，我国粮食主产区的华北、东北的干旱频率与强度在增加；区域降水、水资源也呈进一步减少的趋势；随着气候变化和人类活动的影响，农业耗水（ET）也有一定增加；气候变化影响下，东部季风区需水量进一步增加，华北地区气温上升1℃，农业耗水 ET 大约增加 25mm，总用水量约增加 4%。未来 20～30 年，气候变化将对华北、东北粮食主产区的水资源与粮食安全带来不利的影响与风险，需采取必要的适应对策与措施。另外，2040 年以后华北和东北区域降水和径流有增加的趋势，不利和有利的因素交织，需要采取适应性管理。

5.2 气候变化对中国南方典型流域洪涝灾害影响

东部季风区洪涝灾害一直是中国的最大隐患之一。长期以来，设计洪水计算主要基于"平稳、一致、独立"的假定，采用 P-Ⅲ频率分析方法。气候变化打破了平稳假定、非平稳水文极值及气候变化下的洪水频率计算，一直是国际上的难题。国内外尚无成熟的、可借鉴的方法。本节通过检测气候变化背景下洪水频率非稳态的变化特性，提出了一种与气候变化影响相联系的非稳态极值洪水频率计算方法，改进了传统设计洪水估算频率分析理论的不足，对中国流域防洪减灾有重要价值和意义。研究发现，气候变化背景下，中国南方（珠江、长江、闽江等流域）和中小河流及大城市洪水频率与强度是增加的，传统的洪水频率计算方法暴露出低估暴雨洪水的不足，加剧了东部季风区防洪安全的风险。

5.2.1 非稳态水文极值系列洪水频率计算方法

随着气候变化对水文过程影响问题研究的深入，非平稳性洪水频率处理已逐渐成为水文水资源研究领域中的一个热点问题，其在不断得到关注的同时也取得了不少研究成果。但由于影响非平稳洪水频率分析精度的因素很多，气候变化背景下，有些地方仍有待完善：①水文情势变化主要驱动因子识别及其机理研究尚存在不足；②传统频率分布线型与实际洪水频率分布不匹配；③在变化环境的情况下，洪水重现期往往不是描述一场洪水的一个固定不变的属性；④忽略洪水历时等重要洪水特征量；⑤变化环境后洪水门限值发生改变，需要确定洪水门限值标准，降低设计洪水风险；⑥不同变异环境模式下洪水序列特征量响应模式不同；⑦气候变化背景下，目前尚无理论完整、被实践证实的洪水频率计算模型和方法。本节发展了非稳态水文极值系列的频率计算理论，提出了统计学和考虑气候变化影响要素的 3 种非一致性洪水频率的计算方法（图 0-5-14），并应用到我国典型区域开展未来气候变化对极端洪涝事件的影响评估，对完善我国洪水频率计算方法具有参考价值。

基于统计学原理的非一致性水文频率计算方法考虑了洪水时间序列均值和标准差的趋势性变化，采用 TVM（时变矩）和 QdF（二次判别函数法）等模型，通过变化的矩，得到变化参数及其变化的分布，从而对变化环境下洪水要素进行非一致性水文频率计算，得到现状条件下的洪水频率。考虑气候变化影响的洪水频率计算方法之一是利用 3 种 RCP 排放情景下 47 个 GCMs 模式输出的降水、气温产品，通过时空降尺度输入水文模型，得到

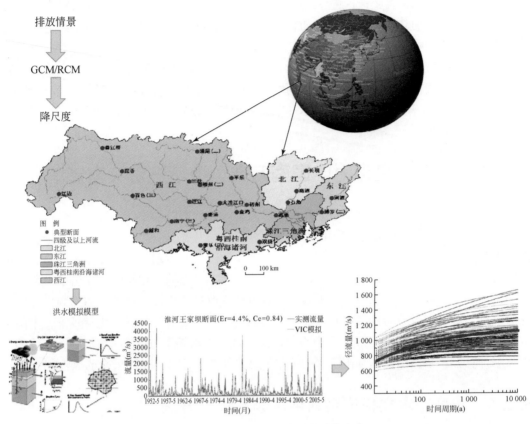

图 0-5-14 非一致性洪水频率计算方法

未来 20~50 年不同重现期的洪水预估；方法二是避开 GCMs 模式输出降水的不确定性，利用 GCMs 对气候指数模拟的相对可靠性，采用水文观测、气候监测资料以及气候模式预估结果，筛选出与水文极值关系显著的气候指数作为预测因子，建立水文极值统计预测模型，对不同排放情景下水文极值的变化趋势进行预测，从而得到未来气候变化条件下的洪水频率预估。

5.2.2 适用于洪水预估的气候模式和区域降尺度方法

课题研究人员筛选与建立了适用于洪水预估的气候模式和区域降尺度方法（图 0-5-15），为合理应用全球气候模式预估数据、开展气候变化对极端洪涝事件影响评估提供了新的途径。在系统评估多达 47 个气候模式模拟能力的基础上，检验了模式间模拟降水的独立性，依据层次聚类分析结果筛选出代表性模式，降低了相似模式对评估结果的影响；分别采用分位图按同频率订正和按月随机选取方法进行降尺度。与传统方法相比，该方法具有时空分布一致、对降水极值有较好模拟能力、灵活快捷等特点，适用于未来多情景模式的洪水模拟，有效解决了气候模式和水文模型尺度匹配问题。

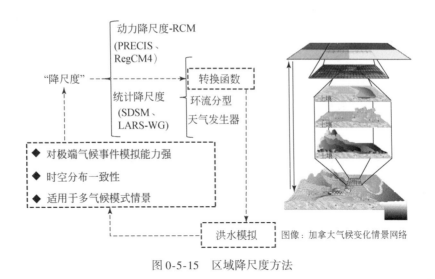

图 0-5-15　区域降尺度方法

5.2.3　气候变化对中国洪涝灾害风险的影响

洪涝灾害是中国最严重的自然灾害之一，它不仅分布广、发生频率高，而且会造成巨大的经济损失，是制约经济社会可持续发展的重要因素之一。研究表明，中国洪涝有明显的高频期、低频期的阶段性年代际特征。近 30 年来，南方典型洪涝风险区和中小流域极端洪涝事件的频次和强度总体呈现增加、增强态势，大城市和特大型城市暴雨内涝事件也呈增加趋势。在全球气候变暖、城镇化快速发展的背景下，未来中国部分地区强降水、洪涝等极端事件有可能增加、增强，从而加大洪灾风险和防汛调度指挥难度，并对经济社会可持续发展带来不利的影响。

5.2.3.1　近 60 年中国洪涝极端事件的变化特征

本研究定义 10 年、20 年、50 年、100 年一遇的中洪水及以上洪水作为极端洪涝水文事件。基于 250 个长系列水文测站年极值资料，对中国东部季风区典型流域洪水发生的年代际、年际变化发生规律进行研究分析。基于年最大和超定量抽样方法所得的洪水样本系列，以 30 年为周期对洪峰流量系列逐年滑动，采用 P-Ⅲ型分布曲线分别对各 30 年滑动系列进行洪水频率分析计算，利用 Man-Kendall 检验法诊断系列参数的趋势性，识别洪峰流量系列的平稳性。采用"2 个时期"对比的方法，分析近 30 年（1981～2010 年）较前 30 年（1951～1980 年）洪峰流量系列参数估计值。

（1）南方典型洪涝风险区极端洪涝事件的频次和强度总体呈现增加态势

中国洪水有明显的高频期、低频期的阶段性年代际特征，近 30 年来洪水年际变幅大部呈现增加趋势，部分地区强降水频发、旱涝并重、突发洪涝、旱涝急转等现象日益突出。

与 1951～1980 年相比，1981～2010 年珠江、长江、闽江等流域 10a 一遇以上的洪峰流量值有所增大。对于重现期为 50 年的特大洪水，珠江流域 70% 断面、淮河流域 32% 断面的设计洪峰值呈增加趋势（图 0-5-16 和图 0-5-17）。

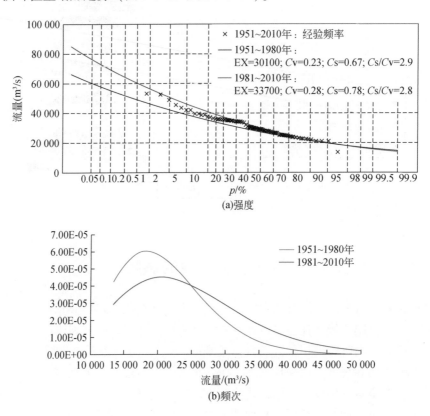

(a)强度

(b)频次

图 0-5-16　珠江流域西江梧州水文站极端洪涝事件的强度和频次前后 30 年变化

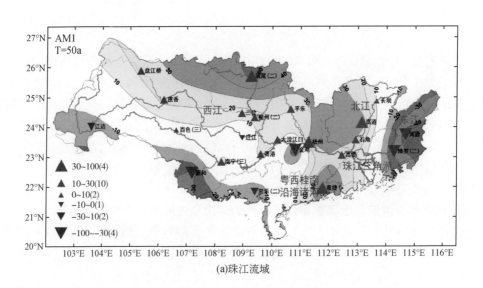

(a)珠江流域

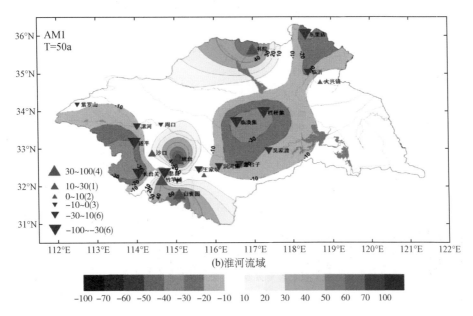

图 0-5-17 珠江和淮河流域主要控制站 50 年一遇年最大流量前后 30 年强度变化分布

（2）中小流域极端降水与洪涝事件的频次和强度总体呈现增加和增强态势

局地短历时强降水事件频发，中小河流洪水增多、增强。以珠江流域北江上游支流武江（7000km²）为例，全年和汛期降水量均未表现出明显变化趋势，但年最大流量的增加趋势较为明显，显著性水平达到 0.05，洪水形态也发生变化。对于像武江这样小的流域，气候变暖导致的极端降水增加可以产生较强的短历时洪水（图 0-5-18）。

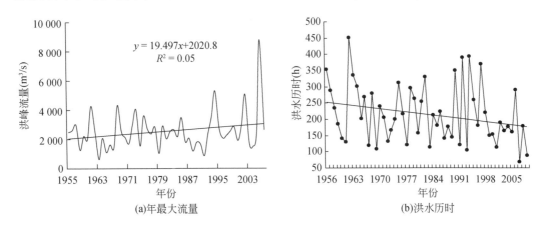

图 0-5-18 武江流域控制站年最大流量和洪水历时变化趋势

（3）大城市和特大型城市暴雨内涝事件也呈增加趋势

沿海城市广州市城区最大 1h、最大 1d 降雨在过去 20 年间有弱的上升态势，日降雨量 ≥ 50mm 的暴雨次数有较为明显的上升趋势，且通过了置信度为 90% 的显著性检验。滨河城市蚌埠市 20 世纪 80 年代中期以来暴雨与洪水遭遇的频次明显增多，1986 年以来外洪与城市暴雨遭遇相对频繁，25 年内遭遇多达 11 次，几率约为 44%。与 1952～1980 年相比，1981～2010年蚌埠市外洪与城市暴雨遭遇概率有所增加，均增加 95% 以上（图 0-5-19 和图 0-5-20）。

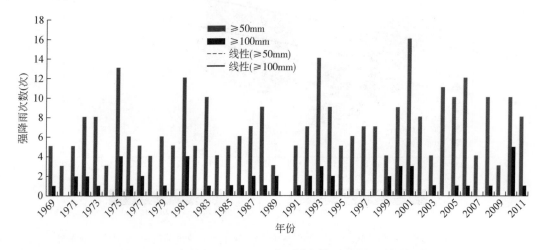

图 0-5-19　广州市 1969～2011 年日降雨超过 50mm 时间序列

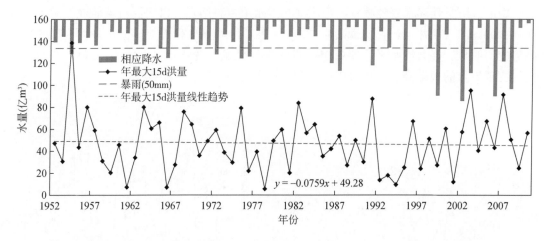

图 0-5-20　蚌埠市城区暴雨（最大 1d 降水量）与外洪（年最大 15d 洪量）遭遇示意

5.2.3.2　在全球变暖背景下中国洪涝风险未来演变趋势的预估

由于全球变暖，中国东亚季风气候系统各子系统都在不断发生变异，这将使中国洪涝灾害可能变得更加严重。本节以洪涝灾害高风险区淮河流域和珠江流域内的重要防洪水利工程（如大型水库、蓄滞洪区）和重要城市为研究对象，基于新一代排放情景 CMIP5 多模式数据及其二次开发数据产品，预估极端洪涝变化趋势，研判未来气候变化对重点水利工程、防洪城市防洪安全影响的后果与风险，为相关部门应对气候变化提供参考。主要认识如下。

（1）未来气候变化可能对区域防洪安全产生不利影响

以淮河防洪最为重要的蒙洼蓄滞洪区为研究对象，基于 RCP 情景下全球 47 个 IPCC CMIP5 气候模式模拟数据，构建了网格分辨率为 $0.25° × 0.25°$ 的 VIC 水文模型，应用 CMIP5 多模式的降尺度结果与 VIC 模型耦合，预估 RCP2.6、RCP4.5 和 RCP8.5 三种情景下未来时期（2021~2050 年）蒙洼蓄滞洪区王家坝闸前端极端洪水洪变化趋势，进而预估未来 30 年气候变化对蒙洼蓄滞洪区启用的可能影响。结果表明：与基准期（1971~2000 年）相比，多模式预估淮河上游未来多年平均气温一致呈增加趋势，平均增幅范围 0.2~1.7℃；超过 70% 的模式预估降水呈增加趋势，平均增幅为 3.4%~4.1%；王家坝断面 20a 一遇的最大日平均流量和最大 30d 洪量总体呈增加趋势，平均增加分别为 19% 和 16%；20a 一遇相当的洪水频率将增大，蒙洼蓄滞洪区启用可能更加频繁，启用的风险增大（图 0-5-21）。

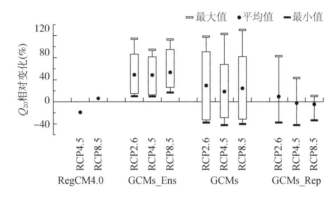

图 0-5-21　不同情景下 2021~2050 年王家坝断面 20a 一遇的最大日平均流量相对变化

注：基准期为 1971~2000 年

（2）气候变化将可能增加水库防洪调度的难度

以珠江流域北江飞来峡水库（以防洪为主的水利枢纽，总库容 19.04 亿 m^3，控制面积 34 097 km^2，防洪标准 500a 一遇设计）为研究对象，基于 CMIP5 多模式集合降尺度数据预估了未来时期不同情景下飞来峡水库极端入库洪水的可能变化范围，并根据 IPCC 第 5 次评估报告处理和表达不确定性的方法来描述未来洪水趋势变化的可信度。研究结果显示，未来时期（2021~2050 年）飞来峡水库年最大洪峰流量和年最大洪量在 RCP2.6 情景下"大约可能"呈增加趋势，在 RCP4.5 和 RCP8.5 情景下"较为可能"呈增加趋势。与基准期（1971~2000 年）相比，水库极端入库洪水增加的可能性从大到小依次为 RCP4.5、RCP2.6 和 RCP8.5，其中设计洪水 100a、50a 和 20a 一遇的洪峰流量在 3 种排放情景下均呈上升趋势。综合分析，未来气候变暖可能使得飞来峡水库以上区域降水时空分布不均性加大，汛期降雨可能呈增加趋势，极端强降雨事件和洪水同一重现期洪水的洪峰值可能呈增大趋势，同样量级的洪峰重现期缩短，给水库防洪调度带来新的挑战（图 0-5-22）。

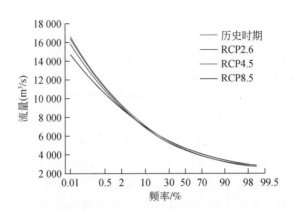

图 0-5-22　不同情景下飞来峡水库入库洪峰多模式模拟结果平均频率曲线对比

（3）城市内涝风险有可能进一步加大

在气候变暖导致的海平面上升、极端强降雨与暴雨洪水事件频发的情景下，未来沿海与内陆城市面临雨潮遭遇和雨洪遭遇的风险可能加大，城区外洪内涝的概率增加。利用 47 个气候模式，在 3 种排放情景下未来 20～50 年广州城区极端强降雨，与基准期（1971～2000 年）相比，有可能增加，加上海平面可能继续上升，由强降雨或高潮位所引发的内涝风险可能会进一步加大。2021～2050 年，多模式预估蚌埠市暴雨与淮河上游洪水遭遇的概念较基准期（1971～2000 年）有所增加，增幅为 46%～79%，蚌埠市城市内涝风险可能进一步加大，可能对城市防洪安全产生不利的影响。

总之，洪涝灾害始终是中华民族最大隐患之一。从上面的分析可以看出，在气候变化和人类活动影响加剧的背景下，洪涝灾害仍是未来中国严重的自然灾害之一。虽然气候变化趋势预估存在不确定性，但我们预计未来随着全球变暖，中国强降水、洪涝等极端水文事件增多的可能性甚大，加大了水旱灾害风险和防汛抗旱调度指挥风险，迫切需要从工程措施、非工程措施以及应急管理等方面来提高应对水旱灾害的能力，为此提出以下对策建议：

1）根据防洪风险形势的变化，不断修订完善流域及城市防洪规划及相关的政策法规，构建与经济社会发展相适应的防洪安全保障体系。

2）在水利工程规划设计中，要充分考虑气候变化背景下洪水极值系列的非平稳性，发展和应用与气候变化相联系的非稳态极值洪水频率计算方法。

3）进一步加强东亚季风气候自然变异和温室气体排放等人为强迫对洪水变化影响的研究，提高对暴雨洪水演变规律的认识水平和预估能力。

第6章　应对气候变化影响的
水资源脆弱性与适应性对策

气候变化对水资源影响的脆弱性（vulnerability）指气候变化对水资源（如供需关系、水资源配置等）造成不利影响的程度。它是研究气候变化下水资源安全的重要科学问题，也是应对气候变化水资源适应性管理与对策的重要基础。

中国的人口–资源–环境矛盾多、压力大，在应对气候变化影响的水资源规划、重大调水工程管理等水资源脆弱性评价与适应性管理时，面临亟待研究和实践的问题。例如现行评估方法主要是多指标加权平均或雷达图方法，定量描述气候变化影响下的水资源脆弱性（V）与敏感性（S）、暴露度（E）、抗压性（C）相联系的理论与方法和实践应用较少。另外，现行的脆弱性评价和适应性管理基本是分离的体系，缺乏将脆弱性与适应性相联系的系统体系与理论方法。中国东部季风区水资源问题复杂，针对多层次（区域–流域–农户）水资源规划、重大调水工程和应对水旱灾害的农户适应性对策的综合研究与系统研究较少。针对国家需求问题，项目组在下列几个方面做出了创新的成果。

6.1　变化环境下水资源脆弱性理论与方法

针对应对气候变化的中国东部季风区水资源安全保障及重大调水工程影响与适应对策问题，项目首席提出了变化环境下水资源脆弱性多元函数分析的新的理论与方法；构建了气候变化影响下水资源适应性管理新的系统框架，如图 0-6-1 所示。特色是将气候变化预估、水资源模拟与监测和脆弱性评价与适应性管理融为一体的系统；集成水资源影响的敏感性、抗压性以及暴露度和水旱灾害风险等关键因子，提高水资源脆弱性评估的科学性和实用性。

6.1.1　变化环境下水资源脆弱性分析新的模型与方法

气候变化对水资源影响的脆弱性是研究气候变化对水资源安全影响及评价的重要科学问题，也是应对气候变化的水资源管理的重要应用基础。

长期以来，传统的水资源脆弱性（V）评估主要是基于加权平均的方法和雷达图的展示方法。例如，$V = \sum W_i X_i$。式中，W_i 为权重；X_i 为评估的因子（自然、气候、社会）。该方法的优点是公式简单，涉及多要素；缺点是任意性大，缺乏水资源基础，与气候变化影响和调控联系不直接、不紧密。

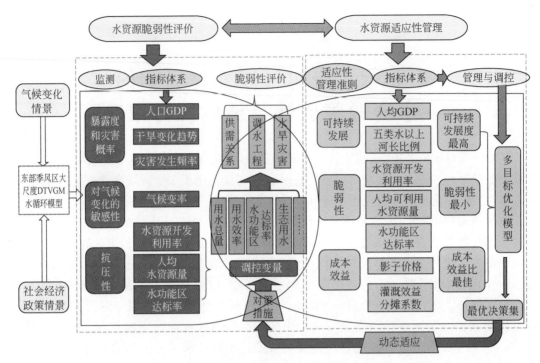

图 0-6-1　气候变化影响下水资源适应性管理新的系统框架

政府间气候变化专门委员会自第四次评估报告（IPCC AR4）开始探讨脆弱性与气候变化的特征、幅度和速率及其敏感性、适应能力之间的联系。2013 年 IPCC 第五次评估报告（IPCC AR5）指出，脆弱性除了与敏感性与适应性的联系（IPCC SREX 报告，2013），还进一步探讨了脆弱性与气候变化对水资源影响的暴露度以及灾害概率的联系。但是，在中国的水资源影响研究方面，一直缺乏系统性和定量化的研究与应用。

自 2000 年以来，项目首席及其团队针对气候变化对中国东部季风区水循环和水资源安全影响的科学前沿与国家需求问题，发展了水资源脆弱性及适应性的定量分析与评估理论，应用于水资源规划、重大调水工程的影响分析，取得了新的进展与创新成果。

（1）提出了变化环境下的水资源脆弱性的多元函数关系与计量模型

新的脆弱性定义为水资源相对气候变化等因子的敏感性 S 与抗压力性 C（弹性）的组合，即

$$V = \alpha[S(t)/C(t)] \tag{0-6-1}$$

式中，S 为敏感性；C 为抗压力性（可恢复性或弹性）。例如，水资源压力（RWSI 指数 = 总需水量/可利用水资源量）。α 为系数。

（2）建立了暴露度和风险与水资源脆弱性的联系

新的脆弱性公式表达为

$$V(t) = P(t) \times E(t) \times S(t)/C(t) \tag{0-6-2}$$

式中，E 为暴露度（自然脆弱性）；P 为灾害发生概率；S 为敏感性（反应气候变化的变率等）；C 为抗压力性（可恢复性或弹性）。

变化环境下水资源脆弱性的多元函数关系与计量模型的优点与特色是将脆弱性与气候变化对水资源影响的敏感性和由于水利工程供水等联系的抗压性建立了联系（图0-6-2）。它能够区分和连接由于地理气候等自然的脆弱性和水利工程供水等联系的适应性之间的相互作用关系。

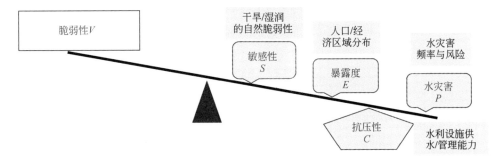

图 0-6-2　变化环境下水资源脆弱性的综合表达

暴露度指人员、生计、环境服务和各种资源、基础设施以及经济、社会或文化资产处在有可能受到不利影响的位置。气候变化背景下影响水资源脆弱性供需关系的关键暴露因子是水旱灾害，尤其旱灾。选取 $E(t)=f(\text{DI},\text{EI})=\text{DI}\times\text{EI}$ 表征干旱暴露度的干旱特征指标和社会经济指标。式中，DI 为干旱特征指标，可用地表湿润指数（降水 P 与潜在蒸发量 PET 比值）表示；EI 为社会经济指标（综合人口 P_{op} 和 GDP）。

灾害概率指特定时间内，自然灾害及社会脆弱性相互作用导致正常运转的社会发生严重改变的可能性。即

$$P(t)=f\left(P_{\text{D}}\right)$$

$$P_{\text{D}}=P(X_i\in F)=m/n\times100\%\quad P_{\text{D}}PX_iF=m/n\times100\%\ 。$$

式中，P_{D} 为旱灾发生概率；m 为旱灾发生次数；n 为统计年数。

（3）改进了敏感性的计算方法

过去研究敏感性多采用降水-径流的敏感性分析，其与气候变化的温度等联系比较弱。针对该问题项目组提出了同时考虑降水和气温弹性系数的方法，最近几年进一步提出了与气候变化对水资源敏感性的基础概念和定义有关的计算方法与公式：

$$\Delta Q=\frac{\partial Q}{\partial P}\Delta P+\frac{\partial Q}{\partial T}\Delta T \tag{0-6-3}$$

$$S=1-\exp\left(-\frac{\Delta Q}{\Delta P}\right) \tag{0-6-4}$$

式中，S 为基准年径流对降水、气温变化的敏感性；ΔQ 为气温变化 ΔT、降水量变化 ΔP 下径流的变化量；Q 为多年平均径流深。

改进后的敏感性更能反映气候变化条件下水资源的变化率，它是与地理气候联系的自然脆弱性重要的表征。

（4）构建了抗压性的计算模型与方法

抗压性 $C(t)$ 是指针对水资源脆弱性，采取合理的水资源规划与配置、水利工程供水等工程与非工程措施，达到一定承受水资源压力（减少水资源脆弱性）的一种系统适应能力。

它是量度水资源安全的某个函数，水资源安全的保障程度高低决定了水资源系统抗压性的大小。因此，水资源系统的抗压性为建立水资源脆弱性与适应性之间的联系提供了桥梁和纽带。通过国际国内合作研究，我们建立了决定水资源压力高低的 3 个关键性综合指标（图 0-6-3），即水资源开发利用率（use- to- availability ratio）、人均可利用水资源量（per capita use of available water resources）和百万方水承载人口数（water crowding）与抗压性 $C(t)$ 之间的联系。

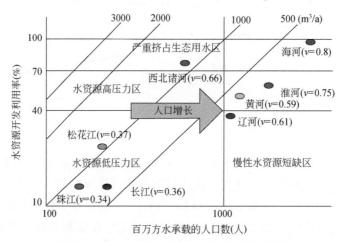

图 0-6-3　中国典型流域水资源安全与三个关键性评估指标的联系

考虑到生态环境保护与生态需水（$W_{生态需水}$）的需求以及水功能区达标的目标（μ），进一步提出了人均可利用水资源量指标的改进方法。抗压性 $C(t)$ 与关键性水资源安全保障指标的函数关系如下：

$$C(t) = C\left[r, \frac{P}{Q_总}, \frac{(Q_总 - W_{生态需水}) \times \mu}{P}\right]$$

$$= \exp(-r \cdot k)\exp\left[\frac{P}{Q_总} \cdot \frac{(Q_总 - W_{生态需水}) \times \mu}{P}\right] \qquad (0\text{-}6\text{-}5)$$

$$= \exp\left[-r \cdot k + \frac{P}{Q_总} \cdot \frac{(Q_总 - W_{生态需水}) \times \mu}{P}\right]$$

式中，r 为水资源开发利用率（%）；$P/Q_总$ 为百万方水承载的人口数；$(Q_总 - W_{生态需水})/P$ 为人均可利用水资源量；μ 为 V 类河长以上占总河长比例。

该水资源抗压性模型［式（0-6-5）］的优点与特色如下：其一，建立了度量水资源安全的 3 个关键性指标，即水资源开发利用率（use-to-availability ratio）、人均可利用水资源量（per capita use of available water resources）和百万方水承载人口数（water crowding）与水资源系统抗压性 $C(t)$ 之间的联系，完善了水资源脆弱性评估式（0-6-1）的理论与方法；其二，通过一定的工程和非工程措施，直接或间接改善或优化流域水资源开发利用率、人均可利用水资源量和百万方水承载人口数，达到应对气候变化水资源适应性管理的目的，为变化环境下水资源的可持续利用和管理提供了理论解释和应用的科学依据。以 2000 年作为典型年，分析中国东部季风区二级水资源分区抗压性结果如图 0-6-4 所示。

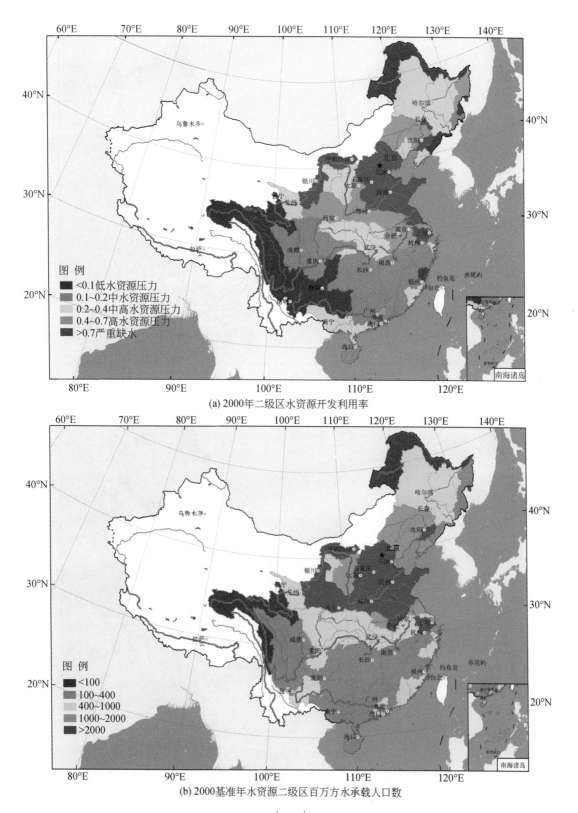

(a) 2000年二级区水资源开发利用率

图 例
- <0.1低水资源压力
- 0.1~0.2中水资源压力
- 0.2~0.4中高水资源压力
- 0.4~0.7高水资源压力
- >0.7严重缺水

(b) 2000基准年水资源二级区百万方水承载人口数

图 例
- <100
- 100~400
- 400~1000
- 1000~2000
- >2000

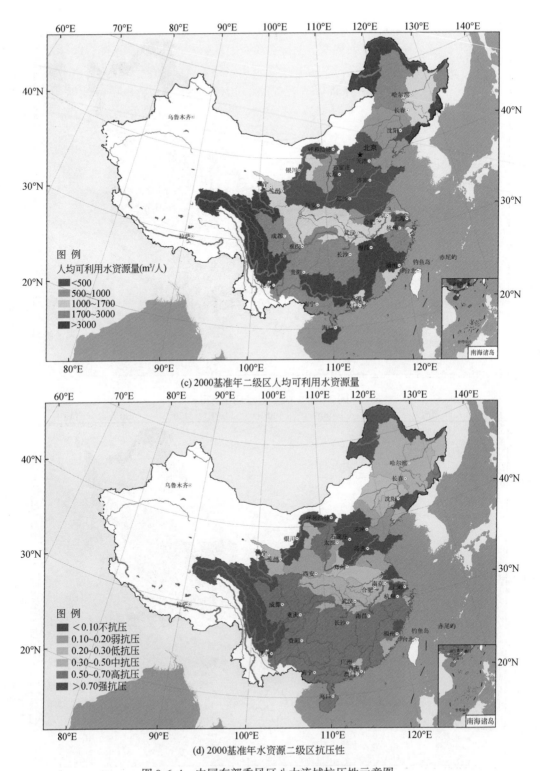

(c) 2000基准年二级区人均可利用水资源量

(d) 2000基准年水资源二级区抗压性

图 0-6-4　中国东部季风区八大流域抗压性示意图

6.1.2　未来气候变化影响下的水资源脆弱性

根据 IPCC 第五次评估报告（AR5）多模式（CMIP5）提供最新的全球变化未来低、中、高的典型浓度路径排放情景（RCP2.6、RCP4.5、RCP8.5），获得了一些中国东部季风区未来水资源变化的情景与预估。

（1）未来水资源来水变化

总体来看，未来气温增高，与水资源变化最为直接的降水在 2040 年后有明显增加的态势，尤其是 RCP8.5 典型浓度路径，RCP2.6 似乎更接近历史变化的幅度。

采用区域模式对 RCP4.5/RCP8.5 情景中国未来降水变化预估表明，除西北增加明显，RCP4.5 模式 2030 年海河流域有增加外，其他大部分情景东部季风区降水减少或持平，未来水资源安全风险仍然很大。

从 1956～2010 年中国东部季风区八大流域水资源变化规律看，海河流域、黄河流域水资源显著减少，辽河、松花江流域水资源减少比较显著，淮河流域水资源存在减少的趋势，但不明显，长江流域、东南诸河流域、珠江流域水资源存在增加的趋势，但增加趋势不明显。从未来气候变化对水资源的影响的情景（如 RCP4.5）多模式预估，2030 年大多呈现北方增加、南方减少的趋势。特别是海河流域、辽河流域，2030 年降水预估与 1956～2000 年实测降水量相比，增加 25% 和 13%，水资源量分别增加 14.3% 和 7.2%。南方的珠江流域、东南诸河流域、长江流域降水量分别减少 14%、13% 和 5%，水资源量分别减少 14.4%、18.8% 和 5.3%。

（2）未来水资源需求变化

通过过去实际的水资源变化资料分析，1980～2010 年全国总用水量由 4406 亿 m³ 增加到 6022 亿 m³，年均增长 1%；工业用水量年均增长 4.2%；生活用水量年均增长 3.5%；农业用水量为 3500 亿～3800 亿 m³。中国用水变化既有气候变化因素，又有经济社会发展驱动因素（图 0-6-5）。

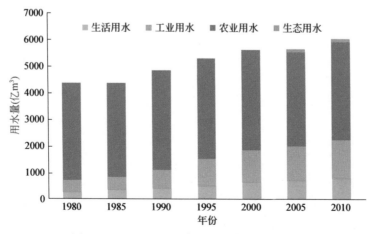

图 0-6-5　1980～2010 年我国水资源需求变化

相对气候变化的影响分析表明，中国北方海河、黄河流域用水受降水变化影响明显，南方珠江流域用水受降水影响不明显。总体而言，温度增加，需水增加，北方海河、黄河流域需水受温度变化影响明显，南方珠江流域需水受温度影响不明显。

未来中国水资源需求受 GDP、工业增加值、总人口、城镇人口、农田有效灌溉面积等驱动因素的影响。对用水与人口、农田灌溉面积、GDP 关系分别进行定量分析，用水受人口增加、经济发展驱动明显，主要表现在北方海河、黄河流域用水受降水变化影响明显，南方珠江流域用水受降水影响不明显。而北方海河、黄河流域需水受温度变化影响明显，南方珠江流域需水受温度影响不明显（图 0-6-6）。

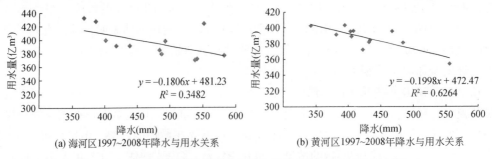

(a) 海河区1997~2008年降水与用水关系　　　　(b) 黄河区1997~2008年降水与用水关系

图 0-6-6　海河和黄河流域降水与用水量的关系（1997 ~ 2008 年）

在 RCP4.5 情景下，多模式预估 2030 年降水量，模式模拟的降水在 2030 年大多呈现北方增加、南方减少的趋势。特别是海河流域、辽河流域，2030 年降水预估与 1956 ~ 2000 年实测降水相比增加 25% 和 13%。南方的珠江流域、东南诸河流域、长江流域降水量分别减少了 14%、13% 和 5%。通过综合气候因子（温度、降水）与需水关系分析（表 0-6-1），考虑气候变化影响的东部季风区八大流域总需水量预计达 6658 亿 m³，较不考虑气候变化影响的八大流域总需水量（6400 亿 m³）约增加 258 亿 m³。因此，中国未来水资源需求形势仍然十分严峻。

表 0-6-1　气候变化下 2030 年经济社会需水量

流域	有气候变化的需水量（亿 m³）	无气候变化的需水量（亿 m³）	有无气候变化对比（亿 m³）	有无气候变化对比（%）
松花江	577	604	-27	-4.5
辽河	219	249	-30	-12.0
海河	472	515	-43	-8.3
黄河	520	547	-27	-4.9
淮河	792	762	30	3.9
长江	2664	2351	313	13.3
东南诸河	485	431	54	12.6
珠江	929	941	-12	-1.3
合计	6658	6400	258	4.0

（3）气候变化影响下我国水资源的脆弱性现状和未来情景

基于中国社会经济发展和生态保护对水资源的需求与可利用水资源的供需关系描述，并考虑东部季风区地理分异的自然脆弱性和水旱灾害风险，中国水资源脆弱性现状如图0-6-7所示。

1）占中国总人口95%、占国土面积近一半的东部季风区，近90%的地区的水资源处于较脆弱和严重脆弱的状态（黄色以上深色区），中国面临水资源安全的压力巨大，尤其北方地区。

2）极端灾害事件（旱灾和洪灾）增加中国水资源脆弱性。自1949年以来，中国旱灾呈现增加趋势。从中国近50年来干旱发生的趋势看，华北和东北水资源脆弱性风险进一步加剧，危及中国粮食主产区华北和东北水资源可持续利用。近50年来，中国洪涝灾害发生频率与强度也有进一步增加的趋势（图0-6-8），危及中国流域防洪、城市防洪、防洪工程的水安全。研究表明，相对只考虑水资源供需关系的传统脆弱性评价而言，考虑东部季风区水旱灾害与暴露度，将明显加剧水资源的脆弱性与风险（图0-6-9）。因此，面对极端灾害事件的影响和水资源脆弱性，需采取必要的适应性对策与措施。

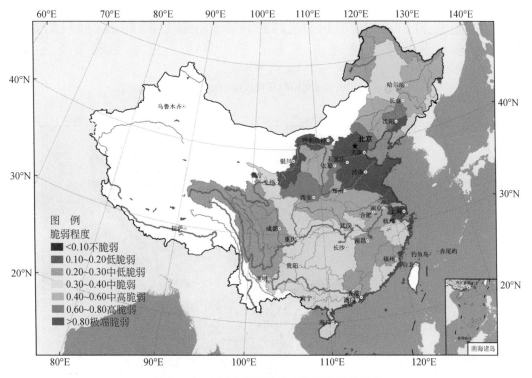

图0-6-7　中国东部季风区水资源脆弱性现状

3）未来气候变化可能进一步加剧东部季风区八大流域水资源脆弱性（图0-6-10）。通过多模式和多情景的组合分析表明，全球变化未来低、中、高的典型浓度路径排放情景（RCP2.6、RCP4.5、RCP8.5）下，中国东部季风区水资源较脆弱和严重脆弱的区域面积明显扩大。

由于中国经济社会发展，水资源供需矛盾最突出的区域在中国北方的华北地区，近30年中国干旱呈增长趋势和社会经济增长，导致水资源脆弱性的暴露度在扩展和加剧，主要区域在中国东部季风区的核心地带。

尽管气候变化使未来2030～2050年华北地区水资源有所增加，但是由于经济社会的发展，中国北方水资源脆弱性的格局并未发生根本变化（图0-6-11和图0-6-12）。由于未来气候变化的不确定和最不利的情景分析，一些地区水资源脆弱性有增加的风险，迫切需要针对国家粮食安全、生态安全采取必要的对策与措施。

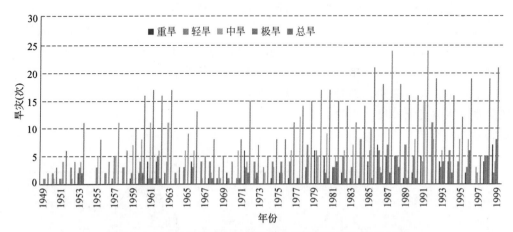

图 0-6-8　1949 年以来中国旱灾风险增加的发展态势示意图

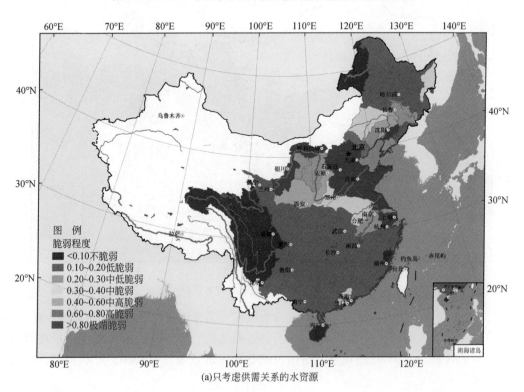

(a)只考虑供需关系的水资源

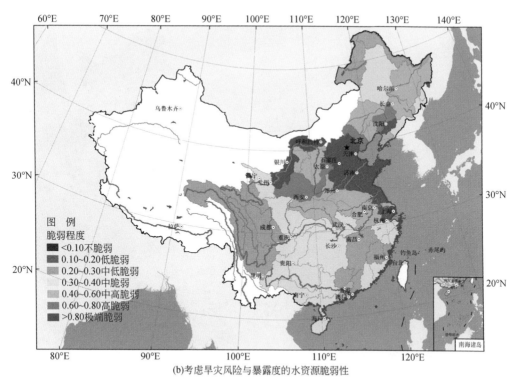

(b)考虑旱灾风险与暴露度的水资源脆弱性

图 0-6-9 只考虑水资源供需关系的水资源脆弱性和
进一步考虑旱灾风险与暴露度的水资源脆弱性的比较示意图

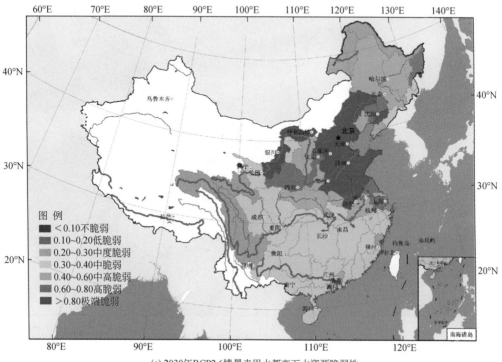

(a) 2030年RCP2.6情景来用水都变下水资源脆弱性

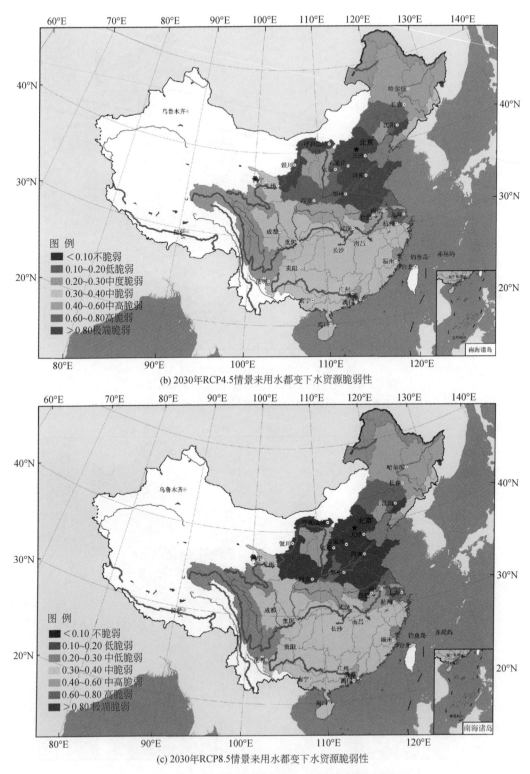

(b) 2030年RCP4.5情景来用水都变下水资源脆弱性

(c) 2030年RCP8.5情景来用水都变下水资源脆弱性

图 0-6-10　2030 年中国东部季风区八大流域水资源脆弱性

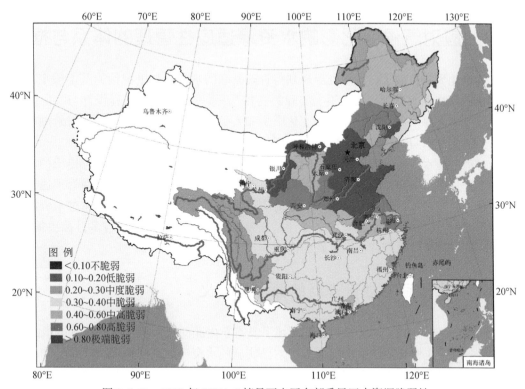

图 0-6-11　2030 年 RCP4.5 情景下中国东部季风区水资源脆弱性

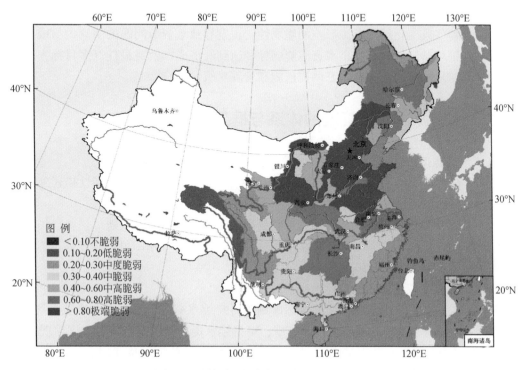

图 0-6-12　未来最不利情景现状条件下中国东部季风区水资源脆弱性

6.2　应对气候变化影响水资源适应性管理的体系与框架

气候变化影响打破了传统水资源规划与管理基础的水文序列平稳性的基本假定，实际工作中常常面临"水资源规划赶不上实际的变化"、水资源配置与工程设计与实际应用和工程运行差距大等问题。因此，气候变化影响和人类活动导致了水资源规划与管理的挑战与变革，适应性水资源管理成为应对气候变化水管理的前沿和重要需求问题。

针对适应性水资源管理研究面临的挑战，即理论与方法相对比较薄弱、传统的水管理政策与工程建设与适应性管理混淆、变化环境下水资源脆弱性评价与适应性管理通常脱节或不联系等问题，项目团队发展了水资源适应性管理的理论与决策方法。通过水资源脆弱性的抗压性函数，建立了水资源脆弱性评估与适应性管理之间的联系与多目标决策模型，为变化环境下适应性水管理提供了新的途径。

6.2.1　水资源适应性管理新的概念与定义

通过综合研究，研究团队提出变化环境下具有新内涵的水资源适应性管理的概念与定义，即水资源适应性管理能够被定义为"对已实施的水资源规划和水管理战略的产出，包括气候变化对水资源造成的不利影响，采取的一种不断学习与调整的系统过程，以改进水资源管理的政策与实践"。其目的在于增强水系统的适应能力与管理政策，减少环境变化导致的水资源脆弱性，实现社会经济可持续发展与水资源可持续利用。其内涵是通过观测、科学评价气候变化对水资源影响的脆弱性，识别导致水资源问题的驱动力与成因，以维持社会经济可持续发展、减小水资源脆弱性和达到经济成本效益最佳等多目标，从而提出应对气候变化影响的水资源动态调控措施和管理对策。

6.2.2　水资源适应性管理的体系与框架

(1) 水资源适应性管理的体系
如图0-6-13所示，气候变化的影响及适应性管理分为多个阶段，即定性描述分析、半定量与定量分析和适应性对策评估。

(2) 应对气候变化影响的水资源适应性管理的宏观决策思路与原则
应对气候变化影响的水资源适应性管理的宏观决策思路与原则可持续发展、"三条红线"的严格水资源管理、生态文明建设。

(3) 水资源适应性管理的目标准则
变化环境下水资源适应性管理的目标准则为可持续水资源管理、减少水资源脆弱性、利益相关者的协调、适当的成本效益。其中，可持续水资源管理被定义为"支撑现在到未来社会及其福利，而不破坏它赖以生存的水文循环及生态系统完整性的水管理和利用"。量化方法可以选用 D. P. Loucks 和夏军分别发展的依据水资源可承载、有效益与可持续发

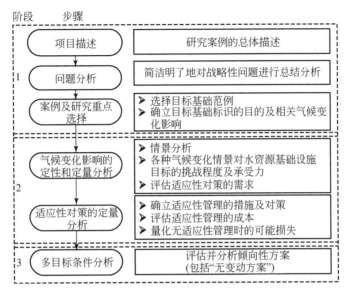

图 0-6-13　水资源适应性评价基本思路与框架

展 3 个原则的"社会净福利函数"方法和"社会经济综合指标测度（DD）"方法。

（4）水资源适应性管理的指标体系

水资源适应性管理与脆弱性评价是相互联系的水资源管理整体系统。水资源适应性管理的指标体系由下列几部分组成。

1）水资源脆弱性评价联系的指标体系如图 0-6-14 所示。其中，与水资源压力函数联系的多个变量也是水资源适应性管理系十分关键的调控变量。

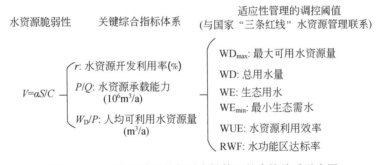

图 0-6-14　水资源脆弱性与适应性管理的直接关系示意图

2）水资源适应性管理多目标联系的指标体系。例如，可持续水资源管理目标的指标体系涉及国内生产总值（GDP）、人均 GDP 等及其联系的归一化"经济增长"指标 $EG(T)$；河湖水质评价等级（WQ）、河湖生态健康及其联系的归一化系统"可承载"指标 $LI(T)$；水资源系统抗压性，由水资源开发利用率、水资源承载能力和人均可利用水资源量等指标表达，可归一到抗压性指标 $C(T)$；可持续发展综合指标 $DD = f[EG(T), LI(T), C(T)]$。

（5）可持续水管理的"社会经济综合指标测度（DD）"量化方法

基于"发展综合指标测度（DD）"的量化方法是采用模糊隶属度定量描述水资源管理中的可承载能力、经济效益和可持续性以及它们的集成问题的一种集成方法。按照"可持续发展"含义，不仅要"经济增长"，而且要保护环境。可持续水资源管理要求提高水资源系统的抗压性。因此，可以用下式来量化表达：

$$DD = EG(T)^{\beta_1} \cdot LI(T)^{\beta_2} \cdot C(T)^{\beta_3} \tag{0-6-6}$$

式中，DD 为系统在 T 时段"发展"指标的量化值（无量纲），$DD \in [0, 1]$；β_1、β_2 和 β_3 分别为描述"经济增长"量化值（EG）、"可承载"隶属度（LI）以及抗压性（C）的指数权重。根据考虑方面的重要程度和归一化，给 β_1、β_2 和 β_3 赋值。

DD 作为衡量 T 时段"发展"的一个"尺度"，对于同一系统，同一时段，DD 越大，认为发展程度越高，也就是经济、社会和环境效益越大。因此，可以通过调节内部结构、资源分配等来寻求最优发展途径。

（6）气候变化背景下水资源适应性管理决策的多目标优化模型与方法

依据水资源适应性管理的总体系统框架、概念与定义，应对气候变化影响的水资源适应性管理与对策问题，可采用定量化和调查统计 DELFT 方法及其它们相结合（综合）的途径。

在定量化研究中，应对气候变化影响水资源适应性管理涉及水资源现状管理的情景分析，即不采取对策的现状和采取对策导致现状改变的决策分析；未来气候变化多个情景导致水资源供需关系变化，所采取适应性管理决策的情景分析等。因此，这是一个典型的多目标规划（优化）问题。

1）多目标优化的数学函数：水资源适应性管理目标准则可表达为满足某一群多目标的函数集。例如，目标 1 水资源可持续利用；目标 2 减少水资源系统脆弱性；目标 3 成本效益最佳，即

$$\left.\begin{array}{l} \max[f_1(X)] = \max\left(\sum_{T=1}^{N} DD(T)/N\right) \\[2ex] \min[f_2(X)] = \min\left(\sum_{T=1}^{N} V(T)/N\right) \\[2ex] \max[f_3(X)] = \max\left(\sum_{T=1}^{N} BC(T)/N\right) \end{array}\right\} \tag{0-6-7}$$

或寻求它们的综合目标最大化：

$$\max F(X) = \max\{f_1(X), f_2(X), f_3(X)\}, \ s.t.\ X \in S,\ X \geqslant 0 \tag{0-6-8}$$

2）优化决策的调控的变量：式（0-6-7）中，$X = -X_1, X_2, \cdots, X_m$ 为最优化的决策变量。例如，基于严格水资源管理和生态文明建设目标的调控变量可选择水资源总量（X_1）、水资源效率（X_2）、水功能区达标率（X_3）、生态需水量（X_4）等作为系统适用性水资源管理的调控变量。

3）约束条件：水资源适应性管理中，除了多目标函数要达到最大之外，还需要满足一定的系统约束条件。模型受构成目标函数和各子目标的各要素的数量和质量的制约，包

括水资源供需平衡、社会经济和生态环境保护等，以及水资源可持续管理其他约束条件。

4）目标优化模型集的求解：在给定的条件下，可以采用分解协调、非线性规划线性化等方法，通过多目标规划的求解得到最优解或者非劣解。另外，由于系统的多目标、多变量和系统约束的复杂性，通常依据实践的经验，确定多个可行的方案解集 $Xi=\{Xi_1, Xi_2, \cdots, Xi_m\}$，$i=1, 2, \cdots, n$。代入适应性管理系统分别计算全部解集对应的多目标函数，确定解集的最优解，又称为非劣解。

（7）应对气候变化影响的水资源适应性管理的能力建设

依据气候变化情景和社会经济发展的多个可能情景与适应性管理的应对措施与方案，能够模拟与评价对于该情景组的流域水资源可持续发展测度 DD、水资源脆弱性 V 和其他目标值，相对代表年的基准年的 DD_0 与水资源脆弱性 V_0，就可以评价和判断适应性管理的效果与程度，并决策最优的适应性管理途径。

应对气候变化影响的水资源适应性管理的基础能力建设包括以下内容：①开展针对适应性管理特征的监测与实时评估系统建设与建议；②开展气候变化影响和水资源供需变化的预警预估系统建设；③开展适应气候变化不断动态调整的决策支持系统，实现适应性水资源管理的功能；④开展水资源适应性管理的社会经济、制度与法规建设。

通过适应性水管理基础与能力建设，化解气候变化背景下水资源规划与管理所面对利益相关者的资源-化解之间的冲突与矛盾，处理其不确定性风险，维系水资源可持续利用和社会经济的可持续发展。

依据上述提出的适应性研究理论方法，结合国家需求，从"区域-流域-农户"相互联系和多层次系统，提出气候变化影响下我国水资源格局变化、南水北调（中线）工程影响以及社会农户面向水旱灾害的适应性管理与对策建议，完成了系列咨询报告与导则，促进了气候变化背景下，流域水资源规划修编和应对气候变化战略规划与决策支撑能力的提升与知识创新。

以南水北调（中线）工程运行与管理面对气候变化影响的问题分析为例，在气候变化背景下已经呈现三个突出的变化（图0-6-15）。

其一是长江支流汉江上游丹江口水库调水区和中国北方海河受水区的径流变化，数据表明20世纪80年代后丹江口入库径流一直呈下降态势，尽管2000年有所恢复，但总体上仍处于枯水期。1990～2012年实际入库的径流相对1954～1989年规划设计减少21.5%。未来气候变化影响下，预估的结果显示海河的径流先降2040年稍有上升，但汉江上游呈现下降态势。

其二调水区的水资源脆弱性发生了变化。研究表明，气候变化影响下调水后对汉江的脆弱性是增加的，亟待采取适应性对策。

其三是调水区和受水区的丰枯遭遇发生了变化。从过去的观测，丹江口和海河的径流同枯概率明显增大1956～1989年为9%，1990～2011年上升为30%，从未来变化态势来看，同枯概率均会上升。

因此，现行水资源规划、设计洪水和重大调水工程规划设计与管理不考虑气候变化影响，将存在巨大风险，迫切需要修编现行规范、采取必要的适应性对策与措施。

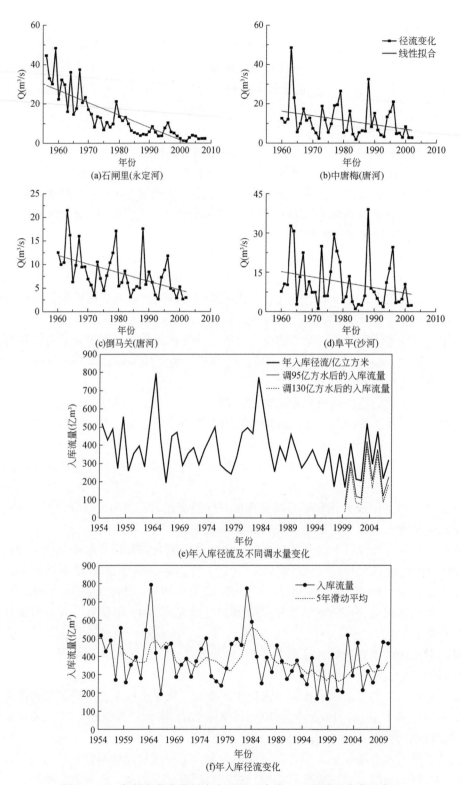

图 0-6-15　气候变化背景下南水北调（中线）工程径流变化示意

　　我们提出了应对气候变化中国东部季风区水资源适应性管理的对策与建议，包括：尽快推动国家层面水资源适应性管理的规划与建设；尽快实施应对气候变化水资源适应决策系统的能力建设（监控、评估与对策）；积极推进国家应对气候变化影响科技创新驱动的基础研究；积极推进变化环境下国家水资源安全保障发展战略等。以实施中国严格水资源管理的"三条红线"的对策措施为例，即水资源开发利用控制红线，到2030年全国用水总量控制在7000亿 m^3 以内；用水效率控制红线，到2030年用水效率达到或接近世界先进水平，万元工业增加值用水量降低到 $40m^3$ 以下，农田灌溉水有效利用系数提高到0.6以上；水功能区限制纳污红线，到2030年主要污染物入河湖总量控制在水功能区纳污能力范围之内，水质达标率提高到95%以上。研究表明，未来气候变化最不利条件下，采取该适应性水资源调控与对策季风区流域水资源脆弱性（V）的变化和减少的幅度达21.3%，可持续发展度（D）增加幅度达18.4%，适应性管理的效益显著（图0-6-16）。

　　总之，现行水资源规划、设计洪水和重大调水工程规划设计与管理不考虑气候变化影响，将存在巨大风险。在未来最不利条件下，采取适应对策季风区水资源脆弱性 V 的减少幅度可达21.3%，可持续发展度增幅可达18.4%。应对气候变化保障我国水安全的适应性管理与对策十分重要和必要，针对变化环境下的流域水资源规划和重大水利工程管理，迫切需要修编现行规范、采取必要的适应性对策与措施。

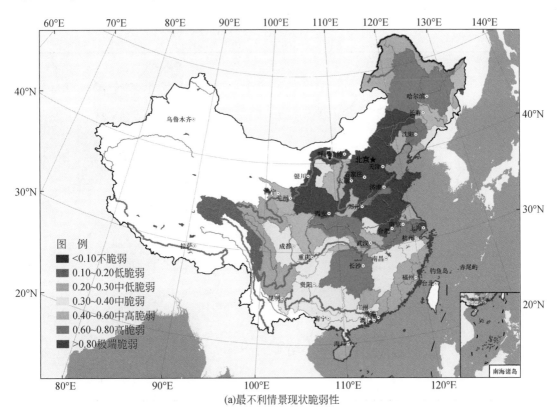

图 例
■ <0.10不脆弱
■ 0.10~0.20低脆弱
▨ 0.20~0.30中低脆弱
▨ 0.30~0.40中脆弱
▨ 0.40~0.60中高脆弱
▨ 0.60~0.80高脆弱
■ >0.80极端脆弱

(a)最不利情景现状脆弱性

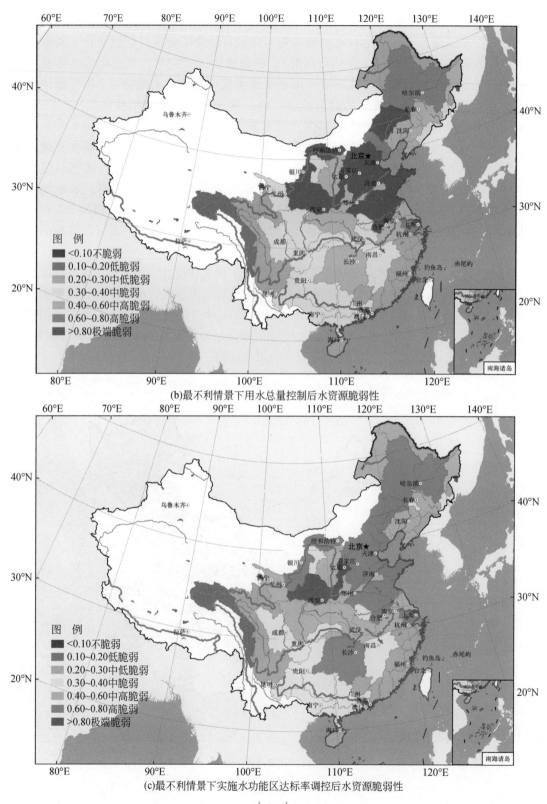

(b)最不利情景下用水总量控制后水资源脆弱性

(c)最不利情景下实施水功能区达标率调控后水资源脆弱性

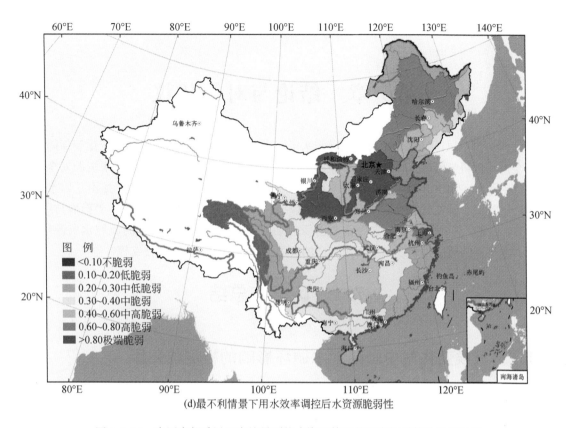

(d)最不利情景下用水效率调控后水资源脆弱性

图 0-6-16　中国东部季风区实施最严格水资源管理的适应性对策效果图示意

第7章 结论与对策建议

中国东部季风区气候变化对水循环与水资源影响与适应对策是应对全球变化和保障我国水安全的重大科学问题。在国家973计划项目"气候变化对中国东部季风区水资源安全影响与适应对策"（2010CB428400）的支持下，项目组历时5年的研究与实践，提出了以水循环为纽带，针对全球变化和水资源安全问题，以"检测与预估""响应与归因""影响与后果""适应与对策"为一体的4个方面重要创新成果，为中国应对气候变化的流域水资源规划、重大调水工程的适应性管理与水资源安全的决策提供了新的认识和科技支撑。

7.1 认识与总结

7.1.1 气候变化对中国陆地水循环影响的检测与归因

东部季风区既有自然变化又有全球变暖和下垫面人类活动影响，对水资源既有直接影响（温度升高降水和蒸散变化），又有间接影响（径流）。多因素交织难度大、争议大。

通过气象、水文、地理多学科交叉与综合研究，项目组提出了"降水自然变率与温室气体排放贡献"归因的三七开的观点，更新了20世纪80年代后我国"水汽–降水–蒸发–径流"水量平衡及变化的科学认识，填补了2000年全国水资源评价缺乏"陆–气"耦合水汽输送联系的水循环要素评价的空白。

（1）对过去怎么变化与驱动机理（归因）的认识

依据项目订正后最新的历史观测数据与检测与归因，得到了我们的基本观点与认识。

【观点1】

我国陆地水文循环的主要变化是温室气体排放（CO_2）影响叠加在东部季风区显著自然变率背景下共同作用形成的，其中自然变率占主要成分，降水自然变率导致径流变化的贡献率达70%~90%，全国平均约占2/3；温室气体排放贡献率也占10%~30%，全国平均约占1/3。

在未来CO_2排放增加情景下，气候变化影响的贡献率将逐步增大，将是水资源的变化的重要驱动因子。因此，在流域和全国水资源规划与管理中，不考虑气候变化的影响将存在突出的风险，需要重视和加以新的认识与考虑。

（2）对气候变化背景下中国陆地水循环要素及水平衡关系变化的认识

本项目利用经质量控制、均一化和网格化处理后的长期气象和水文观测资料以及多套再分析资料，更新了中国东部季风区与主要流域陆–气系统的水量平衡及其年代际演变规律的科学认识，提出了季风区陆地水循环格局和水资源情势演变的完整图像。自 20 世纪 80 年代以来首次系统评估了中国东部季风区各流域年平均水汽收支。研究重点关注了水文循环五大要素中直接观测的降水、径流演变趋势，采用理论公式计算分析了各大流域实际蒸散发、采用再分析资料分析了空中降水资源量以及水汽通量的演变特征、并依据水量平衡原理推算了各大流域下渗量的变化特征，给出了中国东部季风区包括松花江、辽河、海河、黄河、淮河、长江、东南诸河、珠江等 8 个流域 1960~2013 年的水循环特征。

研究结果表明，20 世纪 80 年代是气候变化对水资源影响的变化点。如果将中国东部季风区划分为 1960~1985 年和 1986~2013 年 2 个时期。1986~2013 年的中国陆地输入的水汽量较 1960~1985 年减少了 1.9 万亿 m^3，中国陆地的输出水汽量则减少了 1.1 万亿 m^3，中国区域的净水汽量减少了 0.9 万亿 m^3。1986~2013 年的中国陆地降水量较 1960~1985 年增加了 0.04 万亿 m^3，但是蒸散发量也增加了，达到 0.29 万亿 m^3，其结果 1986~2013 年的中国陆地地表水资源量较 1960~1985 年减少了 0.01 万亿 m^3，地下水资源量包括地下水储量增加了 0.25 万亿 m^3。

7.1.2 未来气候变化影响的不确定性与情景预估

未来气候变化及其影响的不确定性是世界性难题，其中重要的是来自 GCMs 多模式降水预估的不确定性，属全球变化研究的国际前沿，正在探索中且国内外无成熟可借鉴方法。项目组研发了贝叶斯多模式集成的概率预估不确定性理论，提出了评估多模型概率预估可信度和面向流域水文过程的降尺度方法，为量化和减少气候变化预估的不确定性提供了一种新的途径。

依据 IPCC-AR5 不同排放情景（RCP2.6，RCP4.5、RCP8.5）下 GCMs 未来降水集合预估与综合判断，对未来怎么变降水等水文情势预估的判断，得出的认识如下。

【观点 2】

1）未来 20~30 年（2020~2040 年），东部季风区水文极端事件（水旱灾害）发生的频率与强度有增强的态势。

2）中国东部季风区过去 63 年和未来 30~50 年极端干旱将呈现波动上升的态势，因此将加大未来 30 年中国水资源供需矛盾和水资源脆弱性，尤其北方（华北、东北粮食主产区）农业水资源需水的压力。

3）基于 GCMs 多模式预估，未来 20~30 年东部季风区"南涝北旱"的格局将逐步转变，北方降水将增加。但是 2050 左右，格局很可能再回转。

7.1.3 平稳水文极值系列洪水频率计算

东部季风区洪涝灾害一直是中国最大的隐患之一。长期以来设计洪水计算主要基于"平稳、一致、独立"的假定，采用 P-III 频率分析方法。气候变化打破了平稳假定，非平稳水文极值及气候变化下的洪水频率计算，一直是国际上的难题，国内外尚无成熟可借鉴方法。项目组检测了气候变化背景下洪水频率非稳态的变化特性，发展了一种与气候变化影响联系的非稳态极值洪水频率计算方法，改进了传统设计洪水估算的频率分析理论不足，研究成果对我国流域防洪减灾有重要价值和意义。

【观点3】

气候变化背景下，中国南方（珠江、长江、闽江等流域）和中小河流及大城市洪水频率与强度是增加的，传统的洪水频率计算方法暴露出低估暴雨洪水的不足，加剧了东部季风区防洪安全的风险。

以淮河防洪为例，应用新提出的模型方法，计算出未来气候变化下王家坝断面2020～2050年20年一遇洪峰流量值较基准（1970～2000年）增加23.3%～29.9%，其结果将导致蓄滞洪区运用频次增加和洪水淹没风险增加。

7.1.4　气候变化背景下水资源脆弱性

中国东部季风区人口多、水灾害频发、水供需矛盾尖锐。如何将气候变化影响的敏感性、抗压性与暴露度和灾害风险集成，科学评估水资源脆弱性并与适应性管理形成互联系统的对策，在国内外尚无先例。

项目组发展了水资源脆弱性多元函数分析的理论与方法，建立了脆弱性与适应性联系，提高了应对气候变化影响水管理与对策的科学性，应用到水资源规划修编重大调水工程管理，有重要的应用价值和推广前景。

【观点4】

中国水资源脆弱性高，气候变化将加剧水资源的供需矛盾、给已建的重大调水工程、流域水资源配置的效益发挥带来不利风险，迫切需要采取适应性对策与措施，保障中国水资源安全。

中国水资源脆弱性现状：占全国总人口95%、国土面积近一半的东部季风区，90%处在比较脆弱（黄）和严重脆弱（红和深红）的状态，中国面临的水资源安全压力巨大，尤其中国北方。

未来气候变化影响与后果：采用GCMs和"陆-气"耦合模型与脆弱性方法综合估算，中国东部季风区较脆弱和严重脆弱的区域将明显扩大，特别中国南方和长江流域增加较多。

1）气候变化导致需水量的变化幅度：气候变化影响下，东部季风区需水量进一步增加，华北地区气温上升1℃农业耗水ET增加大约25mm，大约占总用水量的4%。

2）气候变化导致水资源配置的变化与风险：通过对中国是否考虑气候变化影响的2030年的全国水资源需求关系的比较分析，发现未来中国需求量增加最大地区的并不在华北，而是在长江流域，需新增水资源需求量313亿 m³。其次，气候变化将导致长江中下游和汉江的脆弱性将进一步加大，该区域恰恰是国家重大调水工程（南水北调中线）的水源地的地区。因此，气候变化对中国未来水资源的配置将产生重要的影响，需积极应对。

7.1.5   中国水资源规划及重大工程设计应对气候变化影响的不足

项目组通过 5 年研究得出一个基本认识：尽管未来气候变化 2030～2040 年我国北方降水和径流有增加，由于社会经济发展中国水资源脆弱性的格局并未发生根本变化，现行水资源规划、设计洪水和重大调水工程规划设计与管理不考虑气候变化影响，将存在巨大风险，迫切需要修编现行规范、采取必要的适应性对策与措施。

当前中国水资源规划及重大工程设计应对气候变化影响的不足，主要表现下列几个方面。

（1）流域水资源规划缺乏应对气候变化的适应性管理

应对气候变化，事关中国经济社会发展全局和人民群众的切身利益，事关国家的根本利益。2007 年中国政府专门印发《中国应对气候变化国家方案》的通知（国发［2007］17 号），其中强调了气候变化对中国水资源的影响和应对气候变化面临的挑战，水资源是适应气候变化的重点领域之一，并指出中国水资源开发和保护领域适应气候变化的目标：一是促进中国水资源持续开发与利用，二是增强适应能力以减少水资源系统对气候变化的脆弱性。但是迄今为止，几乎所有水利部门流域水资源规划都没有真正考虑气候变化对水资源供给、水资源需求和水旱灾害加剧水资源供需矛盾的影响，缺少定量和半定量考虑气候变化影响水资源规划导则和指南，目前流域水资源规划修编和水资源调查评价依旧采取传统的水资源规划计算方法、模型和决策模式，尤其缺少应对气候变化的适应性水资源管理的理论方法、风险管理和决策手段。

（2）跨流域水资源配置重大调水工程管理尚未考虑气候变化的影响

中国南水北调等跨流域调水工程是国家层面水资源配置的重要手段和工程措施。但是，中国南水北调工程无论是中、东线还是拟建的西线工程的规划设计、管理和调度，都是采用历史的水文观测资料和传统平稳性假定的水文水利计算方法，设计和规划调水区与受水区的水资源供需及其平衡关系、计算水利工程的规模及调水能力的大小，没有考虑气候变化影响可能导致的工程调水区和受水区的来水量、水资源供需的变化，由此极有可能导致调水工程社会经济效益和环境效益的偏离和工程设计目标的失误。气候变化对重大调水工程的影响与适应性管理是中国水利工程建设和水资源可持续利用与管理面临的重大挑战性问题，当前亟待加强其科学技术支持和相关应用的规划导则和设计工作。

（3）国家层面应对气候变化影响的水资源适应性管理仍面临重大挑战

以国家实施的以用水总量、用水效率和水功能区限制纳污的"三条红线"调控为标志的严格水资源管理制度以及生态文明建设的国家战略，是应对气候变化影响、减少中国东部季风区水资源脆弱性和提高流域可持续发展的有效举措，将会产生重大的社会经济与环境效益。但是，如何实施水资源管理制度和生态文明建设，如何将其与应对气候变化影响的适应性对策紧密联系与应用，相关研究还比较薄弱。迫切需要构建应对气候变化和人类活动影响的水资源规划与管理的科学体系与国家水管理制度。

7.2 对策与建议

(1) 尽快开展和推动国家层面水资源适应性管理的规划与建设

针对我国现行的水资源规划、重大工程社会和管理未考虑气候变化影响的缺陷和不足，建议国家尽快启动流域规划修编和重大工程规划、设计修编的导则工作，分别从水文来水系列和用水系列以及社会经济发展对水资源需求，进一步考虑气候变化的风险，提高应对气候变化影响的基础设计的适应性，并将考虑气候变化提升为流域水资源规划和重大调水工程规划中不可缺少的环节。

(2) 积极开展和推动国家应对气候变化影响的能力建设

包括应对气候变化尤其极端水旱灾害影响的水利基础设施建设，加大水利投资与发展；加强应对气候变化影响的水资源适应性管理的实时监控能力建设，全方位监测我国江河湖库的来水、用水、耗水、水量、水质的变化；加强应对气候变化影响的适应性水资源管理决策系统建设，加强动态决策能力；加强适应性水资源综合管理的体制与制度建设。

(3) 积极推进国家应对气候变化影响的科技创新驱动的基础建设

加强气候变化对流域水循环和水资源管理影响的科学基础研究与规划，包括水文非稳态序列和突变过程、非线性问题的研究，加强气候变化对区域极端水旱灾害事件的科学基础研究，加强自然科学、社会科学交叉的应对气候变化影响的适应性管理的理论与科学方法研究，提高我国应对气候变化影响的科技创新驱动的能力。

(4) 积极推进应对气候变化的国家水资源安全保障发展战略

实施国家"可持续发展"目标、"最严格水资源管理制度"目标和"生态文明建设"目标，全面贯彻国家"节水优先"方针，实施全社会节水国家战略，应对气候变化的影响，保障国家水资源安全，在全社会节水国家战略的实施中加强科学技术的投入和创新驱动。近 10 ~ 20 年特别需要重视我国海河、黄河、淮河等流域水资源高脆弱地区的适应性管理，同时需要特别警惕和重视未来 20 ~ 30 年我国长江、珠江等南方江河流域不断加剧的水资源脆弱性的适应性对策和管理问题。

(5) 尽快实施应对气候变化影响的南水北调中线工程适应性对策与管理

南水北调工程是为解决我国华北和西北地区严重水资源短缺，保障区域社会经济可持续发展而实施的一项远距离跨流域水资源调配工程。气候变化对南水北调工程的影响主要有：工程可调水量的影响、调水区和受水区的丰枯遭遇问题、南水北调中线工程 2014 年10 月通水后的适应性管理问题等。建议尽快实施重大调水工程的适应性管理对策工作，其中包括：应对极端气候风险影响的南水北调工程需制订无水可调的不利方案；调水对汉江中下游的影响与适应性对策；南水北调受水区应以节水和治理环境污染为本，建立南水北调水资源保障体系工程，加强用水限制和供水配给；规划建设南水北调配套工程，采用现代化的管理模式和手段，加强调水区和受水区水资源管理，加强南水北调工程地下水管理。

【实例】南水北调中线工程面临的新问题与对策建议

南水北调工程是缓解北方水危机、实施我国水资源配置的重大举措，中线工程已于 2014 年 12 月正式通水，但是由于环境变化的影响，工程通水后将面临着新的问题和挑战。中国科学院地理科学与资源研究所专家在承担完成的国家 973 项目"气候变化对我国东部季风区陆地水循环与水资源安全的影响及适应对策"科研成果基础上，针对该工程来水量和用水量变化、调水区和受水区丰枯遭遇变化以及汉江中下游水资源脆弱性新的变化，提出了针对中线调水工程面临的新问题所采取的适应性管理对策与建议。

1. 南水北调工程通水运行与管理面临的新问题与挑战

（1）原工程规划设计的来、用水及供需平衡关系发生显著变化

1）调水区丹江口水库来水量在减少。丹江口水库年入库径流量从 20 世纪 80 年代后期开始显著减小，进入枯水期，最枯年份发生在 1999 年，年入库径流量仅为 174.6 亿 m^3。2000 年后，丹江口水库入库径流有所恢复。但总体上，1954～1989 年丹江口水库平均入库径流 411.6 亿 m^3；1990～2012 年平均入库径流 327.4 亿 m^3，可调水量减少了 84.2 亿 m^3，达 21.5%。

2）受水区华北海河流域的来水量继续减少，需水量也在减少。自 20 世纪 80 年代华北海河流域降水量和径流量持续减少，1980～2000 年海河流域地表水较 1956～1979 年减少了 41%。2000 年以后海河流域径流仍然继续减少，但速率在减缓，2000～2012 年海河流域平均径流较 1980～2000 年减少了 5.1%。另一方面，海河流域用水量也在减少，由 1980 年的 400 亿 m^3 下降为 2010 年的 350 亿 m^3。

3）海河流域未来需水量将进一步减小。随着社会经济发展和节水型社会建设，根据项目研究估算，未来 2030 年海河流域经济社会需水为 472 亿 m^3/a，较《海河流域综合规划（2012—2030 年）》中预测 2030 年需水 509 亿 m^3/a，减少了 37 亿 m^3/a。因南水北调中线工程调水区和受水区水资源供需矛盾发生了变化，需要重新审核供需关系和工程效益。

（2）中线调水规模对汉江下游（湖北省）社会经济不利影响加剧

1）汉江中下游的水资源脆弱性将进一步加剧，对湖北省的原有补偿难以为继。随着西部大开发等区域经济发展政策的实施，汉江上游经济迅速发展、人口急剧增长和城市化等增加了用水需求。由于陕西水资源总量不足，"引汉济渭"工程计划在 2020 年、2025 年从汉江调水到渭河流域，调水量分别达到 5 亿 m^3、10 亿 m^3，2030 年调水量达到最终调水规模 15 亿 m^3，未来汉江下游流域的水资源脆弱性将进一步加剧，形势不容乐观。汉江下游社会经济发展的规划需要进行新的调整。

2）汉江下游及库区生态消落带问题将进一步加剧。尽管近年来水源区在控源截污等方面取得了明显成效，但受入河污染的影响，部分支流如神定河、老灌河，仍存在氨氮、总磷、化学需氧量等超标问题，河流水环境没有得到根本性改善。随着水源地生态环境承载负荷的增加，与水土流失密切相关的面源污染进一步加剧。值得关注的是，丹江口水库消落带将由高程 149～157m 上升至 160～170m 的库周地段，导致适应消落带生境条件的植物种质资源将被淹没消亡，群落结构也可能破坏与毁灭，调水区的经济发展与水源地保护将面临新的挑战。

（3）调水区和受水区丰枯遭遇在发生变化

南水北调中线发挥工程效益的最不利情景遭遇为调水区和受水区同时面临持续干旱，调水区无水可调、受水区需求最大。

1）中线调水工程同枯的概率是增加的。1956～1980年和1981～2010年丹江口入库径流和海河流域同为枯水年的概率由1956～1980年的7%增加到1980～2010年的30%。

2）中线调水工程同枯的概率也有增加的态势。根据项目研究预估，未来持续60年中线工程调水区与受水区发生同枯遭遇的概率呈增加的态势，其中最坏形势下调水区和受水区发生同枯的概率约为33%，这将进一步加大南水北调重大工程调水的风险，需根据可能存在的风险采取必要的对策与措施。

2. 管理对策与建议

1）工程规划需进行调整和修编。针对我国现行的水资源规划、重大工程社会和管理未考虑气候变化影响的缺陷和不足，建议国家尽快启动流域规划修编和重大工程规划、设计修编的导则工作，分别从水文来水系列和用水系列以及社会经济发展对水资源需求，进一步考虑环境变化的风险，重新评估和计算全球变暖对南水北调工程的调水规模、工程设计和适应能力的影响。

2）实行适应性调水动态管理。加强应对未来南水北调中线工程水资源适应性管理的实时监控能力建设，全方位监控来水、用水、耗水、水量与水质的变化；加强对丰枯遭遇最不利情景下的监控、预警预报与调度系统的建设，最大限度地减小海河流域和汉江流域"同丰同枯"带来的负面影响；加强中线调水工程调水的日、旬、月多时间尺度的调水方案预警预报研究，包括丰水年（37.5%）、平水年（50%）、枯水年（62.5%）来水情景下适应性的调水方案；加强中线调水工程的适应性水资源综合管理的体制与制度建设，保障调水工程社会经济效益的最大限度发挥。

3）受水区的节水优先与水库及地下水调蓄。

解决北方水资源危机的根本出路仍然在于全社会节水。南水北调工程是缓解北方缺水的措施和手段，由于环境变化与丰枯遭遇的影响，为应对出现与规划设计相悖的状况，建议受水区和调水区全面贯彻国家"节水优先"方针，实施全社会节水战略，保障区域水资源安全。

在汉江丰水的调水年份，建议充分利用调水补充水库群的蓄水、回灌海河流域的地下水。储丰补枯，最佳发挥调水工程的效益。

建议以节水和治污为本，尽快实施重大调水工程的应急适应性管理对策工作，加强南水北调水资源保障体系工程建设与管理。

参 考 文 献

陈雷.2009. 实行最严格的水资源管理制度保障经济社会可持续发展. 中国水利, 05：9-17.

陈宜瑜, 丁永建, 佘之祥, 等.2005. 中国气候与环境演变（下卷）. 北京：科学出版社.

陈志恺.2002. 持续干旱与华北水危机. 中国水利,（4）：8-11.

丁一汇, 任国玉, 石广玉, 等.2006. 气候变化国家评估报告（I）：中国气候变化的历史和未来趋势. 气候变化研究进展, 2（1）：3-8.

丁一汇, 任国玉.2008. 中国气候变化科学概论. 北京：气象出版社.

冯锦明, 符淙斌.2007. 不同区域气候模式对中国地区温度和降水的长期模拟比较. 大气科学, 31（5）：805-814.

符淙斌, 安芷生, 郭维栋.2005. 中国生存环境演变和北方干旱化趋势预测研究（1）：主要研究成果. 地球科学进展, 20（11）：1168-1175.

胡实, 莫兴国, 林忠辉.2014. 气候变化对海河流域主要作物物候和产量影响. 地理研究, 01：3-12.

李凯, 曾新民.2008. 一个区域气候模式水文过程的改进及年尺度模拟研究. 气象科学, 3：308-315.

林而达, 许吟隆, 蒋金娥, 等.2006. 气候变化国家评估报告（II）：气候变化的影响与适应. 气候变化研究进展, 2（2）：51-56.

刘昌明.2004. 黄河流域水循环演变若干问题的研究. 水科学进展, 15（5）：608-614.

刘春蓁.2004. 气候变化对陆地水循环影响研究的问题. 地球科学进展, 19（1）：115-119.

刘春蓁.2007. 气候变化对江河流量变化趋势影响研究进展. 地球科学进展, 22（8）：777-783.

刘国纬, 周仪.1985. 中国大陆上空的水汽输送. 水利学报, 11：1-14.

刘新仁.1996. 陆气耦合中的土壤水问题. 水科学进展, 7：32-39.

气候变化国家评估报告编写组.2007. 气候变化国家评估报告. 北京：科学出版社.

钱正英, 沈国舫, 石玉林.2007. 东北地区有关水土资源配置、生态与环境保护和可持续发展的若干战略问题研究（综合卷）. 北京：科学出版社.

秦大河, 丁一汇, 苏纪兰.2005. 中国气候与环境演变（上卷）. 北京：科学出版社.

邱新法, 刘昌明, 曾燕.2003. 黄河流域近 40 年蒸发皿蒸发量的气候变化特征. 自然资源学报, 18（4）：437-442.

任国玉, 郭军.2006. 中国水面蒸发量的变化. 自然资源学报, 21（1）：31-44.

任国玉.2007. 气候变化与中国水资源. 北京：气象出版社.

水利部水利水电规划设计总院.2004. 全国水资源综合规划水资源调查评价. 北京：全国水资源综合规划系列成果之一.

孙文科.2002. 低轨道人造卫星（CHAMP、GRACE、GOCE）与高精度地球重力场——卫星重力大地测量的最新发展及其对地球科学的重大影响. 大地测量与地球动力学, 22：92-100.

王国庆, 王云璋, 康玲玲.2002. 黄河上中游径流对气候变化的敏感性分析. 应用气象学报, 1：117-121.

王守荣, 程磊, 郑水红, 等.2003. 气候变化对西北水循环和水资源影响的研究. 气候与环境研究, 8（1）：43-51.

王守荣.2002.分布式水文–土壤–植被模式与区域气候模式嵌套试验研究.气象学报, 60 (4): 421-427.

吴佳,高学杰.2013.一套格点化的中国区域逐日测资料及与其它资料的对比.地球物理学报, 56 (4): 1102-1111.

夏军.2002.水文非线性系统理论与方法.武汉:武汉大学出版社.

夏军,左其亭.2013.我国水资源学术交流十年总结与展望.自然资源学报, 28 (9): 1488-1497.

夏军,Tanner T,任国玉,等.2008.气候变化对中国水资源影响的适应性评估与管理框架.气候变化研究进展, 4 (4): 215-219.

夏军,陈俊旭,翁建武,等.2012.气候变化背景下水资源脆弱性研究与展望.气候变化研究进展, 6: 391-396.

夏军,刘春蓁,任国玉.2011.气候变化对我国水资源影响研究面临的机遇与挑战.地球科学进展, 26 (1): 1-12.

夏军,邱冰,潘兴瑶,等.2012.气候变化影响下水资源脆弱性评估方法及其应用.地球科学进展, 27 (4): 443-451.

夏军,佘敦先,杜鸿.2012.气候变化影响下极端水文事件的多变量统计模型研究.气候变化研究进展, 6: 397-402.

夏军,谈戈.2002.全球变化与水文科学新的进展与挑战.资源科学, 24 (3): 1-7.

夏军,翁建武.2012.多尺度水资源脆弱性研究评价.应用基础与工程科学学报, 20: 1-14.

肖风劲,张海东,王春乙,等.2006.气候变化对我国农业的可能影响及适应性对策.自然灾害学报, 15 (6): 327-3311.

谢正辉,刘谦,袁飞.2004.基于全国 50km×50km 网格的大尺度陆面水文模型框架.水利学报, (5): 76-82.

杨建平,丁永建,陈仁升,等.2003.近 40a 中国北方降水量与蒸发量变化.干旱区资源与环境, 17 (2): 6-11.

叶笃正,黄荣辉.1996.黄河长江流域旱涝规律和成因研究.济南:山东科学技术出版社.

雍斌,张万昌,刘传胜.2006.水文模型与陆面模式耦合研究进展.冰川冻土, (6): 53-59.

张红平,周锁铨,薛根元,等.2006.区域气候模式(RegCM2)与水文模式耦合的数值试验.南京气象学院学报, 29 (2): 158-165.

张建云,刘九夫.2000.气候异常对水资源影响评估分析模型.水科学进展, 11: 1-9.

张建云,王国庆.2007.气候变化对水文水资源影响研究.北京:科学出版社.

张梓太,张乾红.2008.论中国对气候变化之适应性立法.环球法律评论, 5: 57-63.

Arnell N, Liu C. 2001. 'Hydrology and Water Resources' in Climate Change 2001: Impacts, Adaptation, and Vulnerability. Intergovernmental Panel on Climate Change. Cambridge: Cambridge University Press.

Barnston A G, Mason S J, Goddard L, et al. 2003. Multimodel ensembling in seasonal climate forecasting at IRI, Bull. American Meteorology Society, 84: 1783-1796.

Bates B C, Kundzewicz Z W, Wu S, et al. 2008. Climate Change and Water. Geneva: Technical Paper of the Intergovernmental Panel on Climate Change, IPCC Secretariat.

Coquard J, Duffy P B, Taylor K E. 2004. Simulations of western U. S. surface climate in 15 global climate models. Climate Dynamic, 23: 455-472.

Covey C, AchutaRao K M, Cubasch U, et al. 2003. An overview of results from the coupled model intercomparison project, global planet. Change, 37: 103-133.

Duan Q Y, Ajami N K Gao X, Sorooshian S. 2007. Multi-model Hydrologic Ensemble Predictions Using Bayesian

Model Averaging, Advances in Water Resources. 30 (5): 1371-1386.

Gao X, Wang M, Giorgi F. 2013. Climate change over China in the 21st century as simulated by BCC_CSM1. 1-RegCM4. 0. Atmosphere Oceanic Sciences Letter, 6: 381-386.

Gates W L, Boylevs J S, Coveyc C C, et al. 1999. An overview of the results of the Atmospheric Model Intercomparison Project (AMIP I). American Meteorology Society, 73: 1962-1970.

Georgakakos K P, Seo D J, Gupta H, et al. 2004. Towards the characterization of streamflow simulation uncertainty through multimodel ensembles. Journal of hydrology, 298: 222-241.

GWSP. 2005. The Global Water System Project: Science Framework and Implementation Activities. Earth System Science Partnership (DIVERSITAS, IGBP, IHDP, WCRP) Report No. 3.

Hao Z X, Zheng J Y, Tao X X. 2001. A study on northern boundary of winter wheat during 15 climate warming: A case study in Liaoning Province. Progress Geograph. 20: 254-261.

International GEWEX Project Office. 2004. About GEWEX. http://www.gewex.org/gewex_overview.html [2004-12-01].

IPCC. 1990. Climate Change 1990: The IPCC Impacts Assessment. Canberra, Australia: Australian Government Publishing Service.

IPCC. 1996a. Climate Change 1995: Impacts, Adaptations and Mitigation of Climate Change: Scientific-Technical Analyses. Contribution of Working Group II to the Second Assessment Report of the Intergovernmental Panelon Climate Change. Cambridge, UK and NewYork, USA: Cambridge University Press.

IPCC. 1996b. Climate Change 1995: The Science of Climate Change. Contribution of Working Group I to the Second Assessment Report of the Intergovernmental Panel on Climate Change. Cambridge, UK and New York, USA: Cambridge University Press.

IPCC. 2001a. Climate Change 2001: Impacts, Adaptation, and Vulnerability. Contribution of Working Group II to the Third Assessment Report of the Intergovernmental Panel on Climate Change. Cambridge, UK and New York, USA: Cambridge University Press.

IPCC. 2001b. Climate Change 2001: The Scientific Basis. Contribution of Working Group Ito the Third Assessment Report of the Intergovernmental Panel on Climate Change. Cambridge, UK and New York, USA: Cambridge University Press.

IPCC. 2007a. Climate Change 2007-The Physical Science Basis, Contribution of Working Group I to the Third Assessment Report of the IPCC. Cambridge: Cambridge University Press.

IPCC. 2007b. Climate Change 2007: Impacts, Adaptation, and Vulnerability. Contribution of Working Group II to the Forth Assessment Report of the Intergovernmental Panel on Climate Change. Cambridge, UK and New York, USA: Cambridge University Press.

IPCC. 2013. https://www.ipcc.ch/pdf/special-reports/srex/SREX_Full_Report.pdf. [2014.12.20].

Krishnamurti T N, Kishtawal C M, LaRow T E, et al. 1999. Improved weather and seasonal climate forecast from multimodel superensemble. Science, 285: 1548-1550.

Labat D, Godderis Y, Probst J L, et al. 2004. Evidence for global runoff increase related to climate warming. Advances in Water Resources, 27 (6): 631-642.

Legates D R, Lins H F, McCabe G J. 2005. Comments on "Evidence for global runoff increase related to climate warming" by Labat et al. Advances in Water Resources, 20 (12): 1310-1315.

Liu BH, Xu M, Henderson M, et al. 2004. A spatial analysis of pan evaporation trends in China, 1955-2000. Journal of Geophysical Research, 109: 1-9.

Milly P C D, Dunne K A, Vecchia A V. 2005. Global pattern of trends in streamflow and water availability in a changing climate. Nature, 438: 347-350.

Milly P C D, Wetherald R T, Dunne K A, et al. 2002. Increasing risk of great floods in a changing climate. Nature, 415: 514-517.

Raftery A E, Balabdaoui F, Gneiting T, et al. 2003. Using Bayesian model averaging to calibrate forecast ensembles. Technology Report. Department of Statistics, University of Washington, Seattle Washington.

Semenov M A, Brooks R J. 1999. Spatial interpolation of the LARS-WG stochastic weather generator in Great Britain. Climate Research, 11: 137-148.

Tapley B, Bettapur S, Watkins M, et al. 2004. The gravity recovery and climate experiment: Mission overview and first results. Geophysic Research Letter, 31: L09607.

Taylor K. 2005. IPCC Coupled Model Output for Working Group 1, Preprint, Workshop on Analysis of Climate Model Simulations for IPCC AR4、April 2005, Honolulu, Hawaii.

Tian X J, Xie Z H, Dai A G. 2008. An ensemble-based explicit four-dimensional variational assimilation method. Journal of Geophysic Research, 113: D21124.

Tian X J, Xie Z H, Sun Q. 2011. A POD-based ensemble four-dimensional variational assimilation method. Tellus A, 63A: 805-816.

UNESCO. 2009. The 3rd United Nations World Water Development Report: Water in a Changing World (WWDR-3). http://Webworld. unesco org/water/wwap/wwdr/wwdr3/table of contents/.

Wang X L, Wen Q H, Wu Y. 2007. Penalized maximal t test for detecting undocumented mean change in climate data series. Journal of Applied Meteorology climatology, 46: 916-931.

Wilby R L, Wigley T M L. 2000. Precipitation predictors for downscaling: Observed and General Circulation Model relationships. International Journal of Climatology, 20: 641-661.

Xia J, Huang G H, Brad B. 1997. Combination of differented prediction approach and interval analysis for the prediction of weather variables under uncertainty. Journal of Environmental Management, 49 (1): 95-106.

Xia Jun, Qiu Bing, Li Yuanyuan. 2012. Water resources vulnerability and adaptive management in the Huang, Huai and Hai river basins of China. Water International, 37 (5): 509-511.

Xia Jun, Chen Junxu, Weng Jianwu, et al. 2014. Vulnerability of water resources and its spatial heterogeneity in Haihe River Basin, China. Chinese Geographical Science, 24 (5): 525-539.

Xia Jun, Du Hong, Zeng Sidong, et al. 2012. Temporal and spatial variations and statistical models of extreme runoff in Huaihe River Basin during 1956-2010. Journal of Geographical Sciences, 22 (6): 1045-1060.

Xia Jun, Zeng Sidong, Du Hong, et al. 2014. Quantifying the effects of climate change and human activities on runoff in the water source area of Beijing, China. Hydrological Sciences Journal, 59 (10): 1794-1807.

Xia Jun. 2010. Screening for Climate Change Adaptation: Water problem, impact and challenges in China. International Journal on HYDROPOWER &DAMS, 17 (2): 78-81.

Xia Jun. 2012. Special Issue: Climate Change Impact on Water Security & Adaptive Management in China. Water International, 37 (5): 509-511.

Xia J. 1996. A stochastic weather generator applied to hydrological model in climate impact analysis. Journal of Theoretical and Applied Climatology, No. 1-4 55: 177-184.

Zaitchik B F, Rodell M, Reichle R H. 2008. Assimilation of GRACE terrestrial water storage data into a land surface model: Results for the Mississippi River basin. Journal of Hydrometeorology, 9: 535-548.

Zhong M, Isao N, Kitoh A. 2003. Atmospheric, hydrological and ocean current contributions to earth's annual wobble and length of day signals based on output from a climate model. Journal of Geophysic Research, 108 (B1): 2057.

专题篇

科学基础研究与进展

课题一：东部季风区陆地水循环要素
演变规律分析与成因辨识

　　针对中国东部季风区陆地水循环要素演变规律分析与成因辨识的关键科学问题和主要研究内容，利用经质量控制、均一化和网格化处理后的长期气象和水文观测资料，开展了陆地水循环格局和水资源情势的时空演变规律和变化过程的检测及诊断研究；揭示了陆地水循环要素和水资源格局的主要控制因素及其演化趋势；建立了考虑地表水地下水相互作用、取水用水、农业灌溉与跨流域调水、作物生长过程等的陆地水循环模拟系统，以及陆地水文-区域气候双向耦合模式系统；辨识了自然气候变率、温室气体排放以及人为土地利用等因素对陆地水循环格局和水资源情势影响的相对贡献，从而为区域水资源脆弱性与适应对策研究提供了基础科学信息。

　　本课题更新了对中国东部季风区与主要流域陆-气系统的水量平衡及其年代际演变规律的科学认识，提出了季风区陆地水循环格局和水资源情势演变的完整图像；自20世纪80年代以来，首次系统评估了中国东部季风区各流域年平均水汽收支；全面系统分析比较了中国东部季风区各主要流域潜在蒸散发和实际蒸散发的年代际时空变化规律与成因；首次从实际和潜在蒸散的互补相关角度解释了东北和华北水资源消耗对气候变化响应的显著差异；揭示了温室气体排放、自然强迫以及包括地表水地下水相互作用、取水用水、农业灌溉与跨流域调水、作物生长过程等人类活动影响对中国区域气候变化的相对贡献，辨识出中国东部地区降水和水资源情势的"南涝北旱"特征可能由自然强迫所主导。

第 1 章 陆地水循环气候要素
多时间尺度变化规律

研究了中国东部季风区及主要江河流域陆地水循环气候要素各种时间尺度的变化和变异，包括年代际变化、周期、突变和趋势，增强了对近 50～100 年东部季风气候区和主要江河流域地面气温、降水、土壤水分和潜在蒸发变化的时空规律，特别是对长期趋势变化和年代际、周期变化规律的认识。

1.1 黄河流域水循环气候要素变化规律

1.1.1 1961～2010 年黄河流域降水量及雨日的气候变化特征

（1）年降水量和年雨日的长期变化特征

黄河流域平均年降水量为 477.8mm，最大值为 700.8mm，出现在 1964 年，最小值为 350.3mm，出现在 1997 年。近 50 年，黄河流域年降水量具有较显著的减少趋势，减少速度为 10.7mm/10a（通过了 0.1 信度检验）。其中，上游减少速度为 3.5mm/10a，中游减少速度为 16.8mm/10a（通过了 0.05 信度检验），下游减少速度为 9.8 mm/10a，以中游减少最为显著。具体到年降水量变化的空间分布上（图 1-1-1），除黄河源头、河西走廊和河套北部地区降水微增外，其他大部分地区降水量都在减少。

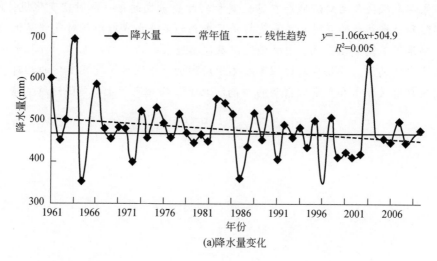

(a)降水量变化

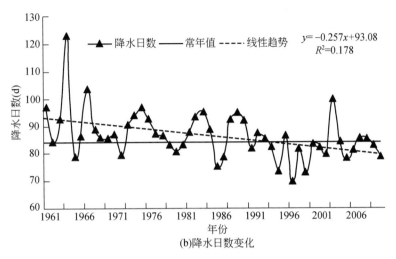

(b)降水日数变化

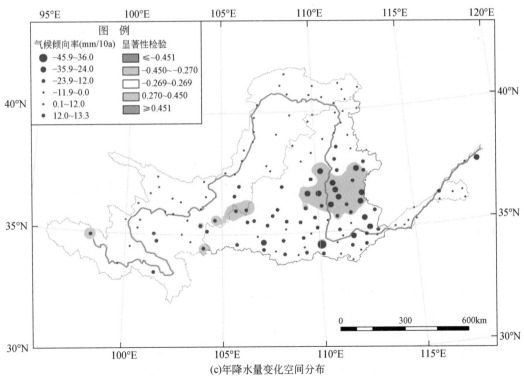

(c)年降水量变化空间分布

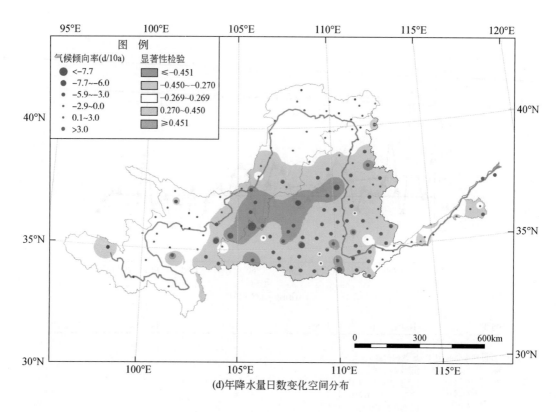

(d)年降水量日数变化空间分布

图 1-1-1　1961-2010 年降水和雨日时间变化曲线及气候倾向率空间分布

注：影区为通过 0.05（浅色）和 0.001（深色）信度检验的区域

图 1-1-1（b）是黄河流域 143 站空间平均后的年雨日时间序列，年雨日平均为 86.5d，最大值为 123.3d，出现在 1964 年；最小值为 68.8d，出现在 1997 年，雨日最大最小值出现的时间与降水量相同。近 50 年，黄河流域年平均雨日较降水量减少趋势更显著，减少速度达 2.6d/10a，通过了 0.005 信度检验。从年雨日变化空间分布 [图 1-1-1（d）] 来看，除上游的青海、甘肃和内蒙古部分地区雨日微增外，其他绝大部分地区雨日都在减少。

（2）降水量和雨日季节变化的空间分布特征

近 50 年，黄河流域春季降水量具有不显著的减少趋势，减少速度为 2.6mm/10a，而春季雨日减少速度较降水量显著，减少速度为 0.7d/10a，通过了 0.05 信度检验。近 50 年，黄河流域夏季降水具有不显著的减少趋势，减少速度为 1.8mm/10a，而夏季雨日减少速度也较降水量显著，减少速度为 0.7d/10a，通过了 0.05 信度检验（图 1-1-2）。渭水流域大部夏季降水量在增加，而雨日变化趋势不显著，说明降水强度在增加，出现强降水或暴雨的概率有增大的可能。近 50 年，黄河流域冬季降水量和雨日均具有不显著的上升趋势，上升速度分别为 0.7mm/10a、0.2d/10a。

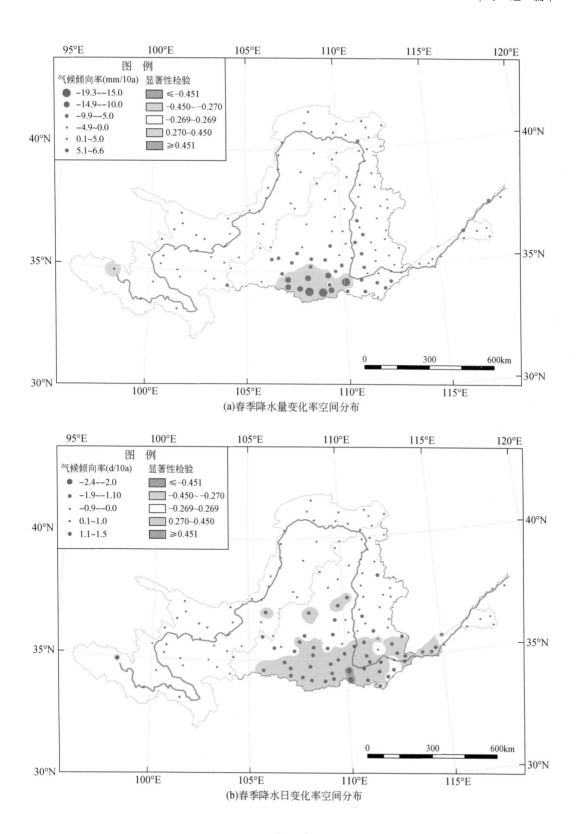

(a)春季降水量变化率空间分布

(b)春季降水日变化率空间分布

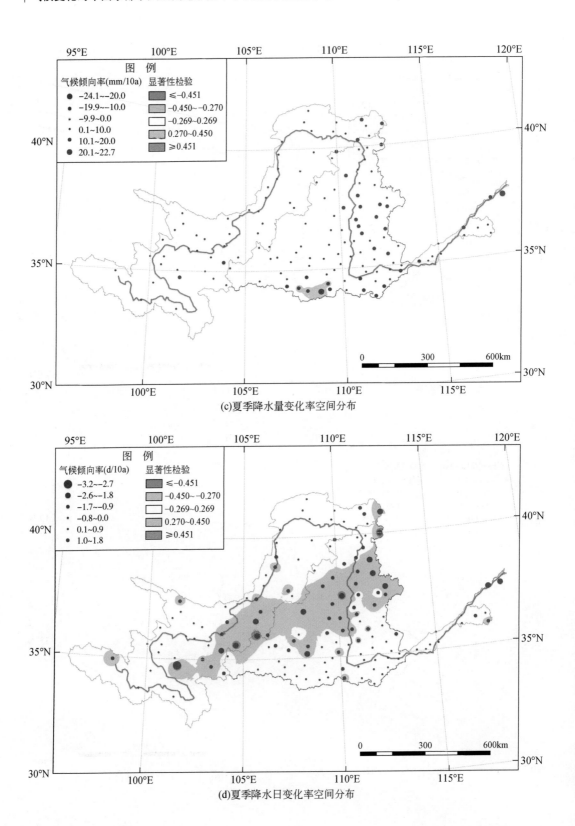

(c)夏季降水量变化率空间分布

(d)夏季降水日变化率空间分布

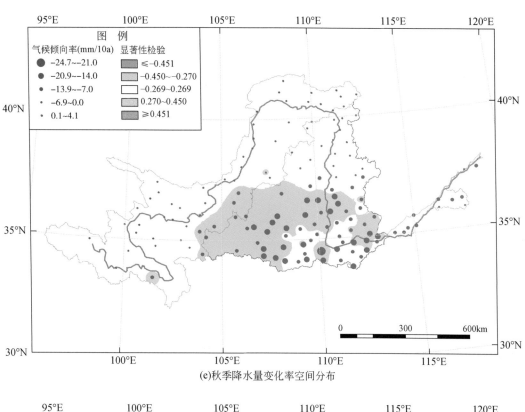

(e)秋季降水量变化率空间分布

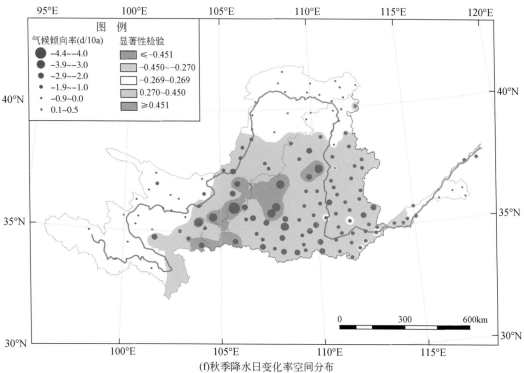

(f)秋季降水日变化率空间分布

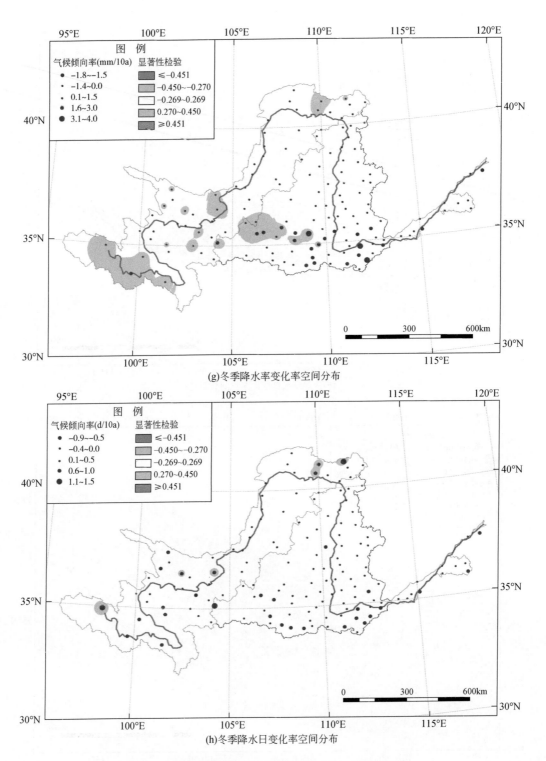

(g)冬季降水率变化率空间分布

(h)冬季降水日变化率空间分布

图 1-1-2　四季降水量（左）和雨日（右）气候倾向率

注：阴影区为通过 0.05（浅色）和 0.001（深色）信度检验的区域

1.1.2　年降水量及雨日减少的成因分析

引起降水量及雨日减少的成因涉及多种因素，但最终都会通过大气环流的响应和变化来影响降水的变化，所以对黄河流域年降水（年雨日）突变前后环流的变化进行分析，以期揭示降水量和雨日减少的物理成因（图 1-1-3）。

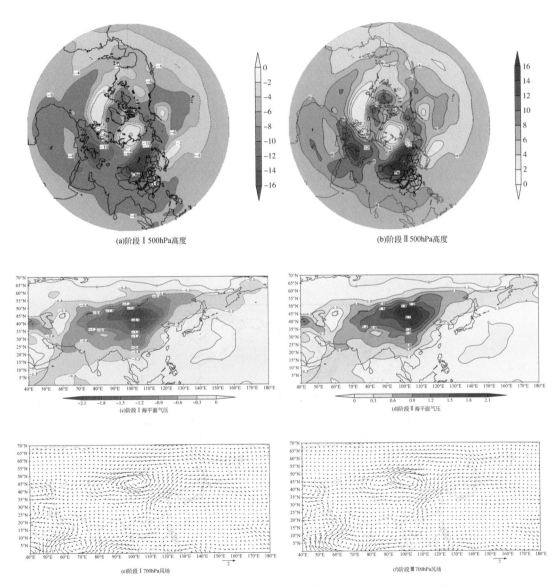

(a)阶段 I 500hPa高度　　(b)阶段 II 500hPa高度
(c)阶段 I 海平面气压　　(d)阶段 II 海平面气压
(e)阶段 I 700hPa风场　　(f)阶段 II 700hPa风场

图 1-1-3　夏季阶段 I（左）和阶段 II（右）500hPa 高度、海平面气压、
700hPa 风场相对多年平均值差值场

注：（a）与（b）单位为位势 10 位；（c）与（d）单位为 hPa；（e）与（f）单位为 m/s

突变前夏季 500hPa 高度海平面气压差值场欧亚地区均以负距平为主，中心都位于蒙古国，表明贝加尔湖低槽较强，有利于经向环流发展，冷暖空气南北交换明显，700hPa 东亚夏季风一直吹到中国东北地区，黄河流域为异常偏南风距平。另外，在亚洲高纬的蒙古国和中国河套地区存在明显的气旋性环流，在河套西北部产生风向辐合，有利于黄河流域降水量和雨日偏多；而突变后形势正好相反，500hPa 高度海平面气压差值场在欧亚地区为异常正距平，表明贝加尔湖到蒙古地区高度场偏高，贝加尔湖低槽较浅，有利于纬向环流发展，黄河流域到华北地区为异常偏北风距平，东亚夏季风偏弱。在亚洲高纬蒙古国地区变为反气旋性环流，不利于水汽向黄河流域输送，造成降水量和雨日减少。所以，突变前黄河流域降水和雨日偏多是由于季风较强，使水汽得到有效输送和河套西北部的风向辐合造成的，而突变后降水和雨日减少与季风偏弱缺乏有效的水汽输送和蒙古国至河套的反气旋环流有关。

1.1.3 流域季节降水的成因分析

夏季大气环流对前期 Nino3 区海温升降指数的响应为了揭示 △ISST3 指数的异常与夏季大气环流的关系，再利用定义的 △ISST3 指数与夏季 500hPa 高度场求相关关系，由图 1-1-4 可以看出，△ISST3 指数与北半球 500hPa 高度场 100°E ~ 80°W 的副热带地区呈显著的负相关关系，负相关中心为 -0.5 左右，也就是说，Nino3 海温从上年秋季到次年春季升温（降温），未来夏季 500hPa 高度场副热带地区易偏低（偏高），副高偏弱（偏强）、偏南（偏北），夏季风也偏弱（偏强）。

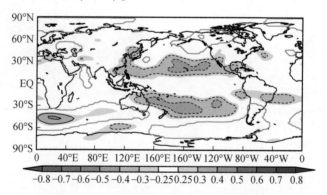

图 1-1-4　△ISST3 指数与 500hPa 高度相关场

注：实（虚）线正（负）值，阴影区为通过显著性水平检验区域

图 1-1-5（b）中显示，850hPa 风差值场上，有一支越赤道气流输送到印度一带，并与高原南侧的偏西气流会合，在 10°N 附近形成一支异常的西风急流，经海上扰动在菲律宾东侧和热带西太平洋地区分别形成 2 个异常的气旋性环流，而在西北太平洋激发一个反气旋环流，中国东部沿海生成一个气旋性环流，使得中国东部大陆出现异常东北风距平，说明西南暖湿气流较弱，也表明东亚夏季风偏弱。另外，中高纬度大陆上形成一个明显的蒙古气旋，河套地区处于蒙古气旋南侧的反气旋环流中，这种形势有利于黄河流域降水偏少。

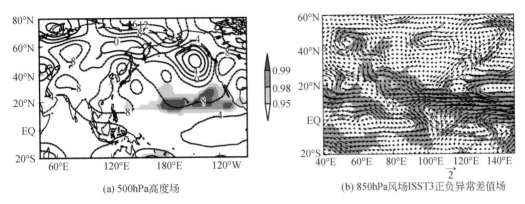

(a) 500hPa高度场　　　　　　　　(b) 850hPa风场ISST3正负异常差值场

图 1-1-5　500hPa 高度场 & 850hPa 风场 ISST3 正-负异常差值场

注：实（虚）线正（负）值，阴影区表示通过 0.05 统计 t 检验

1.2　长江水循环气候要素变化规律

1.2.1　长江流域春夏季降水量时间变化规律

　　课题组研究了 1880~2011 年长江流域春夏季降水量各自的变化特征。图 1-1-6 是长江流域 1880~2011 年春夏季降水量标准化时间序列（相对于 1986~2005 年）。从图 1-1-6 中可以看到，132 年来春夏季降水量有显著的年际和年代际变化特征。从长期趋势变化来看，春夏季降水无明显的线性趋势，线性趋势系数均接近于 0，这说明长江流域春夏季降水量主要呈波动变化，并无长期的线性变化趋势。通过 11 年移动平均滤掉高频变化后，春季降水量在 19 世纪 90 年代至 20 世纪 20 年代持续减少，从 20 世纪 30 年代开始上升，在 20 世纪 50 年代末期到达 132 年来的最高峰，此后一直维持着正距平状态，在 20 世纪 80 年代之后降水开始逐渐较少，2011 年是这 132 年来春季降水最少的一年。在夏季降水

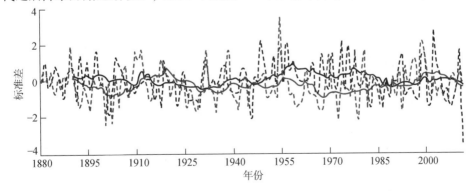

图 1-1-6　1880~2011 年长江流域春、夏季降水量标准化时间序列

注：红色虚线：夏季；黑色虚线：春季；红色实线：夏季 11 年滑动平均；黑色实线：春季 11 年滑动平均

量方面，19 世纪 90 年代至 20 世纪 30 年代有一次明显的波动，1890～1910 年属于降水偏少期，此后 10 多年降水量则转变为正距平，从 20 世纪 50 年代开始直到 80 年代末期降水处于长期偏少阶段，此后开始增加，90 年代夏季降水明显偏多，而最近 10 年夏季降水又有所减少。

将长江流域春季降水量经过 EMD 分解后分别得到 5 个内在模函数（IMF1-5）和一个趋势项（IMF6），夏季得到 6 个内在模函数（IMF1-6）和一个趋势项（IMF7）。图 1-1-7（a）中夏季第一个 IMF 分量反映出 2 年左右的周期规律，最近 10 年来此分量振幅逐渐收窄；第二分量 ［图 1-1-7（b）］ 也表现出 5 年左右的振荡周期，但是从最近几十年来看这个周期一直在减弱，近 10 年波动已经很弱；第三 ［图 1-1-7（c）］、第四 ［图 1-1-7（d）］ 分量分别为 11 年、22 年左右的周期，有趣的是这与太阳活动的平均周期相吻合，分别从最近一次周期规律来看，未来 5 年或 6 年降水将呈现减少趋势，而未来 11 年左右降水有增加趋势；第五分量 ［图 1-1-7（e）］ 是 40 年左右的振荡，最近一次周期已经结束或者即将结束，判断未来 20 年总体降水量可能会增加。

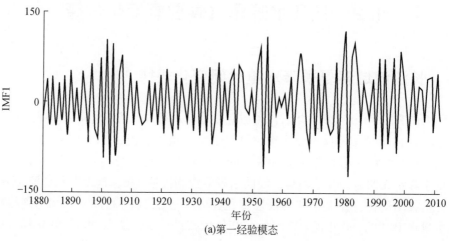

(a)第一经验模态

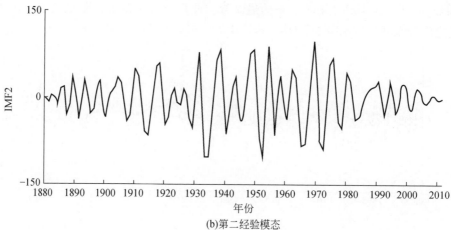

(b)第二经验模态

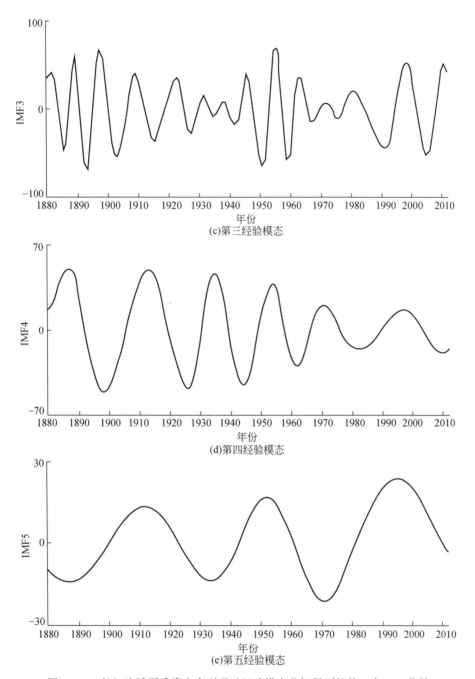

图 1-1-7　长江流域夏季降水序列通过经验模态分解得到的前 5 个 IMF 分量

　　春夏季降水量之间的变化关系并不是一成不变的。图 1-1-8 给出的是春夏季降水量 11 年滑动相关系数随时间的变化，可以看出，1880～1920 年两者的相关系数呈现出振荡形势，并没有一段稳定的正相关或者负相关时期，而 1920 年开始相关系数开始上升并进入一个较明显的正相关阶段，这个阶段中相关系数维持在一个相对较高的正值区间，直到

1960 年左右，相关系数开始大幅度减小，进入负相关区间，1960~1970 年和 1985~1995 年这两个时段出现较强的负相关，在这两个时段之间相关系数有过一段时期的上升，但是并没能持续稳定。从 1995 年开始相关系数大幅度上升，在最近 15 年内一直稳定在正相关状态，可能在未来春夏季降水量还将维持这种关系。

图 1-1-8　1880~2011 年春夏季降水量的 11 年滑动相关系数演变

1.2.2　长江流域春夏季降水量空间分布规律

上节已经分析了长江流域春夏季降水量时间变化规律，下面将探讨长江流域降水空间分布特征。图 1-1-9 给出了春夏季降水量的气候态分布。从图 1-1-9（a）中可以看出，长江流域春季降水主要呈现东南多西北少的格局，降水最集中的区域位于鄱阳湖和洞庭湖一带的两湖流域，该地区春季降水量达到 600mm 以上，而中上游地区尤其是西北部地区的降水最为匮乏，降水量不足 100mm，如果降水量一旦持续偏少，该地区则容易引发春旱。总体上看，长江流域春季降水的空间分布差异较大，降水最多和最少地区之间差距可以达到 6 倍左右。

到了夏季〔图 1-1-9（b）〕，随着东亚夏季风爆发，全流域降水量都大幅增加，且分布变得较为均匀。基本上整个长江流域降水量都较为丰富，降水最少的汉中地区也有 200mm，降水最多的地区接近 700mm。比较特殊的是在湖南衡阳地区有个降水相对较少的中心（300mm 左右），而该地区春季降水能达到 600mm，说明该地区春季降水比夏季降水还要丰富，这是一个比较有趣的现象。

图 1-1-10 是长江流域春夏季降水量变差系数的空间分布。图 1-1-10（a）中长江流域春季降水变差系数表现出中下游相对较小，大约为 0.2，而中上游较大，最大值达到 0.5。长江中下游平原地区春季降水变差系数仅为 0.3 左右，低值中心位于洞庭湖和鄱阳湖以南地区，而在西部四川盆地和云贵高原一带，变差系数（C_v）高达 0.5。结合降水量的分布来看，春季降水量大的区域降水较为稳定，而降水量较少的区域降水变化较大。

到了夏季，变差系数的分布与春季截然相反〔图 1-1-10（b）〕。长江流域西部四川盆地和云贵高原地区 C_v 则只有 0.3 左右，而最大值范围集中在洞庭湖、鄱阳湖及武汉一带地区，数值也不足 0.4，说明长江流域夏季变差系数的空间差异较小。

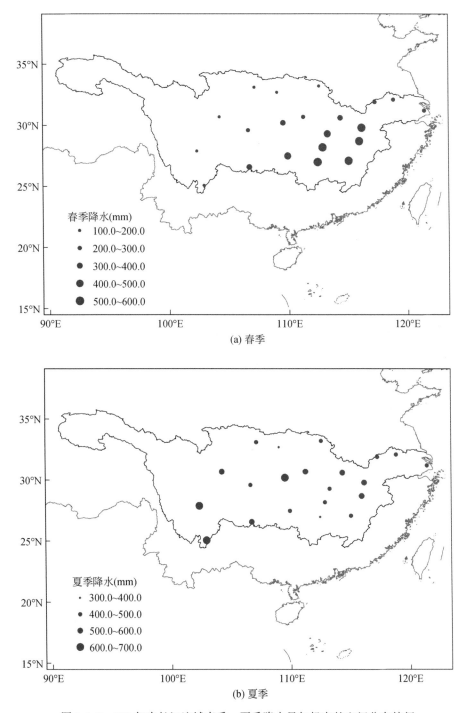

图 1-1-9   132 年来长江流域春季、夏季降水量气候态的空间分布特征

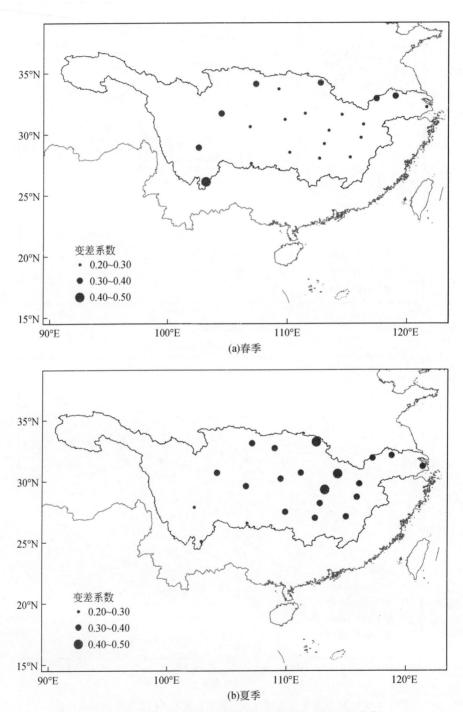

图 1-1-10　长江流域春夏季降水量变差系数 C_v 的空间分布

1.2.3 长江流域春夏季水汽输送及收支的气候特征

春季西北太平洋和印度洋输送的水汽量基本相当［图1-1-11（a）］。由于夏季风的爆发，孟加拉湾和南海的水汽输送迅速增长，明显强于西北太平洋的水汽，因此中国东部上空的水汽主要来自于印度洋西南风水汽输送，而西北太平洋的东南风水汽输送则为次要的水汽通道［图1-1-11（b）］。

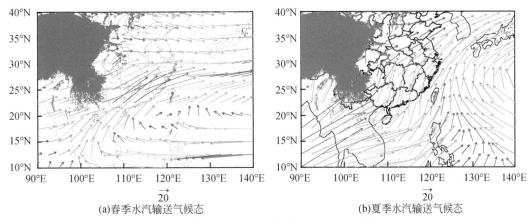

(a)春季水汽输送气候态   (b)夏季水汽输送气候态

图1-1-11　东亚地区春夏季整层水汽输送的气候态［单位：kg/（m·s）］

图1-1-12给出了长江流域春夏季整层水汽净收支的气候态。图1-1-12中春季西边界共有135个单位水汽输入，东边界输出224个单位水汽，南边界有169个单位水汽输入，北边界有17个单位水汽输出，总体上净收入97个单位，也就是表明，有97个单位的水汽留在了长江流域内。从夏季来看［图1-1-12（b）］，西边界共输入37个单位水汽，东边界输出155个单位水汽，南边界输入265个单位水汽，北边界输出54个单位水汽，净收入93单位水汽。对比两季节各边界的水汽输入输出可以发现，春季西边界和南边界水汽输入量基本相当，而到了夏季西边的水汽输入大幅减弱，南边界的水汽大幅度增加，因此夏季水汽输入基本来自于南边界。值得注意的是，春季水汽净收入要比夏季略大。要理解这个现象就需要给出逐月的水汽净收支变化（图1-1-13）。从图1-1-13中能看到，1～6月长江流域的水汽净收支都在逐步增加，在6月达到全年峰值，这与梅雨期丰富的降水量是相对应的。从7月开始收支就逐步减少，9月达到全年最低谷，10～12月略有增加。本章定义的春季为3～5月，夏季为6～8月，由于7～8月的减少幅度较大，受其影响整个夏季净收支才会比春季略少。

前面分析了水汽输送和净收支的气候特征。为了反映水汽净收支的变化，图1-1-14给出了1951～2011年春夏季长江流域整层水汽净收支标准化序列（相对于1986～2005年）。其中，春季水汽净收支从1951年开始就表现出显著的线性减少趋势，而夏季水汽净收支则出现显著增加趋势，两个季节的线性变化趋势都能超过0.01显著性水平。相对应的春夏季降水也有一致性的变化，只是变化趋势不显著。长江流域春夏季水汽净收支与其相对应的降水量有着很好的相关性，相关系数分别为0.62和0.59，均可超过0.01显著性水平。

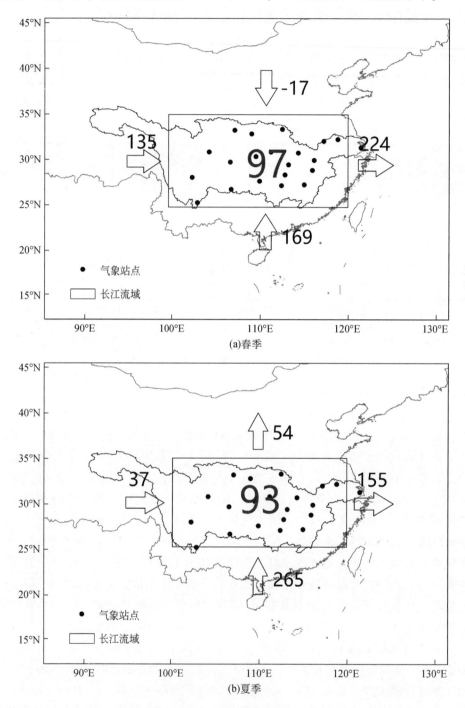

图1-1-12 长江流域春夏季整层水汽收支平衡的气候态［单位：kg/(m·s)］

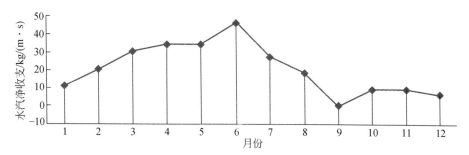

图 1-1-13　长江流域逐月的整层水汽净收支变化

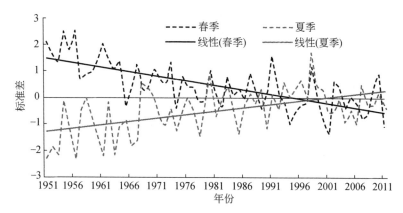

图 1-1-14　1951～2011 年春夏季长江流域整层水汽净收支的标准化序列

第2章 东部季风区蒸散发特征分析

2.1 松花江流域实际蒸散发时空变化

对松花江流域实际蒸散发时空变化进行研究发现，松花江流域1961～2010年多年平均实际蒸散发量（AE）为420.8mm，其中夏季为212.8mm，约占全年的一半；秋季次之，为106.3mm；春季和冬季最小，分别为55.4mm和46.2mm，分别占全年的13.2%和11.0%。

图1-2-1给出了松花江流域年和季节AE的变化。1961～2010年，松花江流域年AE呈现明显增加的趋势，增加速率为4.9mm/10a。从各年代比较来看，松花江流域AE呈现"减—增—减—增"的波动特征，其中20世纪60～70年代呈现显著减小趋势，80～90年代中期则呈现显著增加趋势，其后年AE缓慢下降，2008年后又转变为显著增加特征。进一步分析四季AE可知，夏季和秋季AE的波动基本与年AE变化特征一致，即呈现"减—增—减—增"的年代际波动，但由于各阶段增减幅度差异不大，使得这50年夏季和秋季AE总体变化趋势不明显，变化速率分别约为–1.0mm/10a和1.5mm/10a。春季和冬季AE显著上升，增加速率分别为2.64mm/10a和1.76mm/10a，分别通过了0.01和0.001的显著性检验。

从空间分布上看，年AE高值主要出现在流域南部，如晨明水文站控制流域，普遍在450mm以上；低值区主要分布在流域西部，如海拉尔、阿彦浅水文站控制流域（图1-2-2）。就四季而言，春夏秋三季AE的空间分布和年AE的空间分布特征基本一致，空间相关系数达0.88。冬季全流域的蒸散发能力普遍很弱，区域差异较小。

从空间变化趋势来看，松花江流域绝大部分地区的年AE均呈现上升趋势（图1-2-3），特别是松花江流域中东部，如兰西、晨明水文站控制流域，AE增加趋势非常显著（置信度99%）。从季节AE的变化趋势上看，春秋两季的AE趋势分布与年AE的趋势分布较为一致，夏季各区域AE变化趋势不明显，而冬季呈现出全流域AE普遍上升的变化趋势。

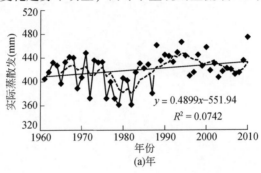

(a)年

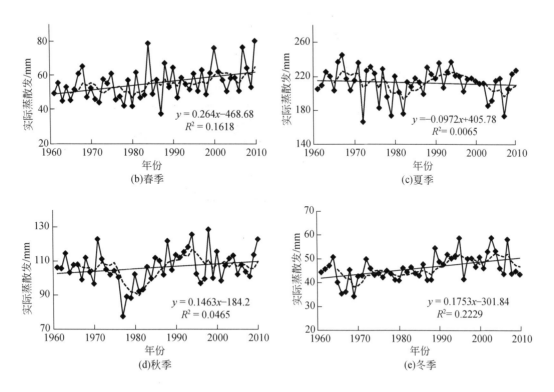

图 1-2-1 1961~2010 年松花江流域年、各季实际蒸散发变化趋势

注：直线为线性趋势，虚线为 5 年滑动平均

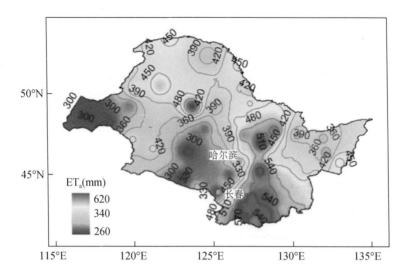

图 1-2-2 松花江流域年实际蒸散发的空间分布

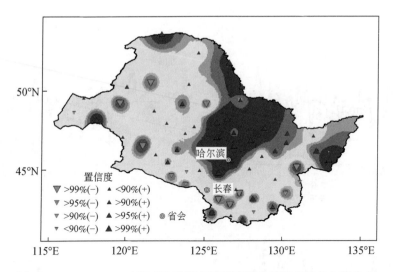

图 1-2-3　1961～2010 年松花江流域年实际蒸散发变化趋势的空间分布

2.2　海河流域实际蒸散发时空变化

海河流域实际蒸散发 ET_a 和潜在蒸散发 ET_p 随降水量 P 的变化如图 1-2-4 所示。在滦河和官厅水库两个子流域，ET_p 随降水量 P 的增加呈现明显下降的趋势，ET_a 随 P 的增加而呈明显增加趋势，对于汇总及两流域面积加权平均的情况，上述互补关系表现得也较为明显。

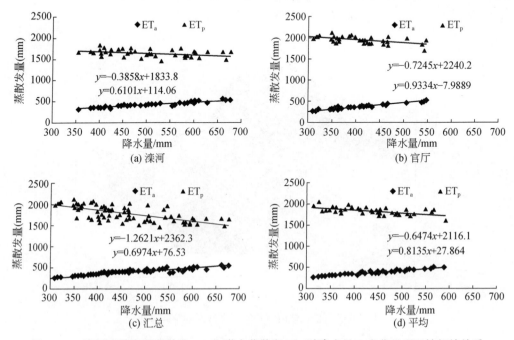

图 1-2-4　海河流域实际蒸散发 ET_a 和潜在蒸散发 ET_p 随降水量 P 变化呈现互补相关关系

海河流域实际蒸散发计算结果为，多年平均 ET_a 为 400.2mm/a，夏季（6~8 月）ET_a 最高，达到 182.9mm；秋季（9~11 月）次之，为 123.9mm；春季（3~5 月）ET_a 较低，为 49.7mm；冬季（12 月~次年 2 月）最小，为 43.7mm。从时间变化趋势上看（图 1-2-5），海河流域年总 ET_a 及四季 ET_a 均呈现下降趋势，下降速率分别为年 17.8mm/10a、夏季 10.8mm/10a、秋季 4.4mm/10a、春季和冬季约为 1.3mm/10a，其中夏秋两季 ET_a 下降趋势都通过 0.01 的显著性检验；春季和冬季 ET_a 变化趋势未通过显著性检验。

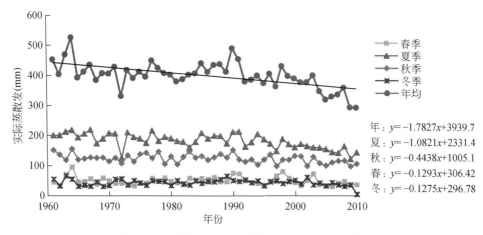

年：$y = -1.7827x + 3939.7$
夏：$y = -1.0821x + 2331.4$
秋：$y = -0.4438x + 1005.1$
春：$y = -0.1293x + 306.42$
冬：$y = -0.1275x + 296.78$

图 1-2-5 海河流域实际蒸散发的年际及季节变化

海河流域年代际尺度上的年均和季节 ET_a 及其变化情况。首先从季节上看，春季海河流域 ET_a 在 20 世纪 70 年代比 60 年代有较大幅度的下降，至 80 年代又有较大幅度的增加，基本与 60 年代持平，90 年代海河流域 ET_a 较 80 年代基本无变化，21 世纪初则有较大幅度下降，总体来说在过去 50 年间，春季 ET_a 呈现下降—增加—下降的波动变化。夏季，除 20 世纪 80 年代外，年代 ET_a 都呈现下降趋势，特别是 21 世纪初，较 20 世纪 90 年代下降幅度达到 14%。秋季，与夏季类似，除 20 世纪 80 年代外，各年代 ET_a 都呈现下降趋势，下降幅度较大的是 20 世纪 90 年代，较之上一年代下降幅度为 9%。冬季 ET_a 呈现先增后降的特点，即 20 世纪 80 年代以前，海河流域冬季 ET_a 呈现增加趋势，而 20 世纪 90 年代及 21 世纪初，冬季 ET_a 则呈现下降趋势。就年总 ET_a 来讲，较上一年代表现为下降趋势的是 20 世纪 70 年代、90 年代及 21 世纪初，其中 21 世纪初降幅最大，达到 14%。20 世纪 80 年代，海河流域年总 ET_a 较 70 年代略有增加，但增幅仅为 3%。过去 50 年海河流域 ET_a 呈现总体下降趋势，并且近 10 年呈现加速下降的特点。

图 1-2-6 给出了海河流域 1961~2010 年 ET_a 年、季空间分布情况。可以看出：①春冬季节在面积较为广阔的东部平原区域 ET_a 等值线的呈现西北—东南走向，即渤海湾向东北方向的平原区 ET_a 整体上要低于东北和西南部的山地丘陵地区，似乎存在一个"蒸散低值走廊"。这一"走廊"延伸至东北山区，则向北或向南弯曲。夏秋季节平原区 ET_a 等值线较为稀疏，山区等值线相对密集，高值出现在滦河及冀东沿海水系的东北区域。②四季共同规律上，西北山区容易出现蒸发的低值中心，而东北滦河子流域容易形成蒸发的高值中

心。③年值上，东南沿海及内陆平原地区 ET_a 总体高于西北部及西部山区，但高值中心仍然出现在东北部的滦河子流域。

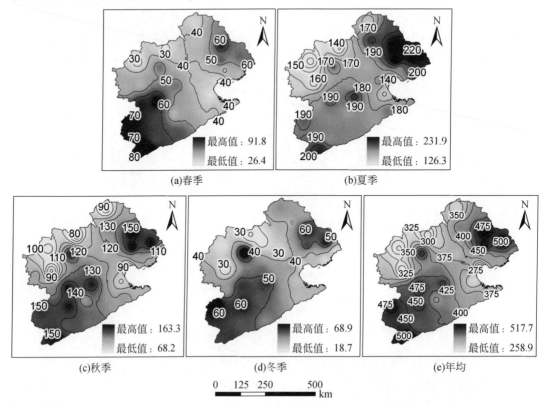

图 1-2-6　海河流域年际、季节实际蒸散发量的空间分布

根据海河流域 31 个气象站 1961～2010 年年均 ET_a 的线性倾向率，采用 IDW 插值方法得到变化趋势的空间分布情况（图 1-2-7）。可以看出，春冬季节，海河流域大部分区域的 ET_a 多年变化趋势不明显。夏季，大部分地区的 ET_a 呈现显著下降趋势，其中中部平原区（以北京地区为中心）呈现最明显的下降趋势。秋季，东北及西北部山区的 ET_a 多年变化趋势不明显，但中部平原区的下降趋势仍然很显著。从年总 ET_a 多年变化趋势的空间分布上看，同样呈现上述规律，即流域中部平原区呈现较大的下降趋势，下降幅度由中部向四周逐渐递减。

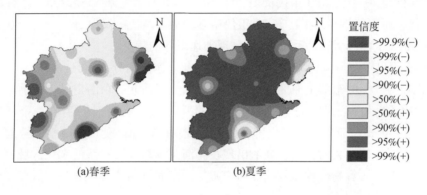

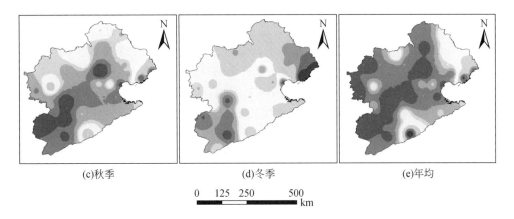

(c)秋季　　　　　(d)冬季　　　　　(e)年均

```
0  125 250    500
              km
```

图 1-2-7　海河流域实际蒸散发线性变化趋势的空间分布

2.3　珠江流域实际蒸散发时空变化

珠江流域多年平均实际蒸散发量为 665.6mm/a，其中夏季最高，为 232.6mm/a；秋季次之，为 184.1mm/a；春季和冬季较小，分别为 146.3mm/a 和 103.0mm/a。图 1-2-8 给出的是珠江流域 1961～2010 年实际蒸散发的年际和季节变化。可以看出，1961～2010 年，珠江流域年实际蒸散发量呈现明显的下降趋势，下降幅度为 24.3mm/10a。从季节蒸散发量的变化看，四季都呈现下降趋势，春夏秋冬各季的下降幅度分别为 4.3mm/10a、10.4mm/10a、-8.2mm/10a 和1.5mm/10a。M-K 趋势检验结果显示，年及春夏秋 3 个季节实际蒸散发的下降趋势达到了 0.01 显著性水平，冬季实际蒸散发的下降趋势达到了 0.1 显著性水平。

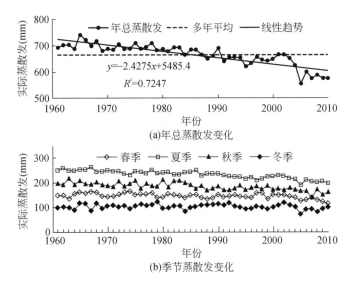

图 1-2-8　珠江流域 1961～2010 年实际蒸散发的年际变化

　　从空间上看（图 1-2-9），在年尺度上，珠江流域东南沿海地区实际蒸散发量较高，年实际蒸散发量在 690mm 以上。值得注意的是，最高值区并未出现在近海岸地区，而是出现在距离海岸线 120km 左右与海岸线基本平行呈东北—西南走向的条带状区域，这一区域出现东西两处高值中心，东部高值中心位于东江子流域的中上游，西部高值中心位于西江子流域的下游。另外，这两处条带的中间是 ET$_a$ 的相对低值区（年均 660～690mm），这里是珠江流域主水系的河口三角洲区域，海拔较低，河网密布。这一条带状区域北部及西部，出现一条同样呈东北—西南走向的条带状 ET$_a$ 低值区，年均 ET$_a$ 在 630mm 以下。上述两个条带状区域的边界，由南向北再折向东北贯通珠江流域，即由北部湾海岸向东北延伸到鄱阳湖流域的南缘。此外，在流域东北部出现 3 处高值中心，年均实际蒸散发量在 690mm 以上，围绕中心的等值线较为密集，说明该区域实际蒸散发的空间变化较大，其他地区等值线较为稀疏，实际蒸散发的空间差异较小。对照季节实际蒸散发量的空间分布图[图 1-2-9（b～e）]来看，上述规律也有较好的体现。此外，根据 ET$_a$ 等值线的走向可以看出，春夏季节 ET$_a$ 高值区和低值区的基本走向是由南向北延伸，而秋冬季节 ET$_a$ 高值区和低值区的等值线走向基本是由北向南延伸。

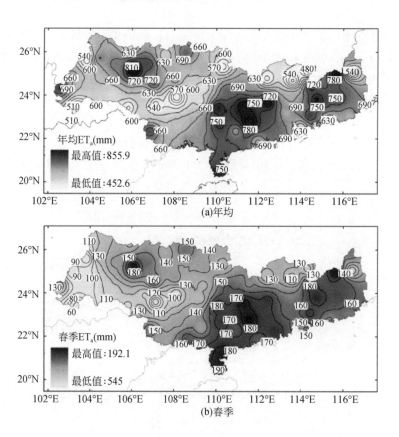

(a)年均

(b)春季

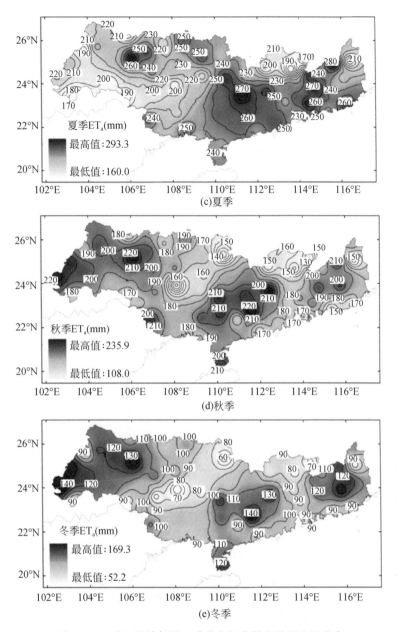

图 1-2-9　珠江流域年际、季节实际蒸散发量的空间分布

从空间上看（图 1-2-10），在年际尺度，东部沿海区域实际蒸散发具有非常明显的下降趋势（置信度 99.9%），这一区域对应于年际实际蒸散发的高值区域。流域中部存在一条东北—西南走向的无明显变化趋势区域，对应于年实际蒸散发的低值区域。流域西部总体呈现下降趋势，有三处区域具有显著增加趋势，其中两处基本对应于年实际蒸散发的高值中心，一处对应于年 ET_a 的低值中心。从季节 ET_a 的变化趋势上看，春夏秋 3 个季节 ET_a 的 M-K 趋势分布基本与年际 ET_a 的 M-K 趋势分布一致，其中夏季呈现显著下降趋势的范

围最广，而春季呈现下降趋势的范围要小一些。冬季 ET_a 的 M-K 趋势分布较为复杂，个别区域出现小范围的增减中心，增减趋势置信度达到90%的范围也比较小。从年际和四季的比较来看，夏秋季节 ET_a 的下降对年际尺度 ET_a 的下降具有明显贡献，而春冬季节 ET_a 变化趋势的分布比较复杂，也对年际尺度 ET_a 的变化趋势造成一定程度的影响，一方面减弱了 ET_a 显著下降区域的下降幅度，同时增强了珠江流域（主要是西江及上游）年际 ET_a 的空间变化性。

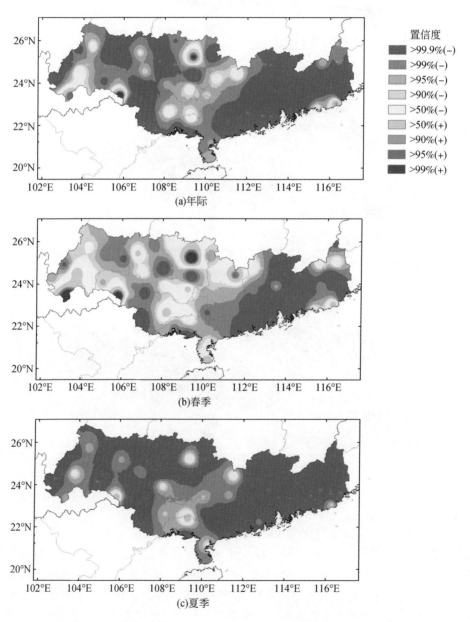

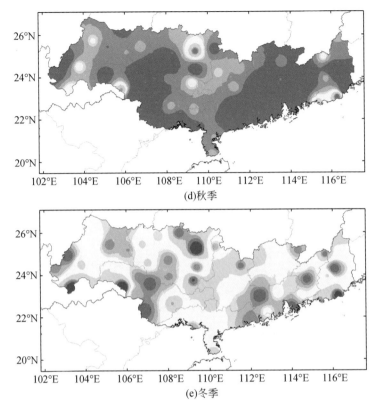

(d)秋季

(e)冬季

图 1-2-10　珠江流域实际蒸散发 M-K 变化趋势的空间分布

2.4　长江流域实际蒸散发时空变化

采用经过参数率定的区域蒸散互补关系原理 AA 模型和全球海气耦合模式 ECHAM5/MPI-OM 估算长江流域 1961 ~ 2007 年的实际蒸发量，运用线性回归法和非参数 Mann-Kendall 秩次相关检验法对两种方法估算的实际蒸发量进行年、年代际和季节变化特征的分析与对比，从而揭示长江流域实际蒸发量的变化规律（图 1-2-11 ~ 图 1-2-14）。

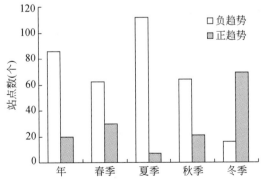

图 1-2-11　长江流域年和季节实际蒸发量呈现显著正、负趋势的站点数

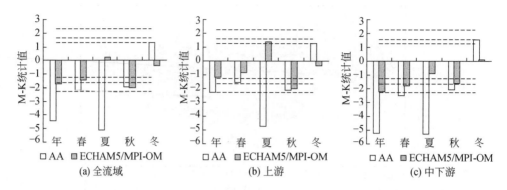

图 1-2-12　长江流域实际蒸发量变化的 M-K 趋势（虚线表示 90%、95%、99% 的置信度临界值）

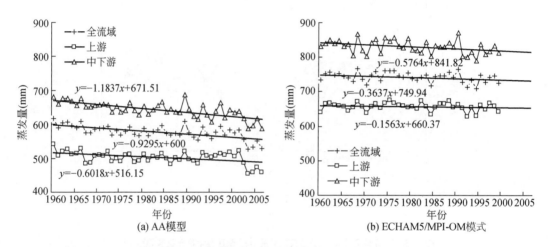

图 1-2-13　AA 模型和 ECHAM5/MPI-OM 模式模拟的长江流域年实际蒸发量变化趋势

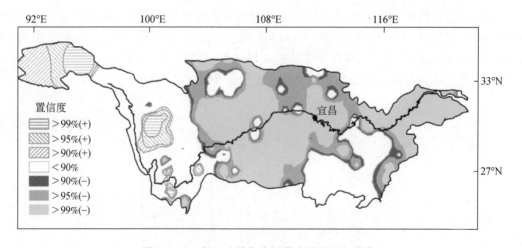

图 1-2-14　长江流域年实际蒸发量的空间分布

2.5 季风区流域蒸散发比较分析

（1）水面蒸发（蒸发皿）

中国季风区蒸发皿蒸发量呈显著下降趋势，东部、南部下降趋势较为明显。从流域上看，中国长江、海河、淮河、珠江等流域的年平均水面蒸发量均明显减少，海河和淮河流域减少尤为显著，黄河和辽河流域减少也较明显，但松花江流域未见明显变化。在中国多数地区，日照时数、平均风速和温度日较差同水面蒸发量具有显著的正相关性，并与水面蒸发呈同步减少，其为引起大范围蒸发量趋向减少的直接气候因子；地表气温和相对湿度一般在蒸发减少不很显著的地区与蒸发量具有较好的相关性，绝大部分地区气温显著上升，相对湿度稳定或微弱下降，表明其对水面蒸发量趋势变化的影响是次要的。

（2）潜在蒸散发

潜在蒸散发反映下垫面在充分供水条件下的最大蒸散发量。中国季风区的研究结果表明，除松花江流域外，所有流域的年和四季潜在蒸散量均呈现减少趋势，南方各流域（西南诸河流域除外）年和夏季潜在蒸散量减少趋势尤其明显。山东半岛、黄河和长江源区、西南诸河的中西部以及宁夏等地则增多。从原因上看，多数流域的年和四季潜在蒸散量与日照时数、风速、相对湿度等要素关系密切，日照时数和/或风速的明显减少可能是导致大多数地区潜在蒸散量减少的主要原因（图1-1-3）。

（3）实际蒸散发

除松花江、黄河两个流域外，中国季风区其他各大流域实际蒸散发均呈现出下降趋势（图1-2-15）。在实际蒸散发变化的原因方面，研究结果都表明，温度不是影响实际蒸散发时空变异的唯一要素，各种气象要素的综合作用最终造成了实际蒸散发的时间变化和空间格局。以珠江、海河两流域为代表，研究发现，1961～2010年日照时数（表征能量条件）的变化贡献了实际蒸散发主要的变化量，其他气象要素的贡献量相对较低。降水（表征下垫面供水条件）的变化对实际蒸散发的变化在湿润地区贡献较低，在半湿润半干旱地区贡献相对较大，如海河流域降水的下降对实际蒸散发的下降趋势有较大的贡献。

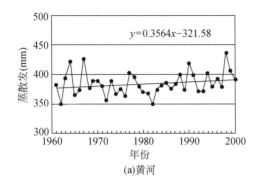

(a)黄河

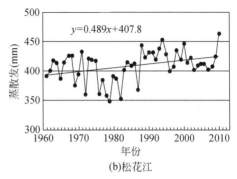

(b)松花江

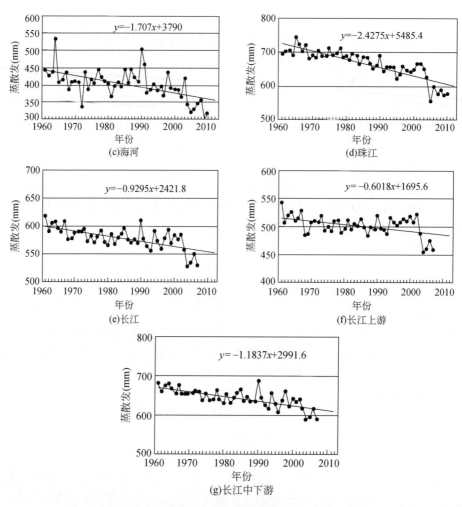

图 1-2-15　中国季风区主要流域实际蒸散发的变化

对珠江、海河流域实际蒸散发气象要素（除降水之外的）进行敏感性研究。结果表明（图 1-2-16），日照时数的下降贡献了实际蒸散发绝大部分的变化，相对来说其他气象要素的贡献非常弱。在珠江流域，春季实际水汽压（AVP）的增加对实际蒸散发的贡献是正值，但由于日照时数的下降对实际蒸散发的下降贡献更大，使得整体上珠江流域春季实际蒸散发呈现一定程度的下降。

对珠江、海河流域实际蒸散发对降水的敏感性进行研究发现，珠江流域平均每增加5%的降水，实际蒸散发约增加2.3%；海河流域平均每增加5%的降水，实际蒸散发约增加4.5%，远远大于珠江流域。根据实测的 1961～2010 年流域降水量的变化可以求得50年降水变化对实际蒸散发的贡献量，其中珠江约有 4.3mm 的增加，相对于前文分析的气象要素对实际蒸散发的影响程度来看，这是一个很小的量，无法改变珠江流域实际蒸散发整体下降的趋势和幅度。海河流域50年降水量约减少了 102.3mm，由于下垫面供水条件的限制，导致了流域实际蒸散发的下降，累积贡献下降幅度为 92mm 左右（图 1-2-17，图 1-2-18）。

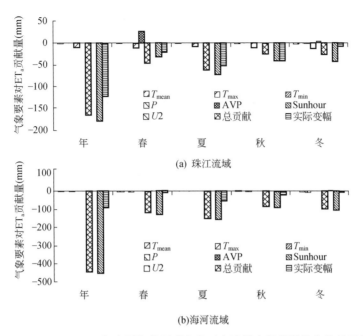

图 1-2-16 1961～2010 年主要气象要素变化对各流域实际蒸散发变化的贡献量

注：T_{mean}表示平均气温；T_{max}表示最高气温；T_{min}表示最低气温；$U2$表示平均风速；

Sunhour 表示日照时数；P 表示平均大气压；AVP 表示平均实际水汽压；总贡献指个气象要素贡献率之和；

实际变幅是指 AA 模型计算的 50 年间实际蒸散发的实际变化量

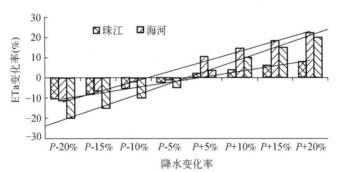

图 1-2-17 下垫面供水条件变化对实际蒸散发的影响

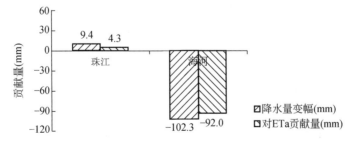

图 1-2-18 1961～2010 年珠江、海河及塔里木河三流域降水变化对实际蒸散发的贡献量

第3章 东部季风区水文循环特点研究

3.1 水汽通量

东部季风区水汽通量输送利用美国国家环境预报中心 NCEP/NCAR 的 1960～2013 年的月平均再分析资料进行演算，包括比湿场（shum）、水平纬向风场（uwnd）、经向风场（vwnd）、高度场（hgt）、地面气压（pres），水平分辨率为 2.5°×2.5°，其中 uwnd、vwnd 和 hgt 场在垂直方向有 20～1000hPa 共 17 层，而 shum 场在垂直方向有 300～1000hPa 共 8 层（图 0-2-1）。

3.1.1 整层大气水汽总量

我国面积辽阔，地形复杂，受海陆分布与大气环流的影响，我国上空水汽含量的空间差异较大。根据 NCEP/NCAR 再分析资料 1960～2013 年水汽含量模拟结果（表 0-2-1），我国上空大气中的水汽总量为 131.2km³，折合平均水深为 14.3mm。具体来看，各流域水汽含量差别也较大，季风区内各大流域水汽总含量从南向北递减，北部和内陆水汽总含量相对较少，平均水汽含量最小的为松花江流域和黄河流域，为 12mm 左右，最大的为珠江流域和东南诸河流域，水汽含量大于 30mm。

NCEP/NCAR 再分析资料的整层大气水汽含量多年变化曲线如图 0-2-2 所示。总体来看，季风区各大流域的整层大气水汽含量都呈下降趋势，由表 0-2-2 可以看出，其均通过了 M-K 置信度 99% 的显著性检验。20 世纪 60～70 年代，除东南沿海的珠江和东南诸河流域变化趋势不明显外，通过 Mann-kendall（M-K）非参数检验方法，季风区其余 6 个流域都呈显著下降趋势，均通过了 M-K 置信度 95% 的显著性检验。北部 3 个流域松花江、辽河、淮河变化趋势较为一致，在 90 年代有略微增加的趋势，2000 年以后又开始减少，但在 2010 年以后又略有增加，1980～2013 年总的趋势仍然是显著下降的，且通过了 M-K 置信度 95% 的显著性检验。淮河和黄河在 1960～2013 年均呈下降趋势，但下降速度淮河由慢变快，黄河由快变慢。长江在 20 世纪 80～90 年代有上升趋势，但总体而言仍呈下降趋势。东南诸河和珠江流域在 2000 年前的变化趋势不明显，在 2000 年后开始出现显著下降趋势。

3.1.2 水汽收支

图 0-3-3 给出了我国东部季风区各流域 1960～2013 年平均的水汽收支。由图 0-2-3 可

以看出，东北地区的松花江、海河流域全年平均为弱的水汽汇，辽河为弱的水汽源，松花江流域的边界水汽收支的净值为 $0.05×10^7 kg/s$，辽河为 $-0.09×10^7 kg/s$，海河为 $0.08×10^7 kg/s$。总体来看，东北流域地区全年位于平均西风输送带，西部边界输入值最大，冬季到夏季的输入值增大；冬半年，北部边界也有输入，与西部边界的输入值相近；夏半年，南部边界的输入增多，在 7 月南部边界的输入值增大到 $20×10^7 kg/s$ 以上，与西部边界水汽输入值的大小相近。东边界在全年都为水汽输出边界，北边界夏季输出增大，南部边界夏季输出减小，冬季输出量级与东边界相近。

黄河流域为多年平均水汽汇区，1960～2013 年多年平均水汽辐散值为 $-0.54×10^7 kg/s$，总体来看，黄河流域的西边界也为最大输入边界，夏秋季的输入要比冬春季的输入值大两倍左右；北边界和南边界常年也有输入，但北边界输入较小；南边界在夏季输入增多，在 7 月要超过西边界的输入值。东边界为主要的输出边界，北边界在夏季也有弱的输出，南边界冬春夏 3 个季节均有输出，但输出值较小。

长江流域为多年平均水汽汇区，1960～2013 年多年平均水汽辐合值为 $1.18×10^7 kg/s$，在十大流域的水汽收支中的绝对值最大。总体来看，长江流域南部边界为主要的输入边界，西部边界在冬半年输入占主导地位，并且由于副热带高气压西南方的偏东气流以及部分台风带来的水汽，在夏末秋初东部边界有水汽的输入。东部边界仍为主要的输出边界，北部边界的输出也较大，在 7 月甚至超过东部边界的输出值，南部边界的输出值全年都较小，西部边界在 8 月有微弱的输出。

东南诸河流域多年平均为水汽源区，1960～2013 年多年平均水汽辐散值为 $0.6×10^7 kg/s$。总体来看，东南诸河的西部边界全年都有水汽的输入，南部边界在夏季的水汽输入量能达到西部边界输入量的两倍，但在秋季没有水汽输入，北部边界在冬半年有弱的水汽输入，在夏半年没有水汽输入，东部边界在夏末秋初有水汽的输入。东部边界在 8 月净输出量为 0，但在西部边界的 8～9 月有弱的水汽输出，南部边界在春夏季的输出也为 0。

珠江流域多年平均为水汽汇区，1960～2013 年多年平均水汽辐合值为 $1.42×10^7 kg/s$。南边界为主要的输入边界，西边界夏季输入较小，东边界在夏末秋初 3 个月有水汽输入，北边界在秋、冬两季有弱的水汽输入。水汽的输出以北边界为主，东部边界次之，西部边界在夏末秋初有水汽输出。

3.1.3　水汽输送影响范围

图 1-3-1 给出了 1960～1985 年及 1986～2013 年 1 月和 7 月我国平均水汽通量的空间分布，由图 1-3-4 中可以看出，中国东部季风区的水汽通量以长江为界，南北差异很大。

1 月，东部季风区长江以北的流域主要水汽输送是通过西风为主导西北风输送而至，且在松花江、辽河以及包括部分西北诸河流域的内蒙古东部地区的水汽通量值较大。松花江流域的北部有部分北风为主导西北风水汽输送的地区，还有少量以南风为主导的东南风水汽输送的地区。长江以南地区水汽通量以西风为主导的西南风输送。长江流域的青藏高

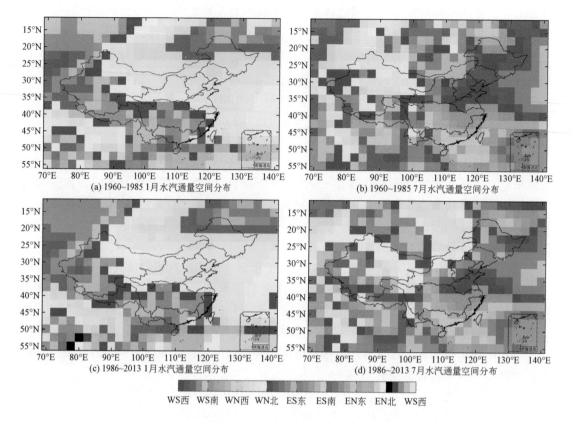

图 1-3-1   水汽通量空间分布

注：（a）与（b）时间为 1960～1985 年，（c）与（d）时间为 1986～2013 年，（a）与（c）、（b）与（d）分别为
1 月和 7 月；不同颜色代表不同风向主导的水汽通量值；5 个颜色等级代表主导风向的水汽通量所占百分比，
从强到弱依次为 90%～100% 、80%～90% 、70%～80% 、60%～70% 、50%～60%

原西部有部分的北风为主的西北风水汽通量较大的地区，这可能是由大地形的扰流造成的。另外，长江流域还有部分以南风为主的西南风水汽通量较大的地区。

7 月，长江北部流域的水汽通量输送为西风为主的西南风控制地区，长江以南的水汽通量输送为南风为主的西南风控制地区。松花江北部地区也有一部分为南风为主的西南风控制地区。由于副高的影响，7 月江淮流域水汽通量的南风分量较大。

由 1960～1985 年和 1986～2013 年的对比可以看出，1 月，北部流域西风为主导西北风输送减弱北移。松花江流域以北风为主导的西北风的水汽通量所占百分比减弱，且少量的以南风为主导的东南风水汽输送地区北移，已经不在中国境内了。松花江南部变化不大，7 月，西风为主导的西南风控制地区所占百分比减弱，且控制地区减小，西北部分地区转为以北风为主导的西北风控制地区。松花江北部地区以南风为主导的西南风水汽通量向东北移动，且所占百分比减弱。松花江南部以南风为主导的西南风控制地区所占百分比也减弱，但东风控制地区略有增加。

3.2　陆地水量平衡

在任意给定的时域和空间内，水的运动（包括相变）是连续的，遵循物质守恒，保持数量上的平衡。一个地区的水循环可分解为大气分支与陆地分支两个部分，其中陆地分支由降水量（P）、出入本区的径流量（R）、蒸散发量（ET）及下垫面蓄水变量（ΔS）等组成：

$$\Delta S = P - \text{ET} - R \qquad (1\text{-}3\text{-}1)$$

大气分支由流出（Q_o）及流入（Q_i）该区上空的水汽量、蒸散发量（ET）、降水量（P）和该区上空气柱水汽含量的变化（ΔW）组成：

$$\Delta W = \text{ET} - P + Q_i - Q_o \qquad (1\text{-}3\text{-}2)$$

根据本节前文对中国东部季风区水循环各要素的计算结果，得到中国东部季风区各大流域及平均的水量平衡及变化结果（图 1-3-2）。

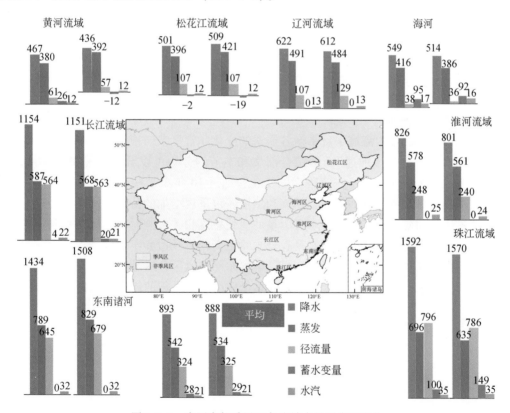

图 1-3-2　中国东部季风区各流域水量平衡及变化

注：水量平衡各要素单位为 mm，平均是指中国东部季风区各大流域算数平均值，每个流域部分，左图为 1960～1985 年平均值，右图为 1986～2013 年平均值

降水：前后两个时段（1960～1985 年和 1986～2013 年）中国东部季风区各大流域年平均降水量大都呈现减小的特点，分别为辽河流域（–10mm）、海河流域（–35mm）、淮

河流域（-25mm）、黄河流域（-31mm）、长江流域（-3mm）、珠江流域（-22mm），呈现增加的为松花江流域（8mm）和东南诸河（74mm），东部各大流域平均的结果为减小（-5mm）。

径流深：前后两个时段各大流域年径流深同样大都呈现减小的特点，分别为黄河流域（-4mm）、淮河流域（-8mm）、辽河流域（-3mm）、海河流域（-3mm）、长江流域（-1mm）、珠江流域（-10mm），呈现增加的为东南诸河（34mm），没有变化的为松花江流域（0mm）东部季风区各大流域平均的结果为增加（1mm）。

蒸散发：前后两个时段各大流域年蒸散发量大都呈现减小的特点，分别为辽河流域（-7mm）、海河流域（-30mm）、淮河流域（-17mm）、长江流域（-19mm）、珠江流域（-61mm），呈现增加的有黄河流域（12mm）、松花江流域（25mm）和东南诸河（40mm），东部各大流域平均的结果为减小（-8mm）。

水汽含量：前后两个时段各大流域水汽含量大都具有±1～2mm的波动，变化不明显。

蓄水变量：这部分水量包括土壤水分变量、地下水变量以及人类活动引起的蓄排水变量等。与降水量、径流量及蒸散发量等水循环要素相比是很小的量，因此常假设其多年平均值为0，但近年来随着人类活动对水资源的开发利用，河道兴修水利工程，会使其发生相应的变化。蓄水变量正值表示下垫面蓄水的盈余，负值表示下垫面蓄水的亏缺。前后两个时段比较，蓄水变量下降的流域有黄河流域（-24mm）、松花江流域（-17mm）、海河流域（-1mm），增加的流域有长江流域（16mm）、珠江流域（49mm），东部各大流域平均的结果为增加（1mm）。

中国东部季风区各大流域水量平衡各要素的变化非常复杂，很难给出一个确切的答案来回答中国水循环是否"加速"，但结合前文和本节的分析可以看出，气候变暖背景下，中国东部季风区水循环发生了一定程度的变化，如近10年来某些流域降水、径流和蒸散发量的减小，同时某些流域的降水、径流和蒸散发也呈现增加的特点。水循环陆地分支的水量平衡各要素的变化直接与陆地水资源量的变化息息相关。同时，也应注意到水循环的大气分支，与水循环陆地分支各要素具有分水岭意义的流域边界不同，水循环大气分支的水汽含量要素存在临近流域间的交换，尽管中国东部季风区各流域空中水汽含量的变化并不明显，但空中水汽的交换对陆地水循环及整个区域水量平衡的影响作用仍不容忽视。

第4章 不同空间尺度的流域径流预估及其不确定性

4.1 珠江流域径流预估及不确定性分析

利用 HBV 水文模型多 GCMs 的西江高要站径流模拟与预估，预估了 2011 ~ 2099 年西江径流量变化趋势及洪水频率变化。结果表明，与降水变化趋势相似，年径流与 1 ~ 10 月各月径流量呈增加趋势，12 月至翌年 2 月呈减少趋势，部分情景通过 0.05 显著性水平检验，3 月、4 月、11 月径流变化具有较大不确定性，不同情景间变化趋势不同（图 1-4-1）。洪水频率分析表明，未来洪水流量呈增加趋势，30 年一遇的洪水重现期将缩短（图 1-4-2），21 世纪 20 年代缩短到 4 ~ 18 年，50 年代缩短到 4 ~ 11 年，80 年代则缩短为 2 ~ 5 年，洪水越来越频繁。洪水流量及频率增加使得西江流域遭遇洪水的概率增加，从而给水资源管理与调控带来更大压力，所以应提前制定相应的气候变化适应对策。

基于 CMIP3 的一个 GCMs 模拟数据，利用分布式 HBV-D 水文模型，针对珠江最大支流西江流域 21 世纪近期、中期、长期 3 个时期的洪水频率预估结果不确定性，分析温室气体排放情景、GCMs 结构、降尺度及气候自然变率 4 种不确定来源对预估结果不确定性的影响，比较 4 个因素的影响大小随预估时间、洪水频率的变化特征。结果表明，洪水频率预估结果的不确定性范围及重要性随预估时段、重现期变化而发生变化。与其他 3 种因素相比，气候系统自然变率对不确定性的影响最小，排放情景引起的不确定性最大，GCM 结构的重要性次之，这一特点在 21 世纪 50 年代最显著。降尺度重要性居第三（图 1-4-3 ~ 图 1-4-6）。随着重现期延长不确定性范围 90% 置信区间上界的逐渐增加，即最少发生的洪水预估结果的不确定性越大。因此，在进行气候变化对洪水影响分析时，应使用尽可能多的气候变化情景、GCMs 及多种降尺度技术。在进行流域水资源规划及相关适应政策制定时，不确定性识别与定量评估非常重要。

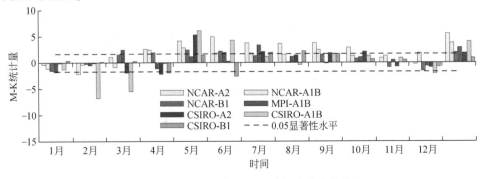

图 1-4-1　2011 ~ 2099 年西江流域径流量变化趋势

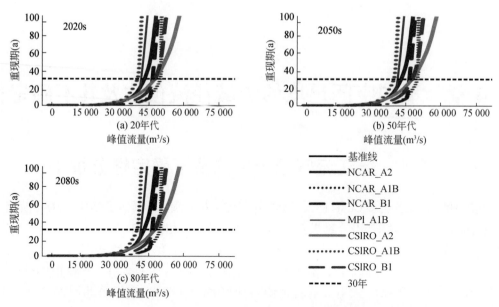

图 1-4-2　21 世纪 20 年代、50 年代、80 年代及基准期年峰值流量频率分布

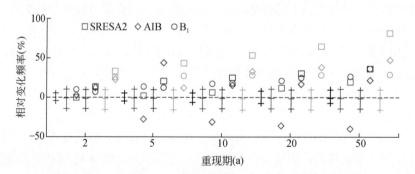

图 1-4-3　洪水变化范围与观测洪水自然变率（黑+）、模拟洪水自然变率（彩色+）的对比

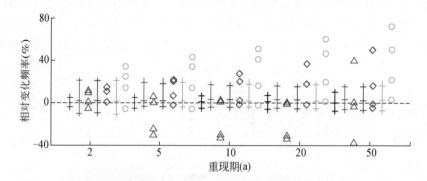

图 1-4-4　SRES A1B 排放情景下预估的 21 世纪 20 年代（红色三角形）、50 年代（蓝色菱形）、
80 年代（绿色圆形）不同重现期（2a、5a、10a、20a 和 50a）洪水变化范围与观测
洪水自然变率（黑+）、模拟洪水自然变率（彩色+）的对比
注：对于自然变率，上、下界对应 90% 范围，中间值为中值

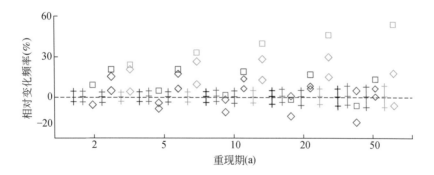

图 1-4-5　不同重现期洪水变化范围与观测洪水自然变率（黑+）、模拟洪水自然变率（彩色+）的对比

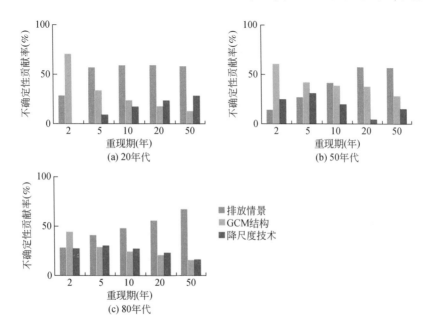

图 1-4-6　排放情景（蓝）、GCM 结构（红）、降尺度技术（绿）对西江流域 21 世纪 3 个时段
不同重现期（2a、5a、10a、20a 和 50a）洪水频率预估结果不确定性的相对影响

4.2　淮河流域径流变化及预估

4.2.1　淮河流域径流变化

　　正常情况下，若无人为影响，降水径流双累关系表现为"0"截距的线性关系，皖南山区近 30 个流域的成果分析表现出此规律。从淮河分析成果看，王家坝以上流域基本满足这种特征，鲁台子、蚌埠小柳巷以上流域呈非线性关系，存在径流减少的趋势，双累曲

线向累计降水坐标轴渐曲，5~9月尤为明显。为了进一步论证双累关系的分析成果，以1991年为界，分期作降水径流关系，并同步考虑全年、5~9月以及非汛期的关系。1991年后，鲁台子、蚌埠、小柳巷以上流域降水径流关系存在明显减少的趋势。此外，在不同系列中，汛期的关系相对良好，非汛期除了王家坝存在关系外，鲁台子、蚌埠、小柳巷的降水径流关系点散乱，表明非汛期人为影响相对剧烈。按照综合历年定线成果，以流域多年平均降水计，1991年后鲁台子、蚌埠以上流域分别减少20亿 m³、27亿 m³，减少幅度接近多年平均径流的9.6%、10.5%

1950~2007年，淮河干流蚌埠站径流量呈下降趋势（图1-4-7），同时极端流量的频率有所增加，汛期发生洪涝及枯水期发生干旱的频率可能加大，极端水文事件发生的频次和强度增加，如2003年淮河大水等情况。

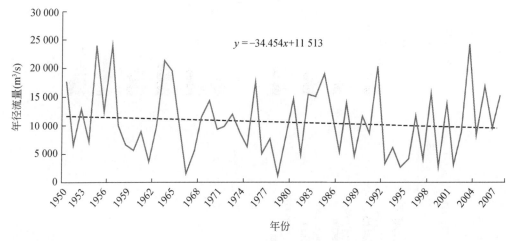

图 1-4-7 淮河干流蚌埠站年径流量

气候变暖背景下，引起水资源在时空上重新分配和水资源总量的改变。淮河流域中西部地区及部分东部地区为洪水灾害危险性等级高值区，干旱和洪涝引发水资源安全问题。自1980年以来，淮河干流及涡河、沙颍河、洪汝河等主要支流，沂沭河等骨干河道均出现多次断流，洪泽湖和南四湖经常运行在死水位以下，并且由于水污染十分严重，流域生态危机越来越突出。气候变暖及"南涝北旱"的降水分布格局导致淮河成为中国水资源系统最脆弱的地区之一。

4.2.2 淮河流域径流预估

基于人工神经网络模型，根据 ECHAM5 模式预估的气候变化计算 2010~2100 年不同排放情景下蚌埠站的流量变化，由此得出淮河干流蚌埠段 2010~2100 年年平均流量变化：SRES-A2 情景，相对于 1961~1990 年模拟值，2010~2100 年淮河年平均流量年际变化幅度较大，SRES-A2 情景下91年间共有32年变化率超过25% [图1-4-8（a）]，其中流量增大25%以上的年份为17年，减少量超过25%的年份占15年，总体处于波动上升趋势。

由 2010～2100 年年平均流量 M-K 统计量曲线［图 1-4-8（b）］可知，淮河平均流量在 2085 年其 M-K 统计值达 1.98，大于 95% 置信水平临界值（1.96），即自 UF 与 UB 交点 2051 年流量发生突变上升。在 2051～2085 年的 35 年间，流量增幅超过 25% 的年份占了 9 年，占全部增幅大于 25% 的年份的 52.3%。

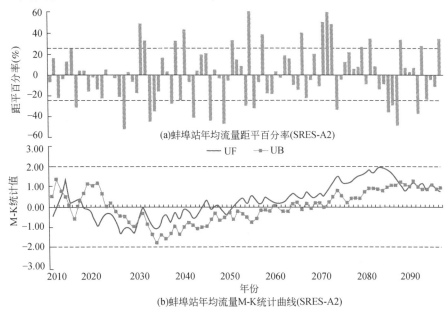

图 1-4-8　SRES-A2 情景下 2010～2100 年蚌埠站年平均流量距平百分率及 M-K 统计曲线

注：（a）中虚线表示±25% 百分率；（b）中虚线表示 95% 置信度的 M-K 统计值大小

SRES-A1B 情景下，2010～2100 年淮河径流量年际变化幅度相对 SRES-A2 小很多［图 1-4-9（a）］。91 年间，流量增大变幅超过 25% 的仅有 9 年，下降变幅超过 25% 的仅有 8 年，且变幅较大年份也相对分散。2010～2100 年淮河流域 M-K 统计曲线［图 1-4-9（b）］总体较为平缓，在 2037 年其 M-K 统计值达到 -2.03，达到 95% 置信度，在 UF 与 UB 交点，即 2024 年流量发生突变下降，2024～2037 年流域年平均流量显著降低，但很快进入波动状态。

相对于前两种情景，SRES-B1 情景淮河年平均流量的变率最小，几乎没有变化，仅有 3 年的距平百分率超过 25%，波动较小，仅在 -26.3%～26.7% 变化，其 M-K 统计曲线也显示其在情景期没有发生突变。

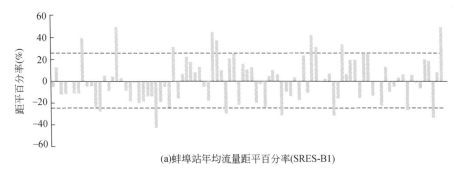

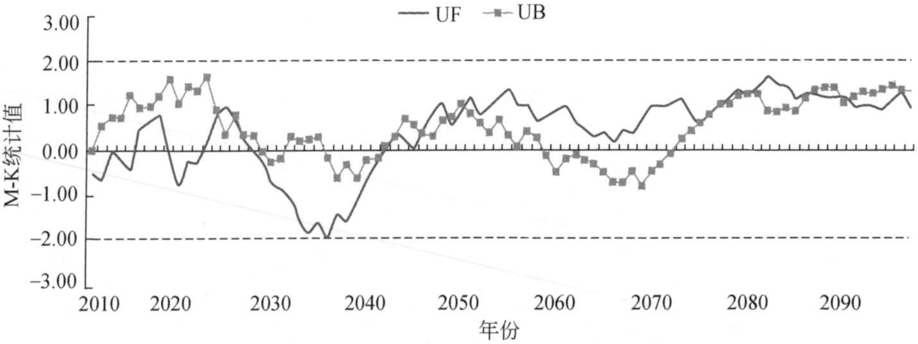

(b)蚌埠站年均流量M-K统计曲线(SRES-B1)

图 1-4-9　SRES-A1B 情景下 2010～2100 年蚌埠站年平均流量距平百分率及 M-K 统计曲线

4.3　长江和黄河典型流域径流预估

4.3.1　长江和黄河典型流域径流变化

观测结果表明，皇甫川流域和香溪河流域的气温和降水的季节分布存在着明显差异，皇甫川流域的月降水量最高出现在 8 月，而香溪河出现在 7 月。从时间序列来看，皇甫川流域和香溪河流域的年平均气温分别在 1987 年和 1996 年出现突变，两个典型流域的降水量都在波动中略有减少（图 1-4-10，图 1-4-11）。

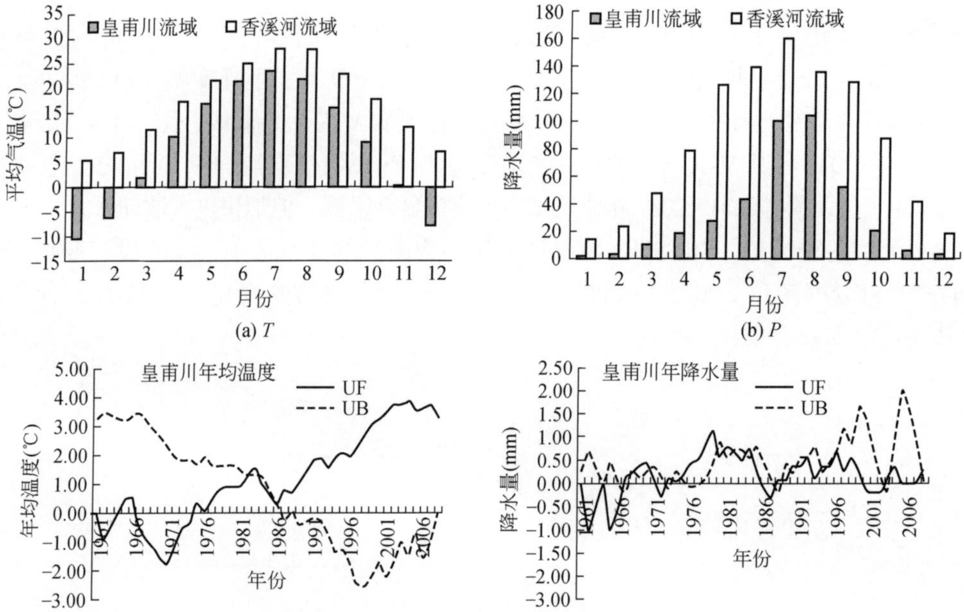

(a) *T*　(b) *P*　(c) MK-*T*　(d) MK-*P*

图 1-4-10　皇甫川流域和香溪河流域气温和降水月分布特征及突变分析

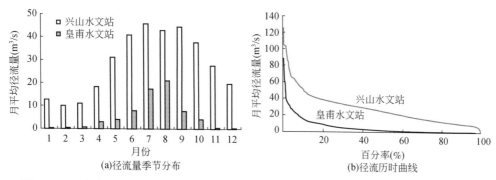

图 1-4-11 皇甫川流域和香溪河流域径流量季节分布、径流历时曲线及距平变化趋势分析

从径流量的季节分布来看，皇甫川的月径流量呈现单峰，峰值出现在 8 月，而香溪河流域存在双峰，峰值分别出现在 7 月和 9 月。从径流历时曲线来看，皇甫川流域的径流量分布出现洪水流量和枯水流量，而香溪河流域的径流量分布较为平均。从年径流量的变化来看，香溪河流域的径流量略有减少，而皇甫川流域的年径流量明显减少。

4.3.2 长江和黄河典型流域水循环预估

(1) 不同气候情景下预估的典型流域的径流变化

图 1-4-12 给出了全球平均 1～6℃增温下，皇甫川流域和香溪河流域径流量的变化。两个流域的年径流量随着温度的增加呈近线性增加；随着温度的升高，香溪河流域径流量的峰值推后（由夏季推后到秋季），而皇甫川流域径流量的峰值明显增加。

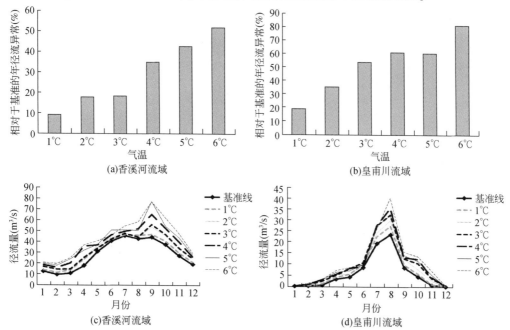

图 1-4-12 全球增温 1～6℃下香溪河流域和皇甫川流域年和月径流量的预估

不同排放情景下，北方的皇甫川流域和南方的香溪河流域的年径流量都增加并且差异不大（图 1-4-13）。

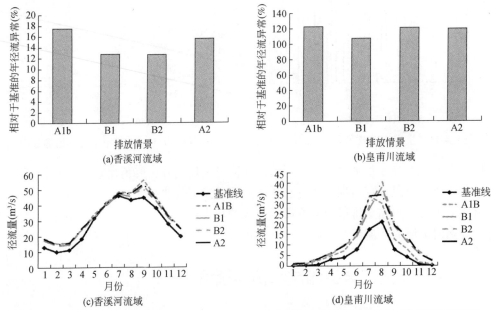

图 1-4-13　HadCM3 在 SRES A1B，B1，B2 和 A2 下香溪河和皇甫川流域年和月径流量的预估

全球模式是径流预估不确定性的最大来源，7 个全权模式预估的两个典型流域的年径流量表现为一致的增加（除 HadGEM1 在香溪河流域表现为减少外）（图 1-4-14）。

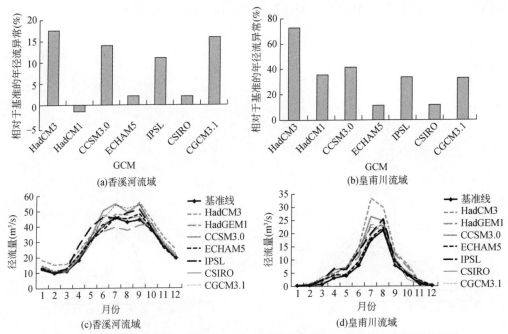

图 1-4-14　7 个全球模式在 SRES A1B 下香溪河和皇甫川流域年和月径流量的预估

（2）气候变化对典型流域水循环影响及不确定性

基于 7 个全球模式对不同气候区方典型流域年平均气温和年降水的预估结果表明
（图 1-4-15），7 个全球模式的预估结果在半干旱区的皇甫川流域表现为一致性的升温和增
湿。其中，21 世纪 20 年代升温幅度在 1.0 ~ 1.8℃，降水增加 1% ~ 13%，50 年代升温幅度
在 2.1 ~ 3.8℃，降水增加 1% ~ 27%，80 年代升温幅度在 3.0 ~ 5.5℃，降水增加 2% ~
39%。而对于湿润区的香溪河流域，7 个全球模式的结果表现出一致的升温，有 2 个全球
模式的预估结果表明降水将减少；其中 20 年代升温幅度在 0.9 ~ 1.7℃，降水变化为 -1% ~
6%，50 年代升温幅度在 1.9 ~ 3.4℃，降水变化为 -2% ~ 13%，80 年代升温幅度在 2.7 ~
4.9℃，降水变化为 -2% ~ 18%。从南北方典型流域预估结果的对比来看，未来半干旱区
的皇甫川流域暖湿化特征为更明显。

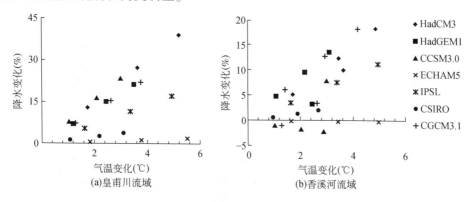

图 1-4-15　皇甫川和香溪河流域不同年代平均气温和年降水量的变化
注：相对于 1961 ~ 1990 年；21 世纪 20 年代：浅灰；50 年代：深灰；80 年代：黑

从温度和降水的季节预估来看，7 个全球模式揭示出半干旱区的皇甫川流域在冬、春
和夏季表现为升温，升温幅度从 21 世纪 20 年代的 0.7 ~ 5.3℃到 80 年代的 2.5 ~ 8.6℃，
其中冬季升温幅度最高，个别模式预估结果在秋季出现降温。对于湿润区的香溪河流域，
7 个模式预估结果在 4 个季节都表现为升温，升温幅度从 20 年代的 0.3 ~ 2.1℃到 80 年代
的 1.9 ~ 7.0℃，其中秋季升温幅度最高，春季最低。

不同全球模式在南北方典型流域对冬季和春季降水增加的模拟具有较好的一致性，但
是对于夏季和秋季降水变化模拟的一致性较差。不同全球模式在南北方典型流域的预估结
果也具有较大的差异，半干旱的皇甫川流域较湿润区的香溪河流域降水增加更为明显，
香溪河流域的降水在 21 世纪 20 年代和 80 年代分别增加了 1.3% 和 8.6%，皇甫川流域的
降水在 20 年代和 80 年代分别增加到 8.6% 和 33.6%。同一季节，不同全球模式预估的降
水差异随着年代季的推移而增加，并且这种增加在冬季最大，夏季最小。

基于皇甫川流域和香溪河流域 21 世纪 20 年代、50 年代和 80 年代 3 个时段的气候变
化预估结果，计算得到的年平均温度和降水的概率密度函数揭示了在 3 个时段气温和降水
的可能范围（图 1-4-16）。对于年平均气温和降水预估结果的不确定性主要有以下特点：
其一，预估的不确定性随着时间的推移而增大；其二，全球模式预估的年平均气温表现为

一致性增加，而预估的降水量也表现为较为一致的增加（ECHAM5 和 CCSM3.0 在香溪河流域表现为减少），但无论是温度还是降水量增加的量级在不同模式之间存在着很大的差异；其三，各模式预估的北方半干旱区的皇甫川流域的温度和降水的变化较南方湿润区的详细和香溪河流域的变化离散程度大，具有更大的不确定性。

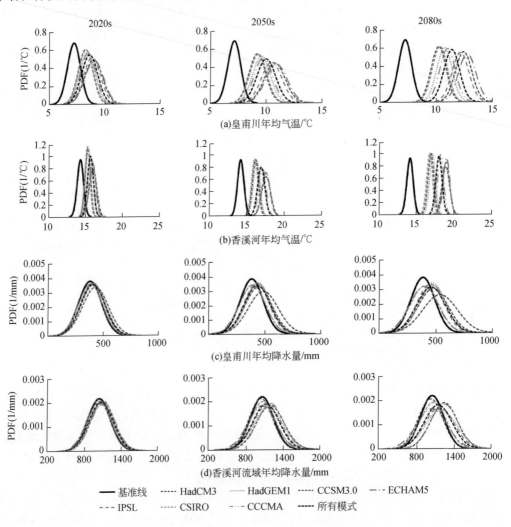

图 1-4-16　平均气温和降水量概率密度函数

从温度预估来看，对于皇甫川流域，全球模式 CCSM3.0 和 CSIRO 预估的增温幅度最小，在 21 世纪 20 年代、50 年代和 80 年代增温分别约为 1.0℃、2.1℃和 3.0℃，而 ECHAM5 预估的增温幅度最大，在上述 3 个时段分别为 1.8℃、3.8℃和 5.5℃。对于香溪河流域，全球模式 CCSM3.0、CSIRO 和 HadGEM1 预估的增温幅度较小，在 20 年代、50 年代和 80 年代增温分别约为 1.0℃、2.0℃和 2.6℃，而 ECHAM5、IPSL 和 HadCM3 预估的增温幅度最大，在相应时段分别约为 1.6℃、3.4℃和 4.9℃。

从降水的预估来看,对于皇甫川流域 ECHAM5 和 CSIRO 预估的降水增加最少,从 21 世纪 20 年代的少于 5mm 到 80 年代的约 10mm,而 HadCM3 预估的降水增加最多,从 20 年代的增加 50mm 到 80 年代的超过 150mm。对于香溪河流域,ECHAM5 和 CCSM3.0 预估的降水量略有减少,其余全球模式预估的降水量都为增加。其中,CCCMA 和 HadCM3 预估的降水量增加最多,从 20 年代的超过 60mm 到 80 年代的约 190mm。

概率密度函数还揭示出,基于 7 个全球模式的皇甫川流域年平均温度在 21 世纪 80 年代将完全不同于基准期的自然变率,即 80 年代寒冷的年份将比当前最热的年份还要热,而对于香溪河流域,这种情况在 50 年代就将出现。年降水量的预估与温度预估完全不同,与基准期相比,7 个全球模式集合的结果表明,未来皇甫川流域和香溪河流域将变得更湿,但是多雨和少雨年出现的概率也将增加。

图 1-4-17 揭示出,除少数模式(HadGEM1 和 ECHAM5)预估香溪河流域夏季径流量减少外,皇甫川和香溪河流域的径流量有一个较为普遍的增加,并且 6~10 月径流量的变化更为明显,变化幅度随着时间的推移而增加。其中,皇甫川流域汛期的峰值流量增加幅度更大,并且随着时间的推移,更多的模式结果揭示出皇甫川流域的峰值径流量量提前,而更多的模式结果揭示出香溪河流域汛期的峰值流量推后。

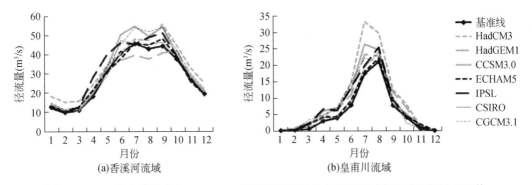

图 1-4-17　7 个全球模式在 SRES A1B 下香溪河流域和皇甫川流域年和月径流量的预估

皇甫川流域和香溪河流域在 21 世纪 20 年代、50 年代和 80 年代 3 个选定时段预估的年和季节径流量相对于基准期的变化。年和季节径流量根据 3 个时段 30 年的月径流量计算得到,基准期的年和季节径流量采用了 1961~1990 年的模拟值。

对于年径流量,ECHAM5 在香溪河流域的预估结果为减少,在 3 个时段减少的范围在 -1.7%~-1%,其余全球模式预估结果都表现为增加,增加幅度在 21 世纪 20 年代、50 年代和 80 年代分别为 0.3%~7%、2%~18%、3%~25%。7 个全球模式在皇甫川流域预估的年径流量表现为一致性增加,增加的幅度在 20 年代、50 年代和 80 年代分别为 5%~29%、12%~73%、17%~142%。对比南北方典型流域可见,半干旱区的皇甫川流域较湿润区的香溪河流域年径流量的增加更为明显。

季节流量预估结果表明,皇甫川流域和香溪河流域在 3 个时段都表现为春季径流量增加最多,但不同模式之间的差异也更大。对于皇甫川流域,3 个时段秋季径流量的增加仅次于春节径流量;而香溪河流域,在 21 世纪 20 年代、50 年代和 80 年代 3 个时段秋季、冬季和秋季的径流量的增加仅次于春季径流量的增加。

图 1-4-18 给出了对极端流量预估结果的分析。对于皇甫川流域，除 CSRIO 预估的洪水流量和平均流量在 21 世纪 20 年代减少外，其余全球模式在 3 个时段预估的洪水流量都呈现不同程度的增加，并且洪水流量的增加程度随着时间的推移而增大。7 个全球模式预估的皇甫川流域洪水流量和平均流量变化的中值在 20 年代为 15%（IPSL）和 32%（HadGEM1），而在 50 年代和 80 年代预估的洪水流量变化的最大值为 70% 和 146%（HadCM3），预估的平均流量变化的最大值为 119% 和 304%（HadCM3）。

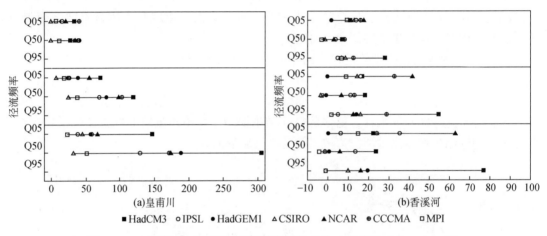

$$\blacksquare\text{HadCM3} \quad \circ\text{IPSL} \quad \bullet\text{HadGEM1} \quad \triangle\text{CSIRO} \quad \blacktriangle\text{NCAR} \quad \oplus\text{CCCMA} \quad \blacksquare\text{MPI}$$

图 1-4-18　皇甫川和香溪河流域极端径流量变化（相对于 1961～1990 年）

对于香溪河流域，在 21 世纪 20 年代，除 HadGEM1、MPI 和 CSIRO3 个全球模式预估的平均流量略有减少外，其余全球模式预估的极端流量都有不同程度的增加。其中，7 个全球模式预估的洪水流量、枯水流量和平均流量变化的中值分别为 13%（CSIRO）、7%（HadGEM1）和 2%（NCAR）。在 50 年代和 80 年代，除上述 3 个全球模式预估的平均流量略有减少外，HadGEM1 预估的洪水流量以及 NCAR 和 MPI 预估的枯水流量也略有减少，其余全球模式预估的极端流量都有不同程度的增加，并且增加的幅度随着时间的推移而增大，7 个全球模式预估的洪水流量变化的最大值为 41% 和 63%（NCAR），预估的枯水流量变化的最大值为 55% 和 77%（HadCM3）。

总体来说，除少数全球模式外，皇甫川流域和香溪河流域预估的极端流量在未来都有不同程度的增加，增加的幅度随时间推移而增大，并且半干旱区的皇甫川流域极端流量的增加幅度更大。但南北方流域的极端流量变化与平均流量变化相比却呈现截然不同的情形，皇甫川洪水流量增加的幅度低于平均流量，而香溪河流域极端流量较平均流量增加更为明显，而枯水流量的增加幅度大于洪水流量。

（3）气候变化对典型流域水量平衡的影响

在全球 1～6 ℃增温下，我国干旱和半干旱区以及湿润区典型流域水循环要素随着温度的升高呈近线性增加。半干旱区的典型流域较湿润区的典型流域增温幅度更高，水循环要素随着升温增加的幅度更大。在两个典型流域，径流量对温度升高最为敏感，而潜在蒸散量对升温敏感性较小（图 1-4-19）。

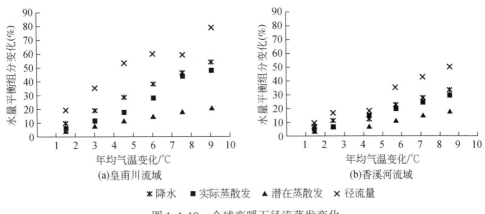

图 1-4-19　全球变暖下径流蒸发变化

蒸散量是水循环最主要的环节，在半干旱区典型流域，年蒸散量占年降水量的近 78%，而在湿润区典型流域约占 51%。在半干旱区典型流域，蒸散量占降水量的比例随着温度的升高而波动，而在湿润区，蒸散量占降水量的比例随着温度的升高而减少。此外，径流量占半干旱区典型流域降水量的近 20%，而在湿润区的典型流域占 48%；半干旱区典型流域的径流量占降水量的比例在 3℃达到最多，之后随着温度的升高而下降，而在湿润区，径流量占降水量的比例随着温度的升高而不断增加。地下水交换量也是两个典型流域水量平衡的主要成分，分别约占降水量的 2% 和 1%，在两个典型流域，地下水交换量占降水量比例的变化特征与径流量的变化特征较为相似（图 1-4-20）。

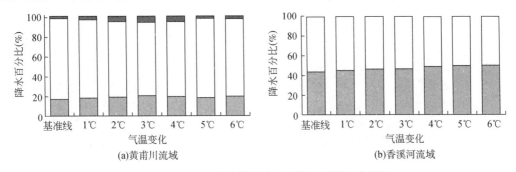

图 1-4-20　地下水交换量占降水量比例的变化特征

夏季蒸散量占年降水量的比例最大，在半干旱区典型流域，夏季蒸散量占年降水量的近 42%，而在湿润区的典型流域占 21%。在两个典型流域，夏季蒸散量占降水量的比例都随着温度的升高而减少，并且湿润区典型流域的夏季蒸散量占降水量的比例减少更多。实际蒸散量的季节变化较降水量、潜在蒸散量和径流量的变化更为复杂，在两个典型流域，夏季的实际蒸散量表现为较一致的下降。

第5章 东部季风区极端水文事件变化特征

5.1 降水极值

（1）降水极值的分布特征

利用全国 516 个国家基准、基本气象站 1963～2012 年的逐日降水量数据，分析国内外广泛应用于降水与极端降水分布的 8 个统计分布模型，即三参数函数有广义极值分布（Generalized Extreme Value，GEV）、广义帕累托分布（Generalized Pareto，GP）、广义逻辑分布（Generalized Logistic，Gen. Logistic）、皮尔森–III 型分布（Pearson-III），二参数有逻辑分布（Logistic）、正态分布（Normal）、对数正态分布（Lognormal）、耿贝尔分布（Gumbel）等分布函数，计算极端降水重现期的不确定性。同时，采用两类不同的采样方法（AM 与 POT），计算不同的采样方法对极端降水重现期的不确定性，发现不确定范围呈西北东南走向，其随着降水量的增加而增大。在全国范围内，50 年一遇的降水极值的不确定范围能达到 70mm（图 1-5-1）。

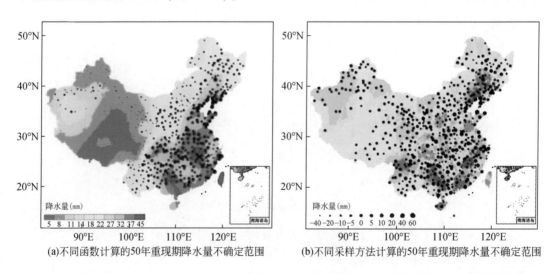

(a)不同函数计算的50年重现期降水量不确定范围　　　(b)不同采样方法计算的50年重现期降水量不确定范围

图 1-5-1　降水极值的空间分布

（2）降水极值的预估

日降水序列分布特征的峰度与偏度指标的对比结果表明，CCLM 模式对中国日降水分布特征的模拟效果比较理想，适用于评估未来降水的时空分布特征。而 CCLM 格点 1961～

2000年试验期和2011~2050年SRES-A1B情景预估资料显示（图1-5-2），未来40年日降
水序列的峰度和偏度在西南地区、江淮部分地区、东北与内蒙古中东部等地区呈显著增加
趋势，降水极值事件将有所增加；而在西北地区西部和中部局部呈显著减少趋势，降水极
值趋于减弱。未来40年最大日降水量和汛期（4~9月）最多无降水日数（<0.1mm/d）
的研究结果也表明，未来40年，东北大部、内蒙古中部、黄淮部分地区的汛期最多无降
水日数将会明显增加，内蒙古和东北中东部局部、黄淮和江淮部分地区最大日降水量也呈
增加趋势。峰度和偏度趋势所显示的降水极值变化格局，基本反映出上述地区干旱和洪涝
几率增加的状况。

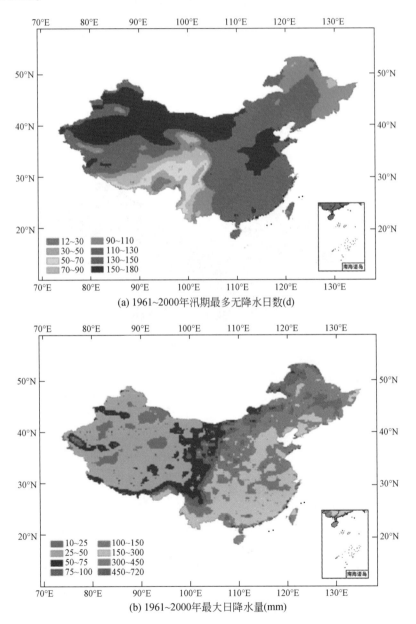

(a) 1961~2000年汛期最多无降水日数(d)

(b) 1961~2000年最大日降水量(mm)

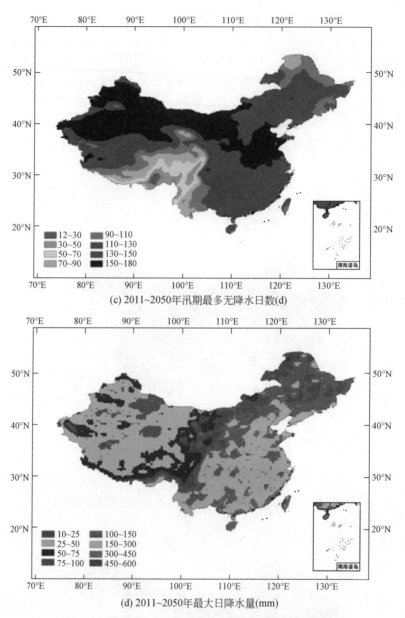

(c) 2011~2050年汛期最多无降水日数(d)

(d) 2011~2050年最大日降水量(mm)

图 1-5-2　1961～2000 年和 2011～2050 年中国汛期最多
无降水日数和最大日降水量空间分布

（3）典型流域降水极值的预估

根据多模式集合（CCSM3，ECHAM5，MK3）资料，应用 4 个极端值拟合函数
（Gamma-3、General Extreme Value、General Pareto 和 Wakeby），分析珠江流域降水极值在
1961～2000 年试验期和 2001～2040 年 SRES-A1B 情景预估期的 50a 一遇事件的变化情况
（图 1-5-3）。结果表明，Kolmogorov-Smirnov 假设检验，五参数 Wakeby 的拟合效果最理想。
流域的中部极端强降水将加强，过去 40a 50a 一遇事件将变为少于 25a 就发生的频发事件，而在流域西南和东部地区，极端强降水将有所减弱。

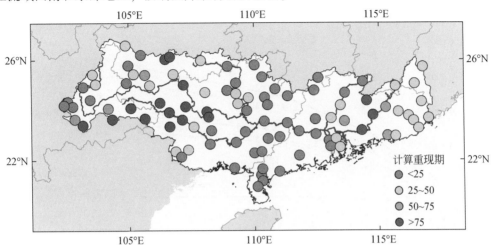

图 1-5-3　珠江流域 50a 一遇极端降水重现期变化（2001～2040 年对比 1961～2000 年）

5.2　径　流　极　值

1）采用我国水利部门常用的 P-Ⅲ型分布，基于不同的采样方法（AM 与 POT 序列）计算寸滩洪水重现期，则工程设计多依赖的 200～500a 一遇事件的差距将有 2000～5000m³/s（图 1-5-4）。同样，采用 P-Ⅲ型分布，基于不同的参数化方案（最大似然法和线性矩参数估计方法）计算寸滩洪水重现期，则工程设计多依赖的 200～500a 一遇事件的差距将达到 4000～8000m³/s（图 1-5-5）。

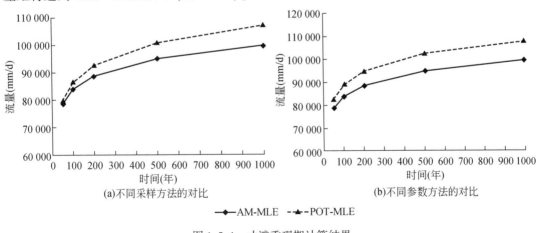

图 1-5-4　寸滩重现期计算结果

2）根据 8 种分布函数，采用最大似然法计算 AM 序列的洪水重现期。发现 Gen. Logistic 分布函数对序列重现期的计算值偏大，而 Logistic 分布的计算结果偏小，最大和最小值之间的差距在 200a 一遇极值时达到 29 000m³/s，500a 一遇极值时达到 43 000m³/s。因此，针对不同特征的时间序列，今后的洪水重现期计算应考虑采取多参数函数（四参数或五参数函数），充分发挥分布函数的灵活性。

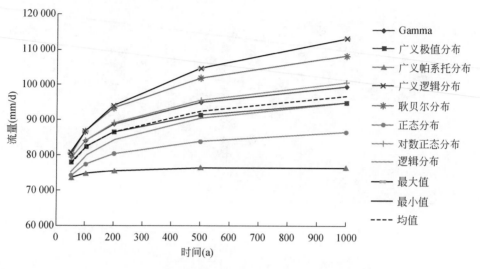

图 1-5-5　寸滩重现期计算结果：不同分布函数的对比

第6章 气候变化和人为活动对陆地水循环影响的相对贡献辨识

6.1 基于气候模式的归因分析

6.1.1 模式检验

（1）气候平均态

检验 GCM-hist 和 RCM-hist 对中国地区气候平均态的模拟性能。图 1-6-1 给出了中国

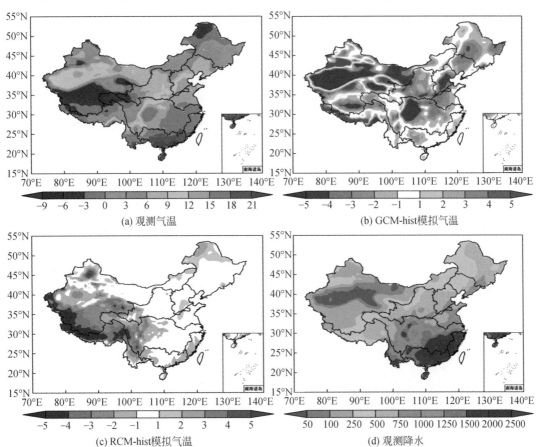

(a) 观测气温

(b) GCM-hist模拟气温

(c) RCM-hist模拟气温

(d) 观测降水

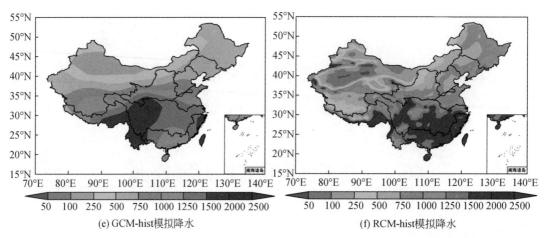

(e) GCM-hist模拟降水　　　　　　　　　　(f) RCM-hist模拟降水

图 1-6-1　1961～2005 年中国区域年平均气温（单位：℃）和降水（单位：mm）

地区 1961～2005 年平均地面气温的观测、模拟气温和观测的差、观测和模拟降水。RCM-hist 模拟中国范围地面气温较 GCM-hist 有较大的改进，和观测相比，GCM-hist 模拟气温在中国大部分地区偏低，特别在西部地势较低的地区，如西北塔里木盆地、吐鲁番盆地和长江流域四川盆地等偏低数值较大，超过 5℃。RCM-hist 模拟气温和观测的偏差除青藏高原外，大部分地区为–1～1℃。

　　观测中年平均降水整体呈现从东南向西北递减的分布特点，东部地区降水南北差异明显，如长江流域东南部、珠江流域和东南沿海地区年降水量大于 1500mm，北部松花江流域和辽河流域西部年降水量在 250～500mm。GCM-hist 基本上能够模拟出中国降水从东南向西北递减的空间分布特点，但和大部分的全球模式一样（Xu et al.，2011），在青藏高原东部长江流域西部有一虚假高值降水中心，另外模拟降水数值西北地区偏多，东南地区偏少。RCM-hist 试验对于观测降水的空间分布和数值有更好的模拟，和以往的高分辨率 RegCM 模拟相似（Gao et al.，2006；高学杰等，2010，2012），RCM-hist 试验中青藏高原东部、西南地区到长江流域西部的虚假高值降水中心减弱消失，模拟长江流域东南部、珠江流域和东南沿海地区年降水量大于 1500mm，对西北地区地形引起的降水，如柴达木盆地的降水低值区和祁连山脉的降水高值区等有较好的描述，与观测更接近。

（2）气温和降水的历史趋势

　　中国地区 1961～2005 年的逐年平均气温、降水变化趋势的观测和两个模式模拟的空间分布由图 1-6-2 给出。观测中大部分地区呈现增温趋势，北方地区增温趋势大于南方地区，如松花江流域、西北地区中东部 45 年增温大于 1.5℃，部分地区增温大于 2.0℃；长江流域大部分地区增温速率小于 0.5℃/45a，局部地区气温降低，变化趋势为–0.5～0℃/45a。GCM-hist 和 RCM-hist 模拟均呈现了观测中的增温特征，但对观测中北方地区增温速率大于南方地区的分布特点和模拟强度均偏弱，松花江流域和西北等地模拟气温增温速率数值较观测明显偏低。注意到和以往进行的气候变化预估类似，这里 RegCM4.0 对过去气温变化的模拟结果和驱动场全球模式相比，除了提供更多空间分布的细节外，总体分布性差别不是很大（Gao et al.，2012）。

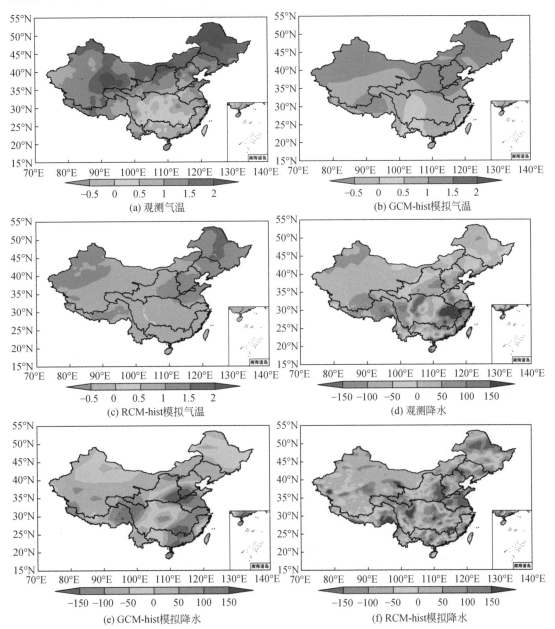

图 1-6-2　1961～2005 年中国区域年平均气温（单位：℃/45a）和降水趋势（单位：mm/45a）

观测中，中国西部大部分地区年平均降水呈增加趋势，其中西北增加速率为 1～50mm/45a，相对当地较低的降水基数表现出明显的变湿（施雅风等，2002）；西南流域除云南外，增加速率为 50～100mm/45a，部分地区为 100～150mm/45a。东部表现出明显的"南涝北旱"格局，辽河、黄河、海河、淮河北部、长江中游流域和珠江流域西部地区降水呈减少趋势，其中黄河、海河、长江流域部分地区降水减少 50～100mm/45a，中心降水减少大于 150mm/45a。同时，淮河流域南部、长江中下游流域东部、东南沿海和珠江流域东部降水呈增加趋势，中心大于 150mm/45a。此外，松花江流域大部分地区降水呈增加趋势。GCM-hist 模拟的年平均降水变化趋势基本表现了中国西南降水的增加趋势和东部黄河流域南部、海河流域南部及淮河流域北部的"旱"，但对西北地区变湿的降水增加趋势和东部淮河流域南部、长江中下游流域东部、东南沿海和珠江流域东部等的"涝"没有模拟能力，模拟结果中上述地区降水呈减少趋势，和观测趋势相反，其中长江中下游和珠江流域东部地区降水减少 100~150mm/45a，局部地区减少大于 150mm/45a，模拟和观测趋势相反。另外，松花江和辽河流域模拟的降水变化趋势也和观测相反。RCM-hist 模拟则除了较好地模拟了黄河、海河以及淮河流域北部的降水减少外，一定程度上模拟出了西北地区、长江中下游流域、东南沿海和珠江流域的降水增加趋势，对中国西部"转湿"和东部"南涝北旱"降水格局的模拟较 GCM-hist 好。

综上所述，无论在气候态还是历史趋势的模拟上 RegCM4.0 比驱动模式 BCC_CSM1.1 均有较大程度的提高，在下文中主要基于 RegCM4.0 的试验结果，讨论人类活动和自然变率对中国及各大流域气候变化的贡献。

6.1.2 人类活动和自然变率的贡献分析

(1) 气温

图 0-2-6 给出了 RCM-nat 试验所模拟的 1961~2005 年逐年平均气温的变化趋势及其与 RCM-hist 试验模拟的同期气温变化趋势之差，后者被认为是受人类活动的影响。在自然变率的作用下，自然强迫的影响（RCM-nat）使得中国地区气温除青藏高原为弱的减低（$-0.5~0℃/45a$）外，其他大部分地区为弱的增温趋势，速率为 $0~0.5℃/45a$，其中位于高纬度地区的西北北部、松花江和辽河以及中纬度的海河东部、黄河南部和淮海北部增温幅度较大，速率为 $0.5~1.0℃/45a$。RCM-hist 和 RCM-nat 两个试验的气温趋势之差，反映了人类活动的影响在 1961~2005 年对中国气温变化的贡献，可以看到，近几十年温室气体的增加使得中国地区普遍变暖，为一致的增温趋势，引起大部分地区增温 $0.5~1.0℃$，在青藏高原地区（西北地区南部和西南大部分地区）增温 $1.0~1.5℃$。

图 0-2-6 (c) 给出 RCM-hist 和 RCM-nat 两个试验 1961~2005 年多年平均气温差别的空间分布。温室气体的人为排放（即本书中所称的人类活动）由工业化革命时期的 1850 年开始，引起气温的逐渐升高，由于研究使用的驱动场 GCM-hist 和 GCM-nat 两个试验从 1850 年开始，故与图 0-2-6 (b) 不同，图 0-2-6 (c) 所反映的是 1850~2005 年累计温室气体排放对中国区域的增温贡献。由图 0-2-6 中可以看到，温室效应总体对中国区域气温的影响同样为大范围的升温，并以西北地区最为明显，幅度一般达到 2℃ 以上，东部升温相对较小，其中南方沿海地区的升温在 0.5℃ 以下。

表 0-2-8 给出了 1961~2005 年各流域和全国区域平均的观测（OBS）、人类活动和自然变率强迫共同作用（RCM-hist）下、人类活动（ANT，RCM-hist 与 RCM-nat 之差）以及自然变率强迫（RCM-nat）下气温的变化趋势，同时给出人类活动和自然变率对气温总

体变化贡献所占的比例（ANT/RCM-hist 和 RCM-nat/RCM-hist）。其中，OBS 和 RCM-hist 用于检验模式对于历史气温变化趋势的模拟能力，由表 0-2-8 中可以看到，模式在松花江流域、西北和黄河流域 RCM-hist 模拟的流域平均增温幅度小于观测，其余流域模拟值和观测值相近，全国平均观测和模拟增温速率分别为 1.2℃/45a 和 0.9℃/45a。在多数流域和全国平均，人类活动引起的增温幅度贡献都较自然变率大，一般占到总比例的 50% 以上，全国区域平均人类活动的贡献率为 80%（0.7℃/45a），自然变率为 20%（0.2℃/45a），即目前所观测到的中国区域增温现象，大部分可以归因于人类活动引起的温室气体排放增加的影响。

（2）降水

和气温类似，图 0-2-6（d）和图 0-2-6（e）分别给出了 RCM-nat 对 1961～2005 年逐年平均降水变化趋势的模拟及其与 RCM-hist 之差。由图 0-2-6（d）可以清楚地看到，在自然变率的作用下，中国东部降水呈现明显的"南涝北旱"分布，海河、黄河和淮河等流域降水明显减少，最大可以达到 150mm/45a，长江和东南沿海流域则以增加为主。同时，人类活动的影响［图 0-2-6（e）］则在某种程度上与之相反，在东部地区呈现一定程度的"北涝南旱"现象，使得如海河流域北部和辽河流域南部等地降水明显增加，淮河和长江中下游流域降水减少。

表 0-2-9 给出的是降水的情况。降水本身的模拟难度较气温大很多，尤其是在具有复杂天气气候系统的东亚区域。对全国八大流域，在 RCM-hist 降水趋势变化模拟中，海河和黄河降水减少，长江、东南沿海、珠江流域降水增加，上述 7 个流域模拟降水变化趋势和观测一致，可以认为模拟结果在这些流域相对更加可靠。其他，如松花江、辽河和淮河流域，模拟和观测的趋势相反，模拟结果的不确定性相对较高。

由表 0-2-8 中的第 6～第 7 行可以看到，人类活动引起的降水变化在半数流域起到主导作用，包括长江、珠江、西北和西南（可靠性相对较高）以及辽河流域（不确定性较大）；自然变率占到主导作用的流域，包括海河和黄河（可靠性相对较高），松花江、淮河和东南（不确定性较大）流域。此外，还可以看到，在辽河、海河、黄河、东南和珠江流域，存在人类活动和自然变化的作用都很大，最终产生一个较小的综合结果的情况，如在模拟和观测降水变化一致的流域中，人类活动引起海河和黄河流域降水分别增加 93mm/45a 和 46mm/45a，自然变率情况下使得降水减少 119mm/45a 和 83mm/45a，两者共同作用下降水减少 26mm/45a 和 38mm/45a。

6.2　基于水文模型的成因分析

以长江支流涪江流域为例，基于 Mann-Kendal 非参数检验方法，在分析涪江流域 1951～2012 年的降水、气温和径流变化趋势与突变的基础上，用 SWAT 水文模型和累积量斜率变化率比较法，尝试评估降水与下垫面人类生产活动对涪江流域径流变化的影响。

6.2.1　降水量突变检测

用 SWAT 分布式水文模型对涪江流域天然期的月径流量进行模拟，在率定、验证得到最优参数方案后，对比影响期实测径流与模拟径流的差异，探讨气候变化与人类活动对涪江流域径流变化影响的贡献（图 1-6-3）。

通过对实测径流序列进行突变检验来划分天然期（突变前受人类活动影响较小的时期）与影响期（突变后受人类活动影响显著的时期），以流域天然期的实测径流量作为基准值，则影响期实测径流量与基准值之间的差值包括两部分：一部分为人类活动影响的部分；另一部分为气候变化影响部分。用流域天然期的气象水文数据对水文模型进行率定和校准，确定在天然情况下水文模型的参数化方案，然后基于该参数化方案再对人类活动影响期的径流进行模拟，还原得到影响期没有受人类活动影响的天然径流量。人类活动和气候变化对流域径流影响的分离方法如下：

$$\Delta Q = Q_{oi} - Q_{on} = \Delta Q_c + \Delta Q_h \tag{1-6-1}$$

$$\Delta Q_c = Q_{si} - Q_{sn}, \quad \Delta Q_h = Q_{si} - Q_{oi} \tag{1-6-2}$$

$$\eta_c = \frac{\Delta Q_c}{\Delta Q} \times 100\%, \quad \eta_h = \frac{\Delta Q_h}{\Delta Q} \times 100\% \tag{1-6-3}$$

式中，ΔQ 为流域径流变化量；ΔQ_c 与 ΔQ_h 分别为气候变化和人类活动的影响量；Q_{oi}、Q_{on} 分别为流域受人类活动影响期和天然基准期的实测流量；Q_{si} 为人类活动影响期通过水文模型模拟还原的径流量；Q_{sn} 为天然基准期的模拟径流量；η_c、η_h 分别为气候变化与人类活动对径流影响的百分比。

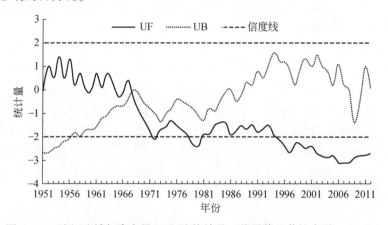

图 1-6-3　涪江流域年降水量 M-K 法统计量（临界值显著性水平 $\alpha = 0.05$）

图 1-6-4 中降水的年际变化呈单峰型分布，在 7 月达到峰值 220.3mm，12 月出现最低值 7.9mm。降水主要集中在汛期 5~9 月，占到了全年降水的 81.0%。从变化趋势来看，涪江流域年降水量以 25.7mm/10a 的速率减少，大于西南地区减小率 13.0mm/10a。冬季降水有所增加，其中 1 月最为明显（1.0mm/10a）；其余各月以减少趋势为主，其中 7 月、9 月比较明显，分别为 -7.8mm/10a、-8.6mm/10a。汛期 5~9 月降水呈明显减少趋势，速率为 -21.5mm/10a，占年降水减少总量的 83.8%。但 M-K 趋势检测表明，各个月份降水的变化趋势都没有通过置信水平 0.05 的显著性检验。

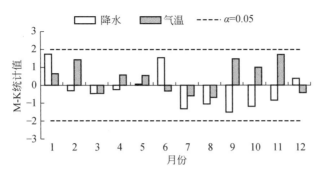

图 1-6-4　1959～2012 年涪江流域各月降水、气温变化趋势 M-K 统计值

图 1-6-5 为小河坝年平均径流量 M-K 法统计量图，UF 与 UB 两条曲线有两个交点，分别出现在 1957 年与 1968 年。M-K 突变检测理论指出，当两条曲线的交点位于信度线之间时，这点便是突变点的开始，而交点位于信度区间之外时，既不能贸然地认定它是突变点，也不能立即说它不是突变点。因此，用滑动 t 检验法对 1957 年进行进一步检测，取子序列 1951～1956 年与 1957～1962 年，计算统计量 $t=0.39<t_{0.05}=2.23$，说明该点并不是真实的突变点；而 1968 年的交点在信度线范围内，表明年径流量在 1968 年发生了突变，且 1968 年前后两段时期平均值存在明显的差异，该突变点类型为均值突变。统计结果表明，1968～2012 年径流量比 1951～1967 年减少了 19.7%。

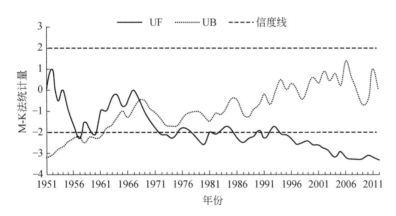

图 1-6-5　小河坝水文站年径流量 M-K 法统计量（临界值显著性水平 $\alpha=0.05$）

6.2.2　降水对径流变化的贡献

虽然径流的变差系数大于降水，但年际波动大的时期都出现在 20 世纪 60 年代、80～90 年代，同时年降水与径流随时间的变化特征也比较相似，20 世纪 50～60 年代处于高值期，70～80 年代总体处于平稳期，90 年代以后为低值期。一般降水多的季节，对应的径流也较大。径流系数是描述降水和径流之间关系的重要参数，是同一流域面积、同一时段内径流量与降水量的比值，变化范围为 0～1。各个季节的径流系数（表 1-6-1），冬秋季

大，春夏季小，其中冬季径流系数高达 1.1。西南地区土壤类型以紫色土为主，且多喀斯特地貌，气候湿润，雨量充沛，降水与径流的下渗作用大，丰水期降水下渗形成地下水，而枯水期地下水对径流进行补给，使地表径流相对稳定，这可能是冬季径流系数高的原因之一。另外，流域内的水库、水电站在冬季发电大量放水，也会对冬季径流有调节作用。

表 1-6-1　1951～2012 年小河坝水文站年、季径流系数与相关系数

系数	年	冬	春	夏	秋
径流系数	0.5	1.1	0.3	0.5	0.7
相关系数	0.87***	0.24	0.63***	0.88***	0.80***

***、**、* 分别表示通过 0.001、0.01、0.05 显著性水平的检验

用 1951～2012 年小河坝年和各季平均径流量与涪江流域降水量进行拟合，得到相关系数（表 1-6-1）。可以看出，年径流量与降水量存在高度的线性相关，相关系数达到了 0.87，通过 α=0.001 的显著性水平检验。由此可见，涪江流域年径流量的变化与降水关系密切，径流的减少在很大程度上可能是由降水减少所导致。从季节的相关性来看，径流量与降水在夏秋季相关性很高，春季相关性略差，而冬季相关系数较差，仅为 0.24，这可能与地下水补给和流域工程蓄水有关。

河川径流是大气降水与流域下垫面共同作用的产物，下垫面人类生产活动使流域水文下垫面发生变化，从而改变流域产流条件，当下垫面人类生产活动程度严重时，对河川径流会产生大的影响。另外，随着经济社会的发展，河道外消耗水量的不断增加，也会造成径流量的减少。涪江流经四川省与重庆市的多个地区，收集计算整个流域历年人口与灌溉面积的变化数据存在较大困难，本节仅收集到四川全省的历年统计数据。涪江流域的绝大部分位于四川省境内，分析四川省数据可以从侧面间接反映涪江流域的变化情况。图 1-6-6 为 1952～2012 年四川省有效灌溉面积与户籍人口变化曲线，可以看出四川省的灌溉面积与人口均呈增加趋势，在 20 世纪 60～70 年代快速增加，80 年代后增速放缓，2012 年灌溉面积比 1952 年增加了近 5 倍，人口增加了约 2 倍。灌溉面积与人口的增加都可能带来用水量的增大，最终导致涪江径流量的减少。

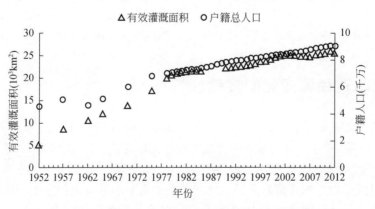

图 1-6-6　四川省 1952～2012 年有效灌溉面积与户籍人口变化

涪江流域年降水与径流都表现为减少趋势，并在 1968 年发生了突变，因此将 1951 ~ 2012 年划分为 1951 ~ 1967 年与 1968 ~ 2012 年两个时期。用累积径流量、累积降水量分别与时间进行拟合，得到图 1-6-7。结果表明，在不考虑气温影响时，降水变化对径流变化的贡献率为 71.4%，直接的下垫面人类生产活动对径流量减小的贡献率为 28.6%。由此可见，降水减少是涪江流域径流减少的主要原因。

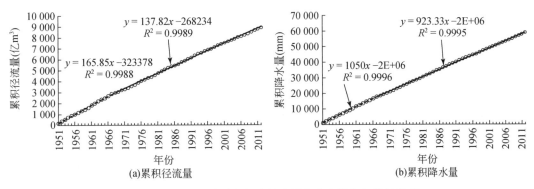

图 1-6-7　涪江流域累积径流量和累积降水量与年份的关系

6.2.3　气候变化和人类活动对径流影响的成因分析

用 M-K 突变检测方法分析小河坝 1951 ~ 2012 年径流变化发现，涪江流域径流的突变发生在 1968 年。因此，将 1951 ~ 1967 年作为受人类活动影响较小的天然时期（简称天然期），1968 ~ 2012 年作为可能受到人类活动显著影响的时期（简称影响期）。图 1-6-8 为小河坝水文站影响期（1968 ~ 2012 年）相对于天然期（1951 ~ 1967 年）各月平均径流量减少百分比，即（影响期–天然期）/天然期×100%。可以看到，小河坝水文站 12 月至次年 3 月径流量有所增大，但幅度较小，变化范围为 5.0%~13.3%；而 4 ~ 11 月径流量呈不同程度的减小，汛期 5 ~ 9 月更为明显，减小幅度都在 15% 以上。

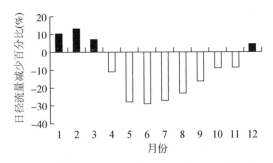

图 1-6-8　小河坝水文站月径流量影响期相对天然期减少百分比

利用 1951 ~ 1967 年的水文气象数据对 SWAT 模型参数进行率定和验证，从而确定天然期水文模型的参数化方案。图 1-6-9 为率定期（1951 ~ 1960 年）与验证期（1961 ~ 1967

年）小河坝水文站的实测与模拟月径流量结果以及月平均径流曲线。可以看出，月径流量的模拟结果与实际径流变化比较一致，在1～7月增大，8～12月减小，但模拟值在6～7月比实测值略大，秋冬季又有所偏小。对模拟效果的评估揭示出，率定期与验证期的 Nash 系数分别为0.75与0.83，平均相对误差分别为2.8%与7.6%，决定系数分别为0.81与0.88。Nash系数都在0.75以上，相对误差在10%以内，决定系数超过0.80，说明SWAT模型在天然期经参数率定后，对涪江流域月径流量及分布特征具有很好的模拟能力。因此，基于该参数化方案来还原1968～2012年影响期的天然径流量有较高的可信度。

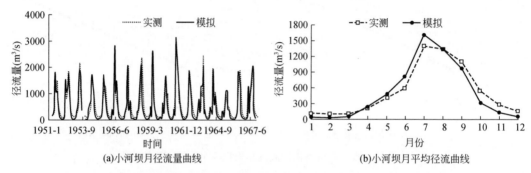

图 1-6-9　小河坝水文站天然期实测与模拟月径流量及月平均径流曲线

基于天然期的模型参数化方案，对1968～2012年径流深的还原结果如图1-6-10所示。总体上看，影响期实测与模拟还原的径流深差异也不是很大，说明径流的变化主要受到气候的影响，并且2004年、2007年和2011年等部分年份的实测径流深大于还原的径流深，一方面可能是因为模型参数的不确定性而使模拟结果存在一定的误差，另一方面也可能是由于流域内的水库、水电站在放水发电时对径流产生了补给作用。

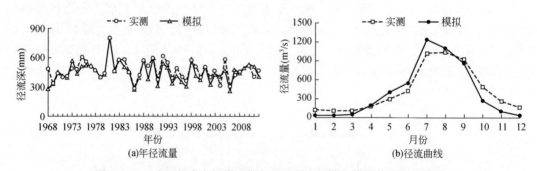

图 1-6-10　小河坝水文站影响期年径流量实测值与模拟值及径流曲线

计算结果表明，天然期与影响期实测多年平均年径流量分别为535.7m³/s和429.8m³/s，而模拟的多年平均年径流量分别为512.2m³/s和408.2m³/s，受气候变化和人类活动影响，年径流量的减少分别为104.1m³/s和21.7m³/s，气候变化对径流减少的贡献率为82.8%，而人类活动的贡献率为17.2%。

第7章 东部季风区主要江河流域水文–气候数据分析

7.1 东部季风区气候数据的均一化及分析

（1）气温数据均一化

均一性的气候数据序列是气候变化研究的基础，然而在长期的气象观测过程中，不可避免地存在诸多因素可能破坏观测资料序列的均一性，包括台站迁移、仪器变更、仪器故障、观测时次变化、计算方法改变、观测环境变化等对其均有不同程度的影响。针对中国2400多个站温度观测资料开展了均一性检验与订正，对人为因素引起的资料不连续点进行了校正。

均一性检验订正方法。采用近年来国内外应用较为广泛的RHtest均一化系统（Wang et al.，2007），相关研究成果表明，该系统已被成功地运用于对气候资料的均一化研究。RHtest方法基于惩罚最大T检验（PMT）和惩罚最大F检验（PMFT），经验性地考虑了时间序列的滞后一阶自相关，并嵌入多元线性回归算法，能够用于检验、订正包含一阶自回归误差数据序列的多个变点（平均突变），可用于对年/月/日3种时间序列的均一性检验。

均一化结果。对于气候分析和气候变化研究而言，非均一的资料序列可能严重影响对气候变化趋势的判断。例如，2000年贵阳站由市区迁至山顶，迁址距离2500m，新址海拔高度较旧址升高149.5m，造成该站气温自2000年起明显下降，产生了虚假的下降趋势（图1-7-1）。

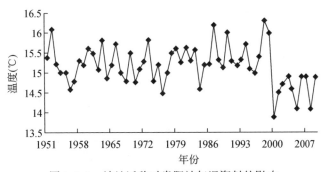

图1-7-1　站址迁移对贵阳站气温资料的影响

经过对2400多个站地面温度的检验，共检出3625个不连续点，有34%~56%的台站存在不连续点，经过对这些不连续的序列进行订正后得到了完整的长序列地面气温均一化数据集。

（2）降水数据均一化

本书采用如下方案挑选邻近站：①计算待检站与300km范围邻近站年降水量相关系数，依次排序；②从中挑选与待检站同步观测时间达到待检序列长度85%以上、缺测年份不大于序列本身10%、相关系数最高的5个邻近站构建参考序列。当某时段缺测邻近站达到3个，参考序列对应年份设为缺测。该方案考虑了邻近站相关性、同步观测时间长度和数据完整性，在一定程度上避免了因所选邻近站序列长度不一以及所选邻近站缺测较多引起的参考序列非均一问题。

采用比值订正法，得到订正后的月、年降水量。在较小时间尺度内，降水具有极强的空间和时间变率，这也是处理降水资料的难点。但就年代际尺度，同一气候区域邻近站的降水量变化趋势具备一定可比性。本书尝试通过比较检测出断点台站非均一性订正前后与邻近站降水量变化趋势差异，评估订正效果，分别为检测出断点台站订正前、后在1960~2009年年降水量变化速率，图1-7-2中星形代表检测出断点台站，圆点代表其周围300km内最近的10个邻近站，色标代表期间降水量变化速率，其中灰色代表降水资料起始时间较晚，无法计算该时期降水量变化速率。订正后台站降水变化趋势的空间一致性有一定改善（图1-7-3）。

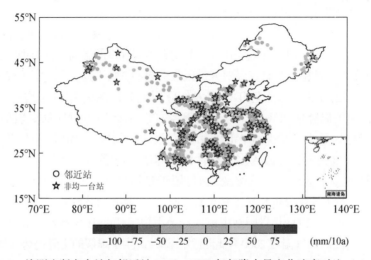

图1-7-2　检测出断点台站与邻近站1960~2009年年降水量变化速率对比（mm/10a）

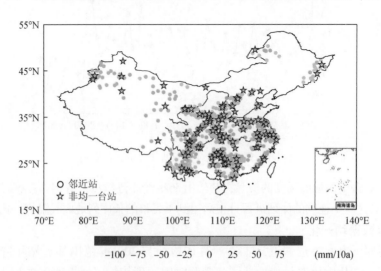

图1-7-3　检测出断点台站订正后与邻近站1960~2009年年降水量变化速率对比（mm/10a）

7.2　格点数据集研制

基于 2400 多个中国地面气象台站的观测资料，通过插值建立了一套 0.25°×0.25°经纬度分辨率的格点化数据集（CN05.1），包括日平均和最高、最低气温以及降水 4 个变量。插值通过常用的"距平逼近"方法实现，首先将计算得到的气候平均场使用薄板样条方法进行插值，随后使用"角距权重法"对距平场进行插值，然后将两者叠加，得到最终的数据集。

对于气候场的插值，使用了薄板样条方法。通过拟合数据序列计算并优化薄盘平滑样条函数，最终利用样条函数进行空间插值，它可以引入协变量子模型，如考虑气温随海拔高度的变化，其结果可以反映气温垂直递减率的变化、降水和海岸线之间的关系以及水汽压随海拔高度的变化可以反映其垂直递减率的变化等。以经度和纬度作为薄盘样条函数自变量，以海拔高度作为协变量对气候场进行插值。对于距平场，则采用的是"角距权重法"，格点上的数值以站点数值在考虑其距格点的角度和距离的权重后得到。

7.3　气候–水文数据库建设

通过本研究建立了经过质量控制的我国东部季风区主要江河流域水文–气候数据库；完成了主要江河流域过去 50 年的气候站点数据集，其中站点和要素为东部季风区国家级台站地面气温、降水、约 200 个站土壤水含量逐旬观测记录。完成了基于全国 2400 个台站观测资料获得的季风区主要流域 0.5°×0.5°经纬度网格点上的日、月平均气温、降水记录网格化资料。

应用全球气候模式和区域气候模式模拟，给出了未来 50 年站点和格点的气候和水文数据，具有 1.0°×1.0°经纬度网格分辨率，典型流域具有 0.5°×0.5°经纬度网格分辨率。

通过综合整理气候、水文数据集，形成了完整的东部季风区主要江河流域气候–水文数据库。

参 考 文 献

常军, 史恒斌, 左璇. 2013. 黄河流域秋季降水及环流对 ENSO 和 IOD 的响应分析. 气象与环境科学, 36: 15-20.

常军, 王永光, 赵宇. 2012. Nion3 区海温的变化对黄河流域夏季降水的影响. 气象, 39: 1133-1138.

常军, 王永光, 赵宇, 等. 2014. 近 50 年黄河流域降水量及雨日的气候变化特征. 高原气象, 33: 43-54.

邓汗青, 罗勇. 2013. 近 50 年长江中下游春季和梅雨期降水变化特征. 应用气象学报, 24: 23-31.

杜予罡, 唐国利, 王元. 2012. 近 100 年中国地表平均气温变化的误差分析. 高原气象, 31: 456-462.

高超, 曾小凡, 苏布达. 2010. 2010～2100 年淮河径流量变化情景预估. 气候变化研究进展, 6: 15-21.

李修仓, 姜彤, 温姗姗, 等. 2013. 珠江流域实际蒸散发的时空变化及影响要素分析. 热带气象学报, 30: 483-494.

刘绿柳, 姜彤, 徐金阁, 等. 2012a. 西江流域水文过程的多气候模式多情景研究. 水利学报, 43: 79-185.

刘绿柳, 姜彤, 徐金阁, 等. 2012b. 21 世纪珠江流域水文过程对气候变化的影响. 气候变化研究进展, 8: 28-33.

王艳君, 姜彤, 刘波. 2010. 长江流域实际蒸发量的变化趋势. 地理学报, 65: 1079-1088.

温姗姗, 姜彤, 李修仓. 2014. 1961～2010 年松花江流域实际蒸散发时空变化及影响要素分析. 气候变化研究进展, 10: 79-86.

曾小凡, 周建中, 翟建青, 等. 2011. 2011～2050 长江流域气候变化预估问题的探讨. 气候变化研究进展, 7: 116-122.

Cao L J, Zhang Y, Shi Y. 2011. Climate change effect on hydrological processes over the Yangtze River basin. Quaternary International, 244: 202-210.

Deng H Q, Luo Y, Yao Y, et al. 2013. Spring and summer precipitation changes from 1880 to 2011 and the future projections from CMIP5 models in the Yangtze River Basin, China. Quaternary International, 304: 95-106.

Fischer T, Gemmer M, Liu L L. 2010. Trends in monthly temperature and precipitation extremes in the Zhujiang River Basin, South China (1961～2007). Advances in Climate Change Research, 2: 63-70.

Fischer T, Gemmer M, Su B D, et al, 2013. Hydrological long-term dry and wet periods in the Xijiang River basin, South China. Hydrology and Earth System Sciences, 17: 135-148.

Fischer T, Gemmer M, Su B D. 2012a. Change-points in climate extremes in the Zhujiang River Basin, South China, 1961-2007. Climatic Change, 110: 783-799.

Fischer T, Menz C, Su B D, et al. 2013. Simulated and projected climate extremes in the Zhujiang River Basin, South China. Using the regional climate model COSMO-CLM. International journal of Climatology, 33: 2988-3001.

Fischer T, Su B D, Luo Y, et al. 2012b. Probability distribution of precipitation extremes for weather index based insurance in the Zhujiang River, South China. Journal of hydrometeorology, 13: 1023-1037.

Gemmer M, Fischer T, Jiang T. 2010. Trends in precipitation extremes in the Zhujiang River Basin, South China. Journal of Climate, 24: 750-761.

Gemmer M, Yin Y Z, Luo Y. 2011. Tropical cyclones in China: County-based analysis of landfalls and economic losses in Fujian province. Quaternary International, 244: 169-177.

Jiang T, Fischer T, Lu X X. 2012. Larger Asian rivers: Climate, water discharge, water and sediment quality. Quaternary International, 282: 1-4.

Jiang Tong. 2010. Larger Asian rivers: Climate change, river flow and watershed management. Quaternary International, 226: 1-3.

Jiang T. 2011. Larger Asian rivers: Climate, hydrology and ecosystems. Quaternary International, 244: 127-129.

Li X C, Gemmer M, Zhai J Q. 2013. Spatio-temporal variation of actual evapotranspiration in the Haihe River Basin of the past 50 years. Quaternary International, 304: 133-141.

Liu L L, Fischer T, Jiang T, et al. 2013. Comparison of uncertainties in projected flood frequency of the Zhujiang River, South Chian. Quaternary International, 304: 51-61.

Liu L L, Jiang T, Xu J G, et al. 2012. Responses of hydrological processes to climate change in the Zhujiang River Basin in the 21st century. Advances in Climate Change Research, 3: 4-91.

Liu L L, Liu Z F, Ren X Y. 2011. Hydrological impacts of climate change in the Yellow River Basin for the 21st century using hydrological model and statistical downscaling Model. Quaternary International, 244: 211-220.

Tao H, Gemmer M, Bai Y G. 2011. Trends of stream flow in the Tarim River Basin during the past 50 years: Human impact or climate change. Journal of hydrology, 400: 1-9.

Tao H, Gemmer M, Jiang J H. 2012. Assessment of CMIP3 climate models and projected changes of precipitation and temperature in the Yangtze River Basin, China. Climatic Change, 111: 737-751.

Wang Y J, Liu B, Su B D. 2011. Trends of calculated and simulated actual evaporation in the Yangtze River Basin. Journal of Climate, 24: 4494-4507.

Wu J, Gao X J, Giorgi F. 2012. Climate effects of the three gorges reservoir as simulated by a high resolution double nested regional climate model. Quaternary International, 282: 27-36.

Xu H, Taylor R, Xu Y. 2011. Quantifying uncertainty in the impacts of climate change on river discharge in sub-catchments of the River Yangtze and Yellow Basins, China. Hydrology and Earth System Sciences, 15: 333-344.

Yin Y Z, Gemmer M, Luo Y. 2010. Tropical cyclones and heavy rainfall in Fujian Province, China. Quaternary International, 226: 122-128.

Zeng X F, Kundzewicz Z W, Zhou J Z. 2012. Discharge projection in the Yangtze River Basin under different emission scenarios based on the Artificial Neural Networks. Quaternary International, 282: 113-121.

课题二：气候变化背景下未来水文情景预估及不确定性研究

未来气候变化的情景预估是研究气候变化对水循环水资源未来变化趋势的重要基础。由于 IPCC AR4 和 AR5 多个气候模式预估的不确定性，如何减少未来输入到水文模式中计算的降水等水文要素预估的不确定性，获得可信度比较高的情景和预估范围，以及通过适当的降尺度技术途径获得高分辨率的气候-水文解集信息是至关重要的研究问题。本课题在如下几个方面取得创新性进展。

1）发展基于贝叶斯理论的针对多气候模式输出降尺度概率预报模型，模型充分考虑多时空尺度气候要素的统计相关结构，为水文应用提供多尺度的区域气候变化信息。

该方法除了有常规贝叶斯方法的优势（包括精确性和不确定性信息），它与其他贝叶斯方法区别在于它能够把 GCM 模拟过去的能力和生成将来共识性预报的能力结合起来在贝叶斯原理框架下来运算，得到理论上更合理的结果。利用贝叶斯多模型平均（BMA）方法对 IPCC AR5 模式的历史模拟进行了验证，同时也对 21 世纪的气象要素进行多模型预估。

2）为了验证单模式或多模式气候预估的可信度，提出了从寻找气候变量场的季节可预报信号的角度来评估气候变化预估的可信性。

通过使用 ZF2004 的（协）方差分解方法，将气候变量场的（协）方差矩阵进行分解，分别得到对应"季节可预报"和"季节内变率"部分的（协）方差场，进而得到分别对应这两个部分的主要空间模态，从而更好地研究气候变量场（本书主要针对中国东部区域的降水和北半球冬季 500hPa 气压场）的季节可预报性及其相关问题：定量化地给出了中国东部降水各个季节的可预报性大小；分别讨论了降水和大气环流场的"可预报模态"以及"不可预报模态"的空间形态特征；针对去除了季节内变率噪音的"可预报信号"，寻找对应的海温预报因子即海温相关关键区。

3）首次系统评估了 AR4 和 AR5 所提供的近 50 个 GCM 在中国东部季风区八大流域的适用性，为研究气候变化对中国水循环的影响提供了科学依据；引进了 STNSRP（spatial-temporal neyman-scott rectangular pulses）统计降尺度技术，探讨了在中国东部季风区典型流域的适用性；构建了 DCA（downscaling with constructed analogues）统计降尺度方法，提出了基于 DCA 与 RegCM 的混合降尺度技术；基于 Bayes 原理，提出了贝叶斯多模型统计降尺度技术，为定量表述甚至减小统计降尺度结果的不确定性提供了科技支撑。

4）生成未来气候变化情景下季风影响区八大流域未来 20~50 年 1°×1° 网格（典型流域 0.5°×0.5° 网格）的日平均气温和降水量的概率分布估计，提供多种服务于用户的风险分析与决策数据集。

第1章 全球气候模式适用性评估与预测应用

1.1 全球气候模式在东部季风区的适用性评估

基于秩评分方法，将 GCMs 输出统计特征值与实测数据统计特征值的拟合程度作为目标函数，根据各个目标函数的表现进行评分，进而综合评价各个全球气候模式在东部季风区及八大流域的整体模拟能力。通过在东部季风区及八大流域的模式适用性研究工作，总结出了各个流域模拟能力较好的模式，为之后的气候变化研究奠定了基础。

从多年（1962～2008 年）均值来看，EA 表征的降水量最大，而 APHRO 表征的降水量相对较小，UDEL 表征气温最高 ［图 2-1-1 （a）］。就降水量而言，IAP、GPCC 与 EA 相近似比较高，而 CRU 与 EA 差异相对较大。就气温而言，IAP 与 CN05 的相近性最高，而 CRU 与 CN05 差异最大 ［图 2-1-1 （b）］。各个数据集年内分布差异而言，降水差异主要来自夏季，而气温差异主要来自冬季。

在气温模拟过程中，几乎所有的 CMIP5 模式趋于高估东南诸河、珠江流域气温。而 HadGEM2-ES 模式、MIROC5 模式趋向于高估计全国所有区域气温。在降水的模拟过程中，几乎所有的 CMIP5 模式趋于低估东南诸河流域，珠江流域降水。对比 CMIP3 与 CMIP5 气温在 1966～2005 年的年际变化趋势，可以发现，CMIP5 模式结果要优于 CMIP3 模式结果，尤其以东南诸河、淮河、长江和黄河流域提高最为明显。就中国东部季风区八大流域而言，CMIP5 在黄河流域的气温年际变化模拟结果最好。

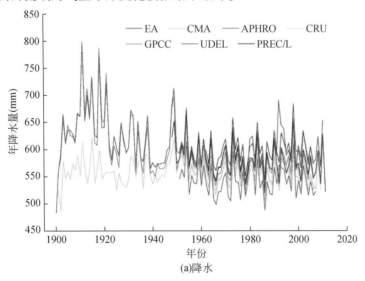

(a)降水

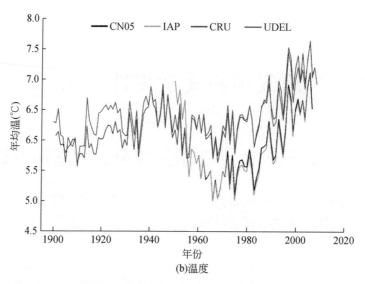

图 2-1-1　各个数据集的降水和温度时间序列

1.2　应用贝叶斯多模型平均（BMA）方法气候变化预测

将贝叶斯多模型平均（BMA）方法应用于近50年中国东部季风区的气温模拟中。研究发现，多模式集合预报的模拟精度要高于单个模式的模拟结果。相对于单个模式模拟结果，BMA方法对于珠江流域气温年际变化的模拟精度提高最大，对于松花江和淮河流域气温年际变化模拟精度提高能力有限。在此基础上，分别对中国区域、海河、淮河、辽河、东南诸河、松花江、长江、黄河、珠江流域进行了BMA结果的不确定性分析。研究结果表明，贝叶斯多模型加权平均（BMA）方法相比于简单算术平均（SMA）可以有效减小集合预报的不确定范围。

相对于1970~1999年，不同排放情景下BMA模拟结果表明，在未来30年里（21世纪20~40年代），中国区域气温将保持上升趋势。从空间上看，未来30年内中国北部地区气温上升幅度要大于中国南部地区。而未来30年里降水变化呈现复杂化。具体表现为不同排放情景下，松花江、辽河和淮河流域降水呈增加趋势，而在RCP8.5情景下，长江流域中上游地区降水量甚至出现降低。

同时，利用概率密度函数（pdf）来表征不同流域未来的降水概率分布情况，研究选取了中国北方和南方典型流域作为对比对象。研究结果表明，相比20世纪90年代，21世纪20年代和40年代的pdf整体偏右，说明全国和海河流域的年降水量在21世纪20年代和40年代都表现出增加的趋势，40年代的降水量最大。因此，在21世纪中前期，全国和海河流域总体上是变湿润的。而珠江流域21世纪20年代的pdf相对于20世纪90年代来说稍微偏左，因此在21世纪20年代珠江流域降水略有降低，而40年代则稍微增加。不同区域在不同的RCP的变化情况是相类似的。从pdf的分布情况看，在降水量较大的位置，21 世纪 20 年代和 40 年代对应的 pdf 值都大于 20 世纪 90 年代，一定程度上说明在未来 21 世纪 20 年代和 40 年代极端降水相对于 20 世纪 90 年代都显现出一定的增加趋势。

就中国东部季风区八大流域从 21 世纪初到 40 年代年平均温度的年代际变化而言，松花江流域的温度变化在各个年代相对于其他七个流域是最快的（图 2-1-2）。在 RCP2.6 情景下，温度升高的变化量从 0.8℃增加到 2℃左右，RCP4.5 从 0.7℃增加到 2.2℃左右。RCP8.5 情景下则从 0.65℃增加到 2.8℃以上，RCP8.5 情景下的温度变化速率越来越快。辽河流域的变化量则次之。海河和黄河流域温度的年代际变化较为接近。东南诸河流域和珠江流域的变化量则小于其他流域。到了 21 世纪 40 年代，在 RCP8.5 情景下的温度升高并没有超过 2℃。其他流域在 40 年代，RCP8.5 情景下温度均升高了 2℃以上。总体上，中国北方流域的年均温度上升高于南方流域，即温度上，北方快于南方。

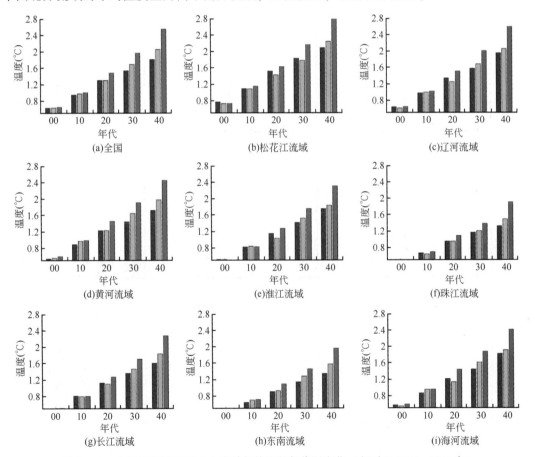

图 2-1-2 中国东部季风区八大流域年均温的年代际变化（相对于 1979～1999 年）

注：蓝色、绿色、红色分别代表 RCP2.6、RCP4.5、RCP8.5 情景

从中国东部季风区八大流域从 21 世纪初到 40 年代年降水的年代际变化可以明显看出，松花江、辽河、海河和黄河流域在各个年代际的降水均呈现出增加的趋势（图 2-1-3）。在

40 年代，这四大流域的降水增加率基本都达到 8% 左右，且松花江、辽河、海河流域，在 40 年代降水增加的是最多的。在海河流域，RCP2.6 情景下的降水增加率在 21 世纪初、10 年代、20 年代、30 年代均高于 RCP4.5 情景下和 RCP8.5 情景下的变化率。在淮河流域，除了 RCP4.5 情景下在 21 世纪初呈现出下降的趋势外，其他年代的降水都呈现出增长趋势，但增长率低于北方的其他流域。21 世纪初、10 年代长江流域在 3 个 RCP 情景下的降水都呈现出略下降的趋势，但变化率较小，低于 2%。从 20 年代开始，RCP2.6 情景下、RCP4.5 情景下的降水开始增加，到了 40 年代，降水增长接近 4%，而 RCP8.5 情景下，降水在 20 年代和 30 年代的变化特别小，到了 40 年代，则有一定程度的增加。在 21 世纪初、10 年代和 20 年代，东南诸河流域在 3 个 RCP 情景下，降水都在减少，其中在 21 世纪初和 10 年代，降水减少大于 2%。到了 40 年代，RCP2.6 情景下和 RCP4.5 情景下的降水有了轻微上升，而 RCP8.5 情景下依然减少。在 21 世纪初、20 年代，珠江流域在 3 个 RCP 情景下，降水都在减少，到了 40 年代，降水有了一定程度的增加。

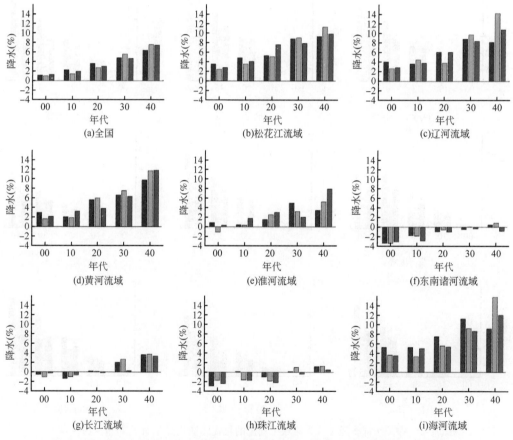

图 2-1-3　中国东部季风区八大流域年降水量年代际变化（相对于 1979~1999 年）
注：蓝色、绿色、红色分别代表 RCP2.6、RCP4.5、RCP8.5 情景

从中国东部季风区八大流域从 21 世纪初到 40 年代夏季降水的年代际变化来看，松花江、辽河、海河流域在各个年代际的降水均呈现出增加的趋势（图 2-1-4）。到了 40

年代，夏季降水都可增加 6% 左右。黄河流域在 RCP2.6 情景和 RCP8.5 情景下，夏季降水在 21 世纪初到 10 年代都有下降，而在 RCP4.5 情景下增加。到 40 年代，在 3 个情景下，黄河流域的夏季降水可以增加 4% 左右。长江流域在 21 世纪初到 30 年代，降水的变化较为小，都在 –1%～1% 变化，到了 40 年代，RCP2.6 情景和 RCP4.5 情景下的降水可增加大于 3%。东南流域在 21 世纪初和 10 年代都是减少的趋势，其中 RCP8.5 情景减少最多，可减少大于 2%。到了 40 年代，东南流域的降水在所有的情景下都呈现增加。在珠江流域，30 年代前的降水变化较不稳定，各有增减，到了 30 年代，都呈现出增加的趋势，到 40 年代，降水增加接近 3%。

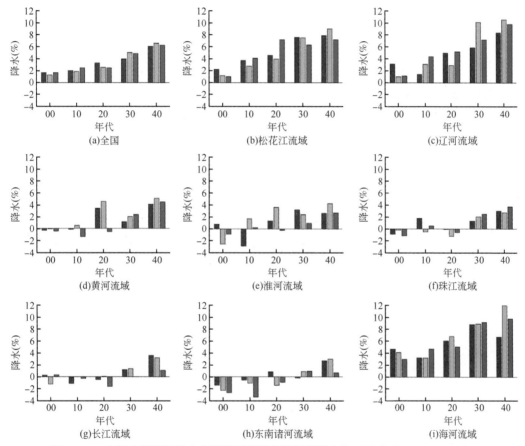

图 2-1-4　中国东部季风区八大流域夏季降水量年代际变化（相对于 1979～1999 年）

注：蓝色、绿色、红色分别代表 RCP2.6、RCP4.5、RCP8.5 情景

从中国东部季风区八大流域从 21 世纪初到 40 年代冬季降水的年代际变化来看，松花江流域冬季降水增加较多，到了 40 年代，冬季降水增加大于 30%（图 2-1-5）。辽河流域和黄河流域的冬季降水也都有增加，黄河流域在 40 年代的降水增长率也能达到 30% 左右，其中 RCP8.5 情景超过 40%。在海河流域，除了 RCP2.6 情景在 21 世纪初，RCP8.5 情景在 20 年代模拟出降水减少，其他年代均增加。长江流域的冬季降水变化不稳定，各个年代在各个情景下各有增减，但总体变化较小。东南诸河流域冬季降水都是下降的，但是下降量逐渐变

小，到了 40 年代，下降率小于 4%。珠江流域的冬季降水变化不大，变化量都在-3% ~3%。

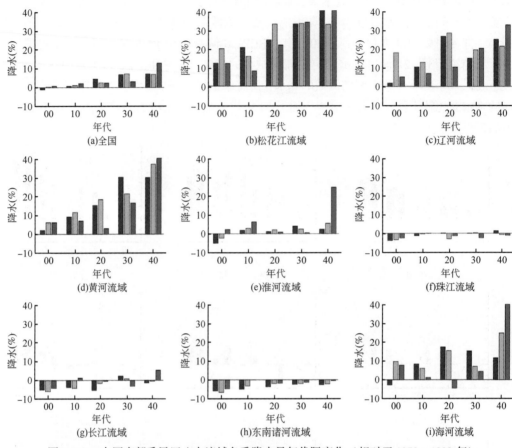

图 2-1-5　中国东部季风区八大流域冬季降水量年代际变化（相对于 1979 ~ 1999 年）

注：蓝色、绿色、红色分别代表 RCP2.6、RCP4.5、RCP8.5 情景

1.3　应用贝叶斯多模型进行 CMIP5 极端气候指数预测

　　除对常规气温进行研究外，还利用 BMA 方法对中国东部季风区 6 个极端气象指数进行了加权平均模拟。其中，6 个极端气象指数包括夏热日、霜冻日、日温差、降水天数、大雨天数和大暴雨天数。

　　在 1962 ~ 2099 年的时间序列，RCP2.6、RCP4.5、RCP8.5 3 种情景下，夏热日都呈现出增长的趋势（图 2-1-6）。与平均温度的变化情况相类似，在 RCP2.6 情景下，夏热日在 21 世纪 40 年代左右达到最大值，而后呈现平稳的状态，而 RCP4.5 情景下，将在 60 年代左右达到最大，而后呈现平稳，RCP8.5 情景则呈现持续增加的趋势。总体上，夏热日的变化趋势为 RCP2.6<RCP4.5<RCP8.5。这与 RCP 3 种情景的碳浓度路径设定相关。从八大流域在 2006 ~ 2099 年的变化趋势看，珠江流域的增加在 3 种情景的下的趋势都是最大，分别是 16.23d/100a，38.03d/100a，73.00d/100a。东南诸河流域稍低于珠江流域，变化率分别为

14.92d/100a，36.72d/100a，72.05d/100a。海河流域、淮河流域、长江流域的增加趋势相近。而松花江流域对比其他七大流域的变化稍微较慢的，3 种情景下的速率分别是 8.34d/100a、20.92d/100a，49.30d/100a。从空间分布看，总体上，南方的增长趋势大于北方。

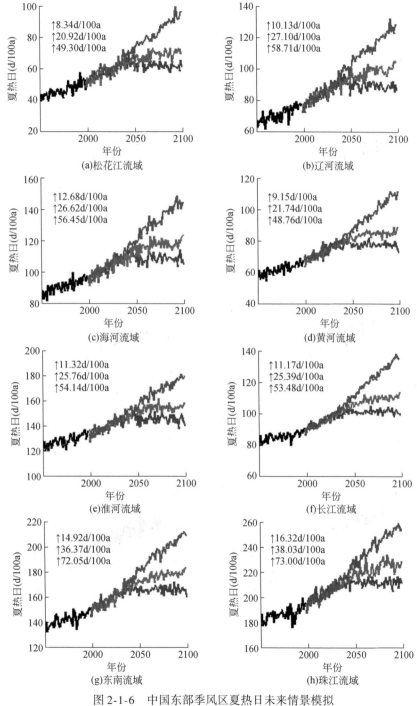

图 2-1-6　中国东部季风区夏热日未来情景模拟

　　在全球变暖的大趋势下，中国各大流域的霜冻日都将呈现下降趋势（图 2-1-7）。在 RCP2.6、RCP4.5、RCP8.5 3 种情景下，霜冻日的变化速率为 RCP2.6<RCP4.5<RCP8.5。RCP2.6 情景的变化速率基本集中在 2 ~ 9d/100a，而 RCP4.5 情景则主要分布在 9 ~ 20d/100a，情景 RCP8.5 情景则集中在 17 ~ 50d/100a。从八大流域的变化情况看，主要分为三大类别。珠江流域和东南诸河流域由于处于亚热带地区，霜冻日较少，所以其变化速率为八大流域中最小的。而黄河、淮河和长江流域的变化速率相近，松花江、辽河和海河流域的三大流域的变化趋势相近。从空间分布中，总体来说，北方的降低速率大于南方的速率。

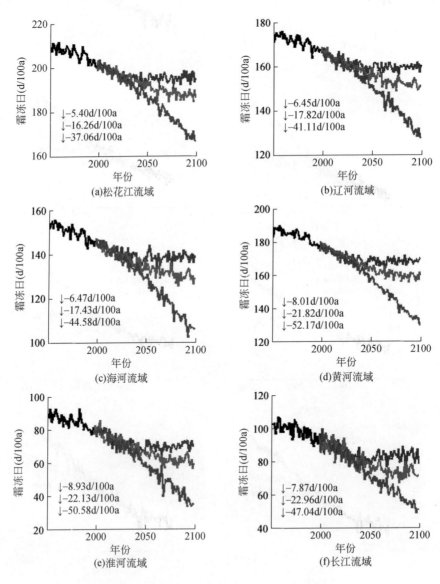

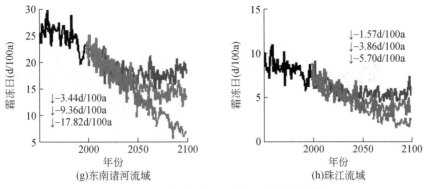

图2-1-7　中国东部季风区霜冻日未来情景模拟

由于最高温度和最低温度的变化速率存在一定的差异，因此昼夜温差的也呈现一定的变化。各个流域的昼夜温差的变化存在一定的差异（图2-1-8）。其中，松花江流域在RCP2.6、RCP4.5和RCP8.5 3种情景下，昼夜温差均呈现下降的趋势，变化趋势分别为-0.04℃/100a、-0.25℃/100a、-0.96℃/100a。辽河流域和黄河流域则在RCP2.6情景下的昼夜温差有稍微增加，在RCP4.5情景下和RCP8.5情景下则都是下降的趋势。海河、淮河、长江、东南诸河和珠江流域，3种情景的昼夜温差都是呈现增减的趋势。其中，淮河流域的变化速率最大，在3种情景下的变化趋势分别为0.31℃/100a、0.47℃/100a、0.69℃/100a。从空间分布看，总体上昼夜温差下降的趋势主要集中东北地区，华北、南方区域大部分为增长的趋势，其中淮河及长江中下游流域增长的速率最快。

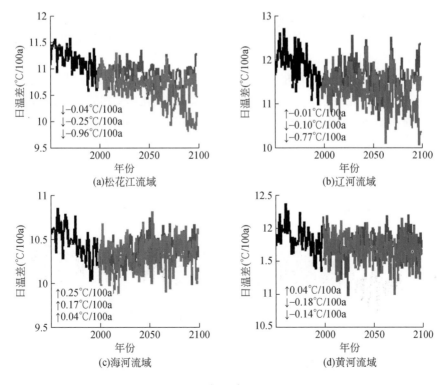

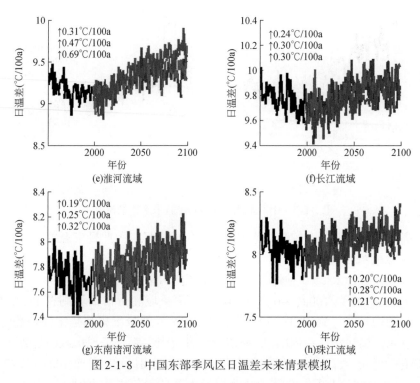

图 2-1-8　中国东部季风区日温差未来情景模拟

不同流域在不同情景下的降水天数变化有所差异（图 2-1-9）。松花江、辽河及黄河流域在 RCP2.6、RCP4.5 和 RCP8.5 3 种情景下的降水天数都有所增加，其中，松花江流域的降水天数的增加速率为这三大流域之首，且 3 种情景的变化速率的排序为 RCP2.6＜RCP4.5＜RCP8.5，分别为 5.38d/100a、8.06d/a、10.46d/a。海河流域降水天数在 RCP2.6 情景下变化不大，在 RCP4.5 情景下和 RCP8.5 情景下则有所增加。淮河流域与之相反，在 RCP2.6 情景下和 RCP4.5 情景下有所增加，在 RCP8.5 情景下则是降水天数减少。长江流域的降水天数在 3 种情景下都呈现下降的趋势，RCP2.6 情景和 RCP4.5 情景的变化速率相近，而 RCP8.5 情景的变化速率最大，为 -8.26day/100a。东南诸河流域和珠江流域的变化情况相近，在 RCP8.5 情景呈现较快的下降趋势，而 RCP2.6 情景和 RCP4.5 情景下降水天数略有增加。从空间分布上可以看出，在 RCP8.5 情景下，总体上南方地区的降水天数有所下降，而北方地区有所增多。RCP4.5

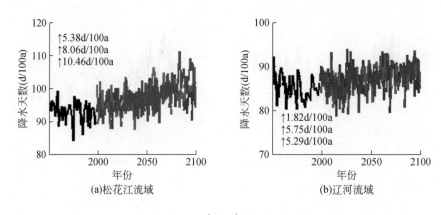

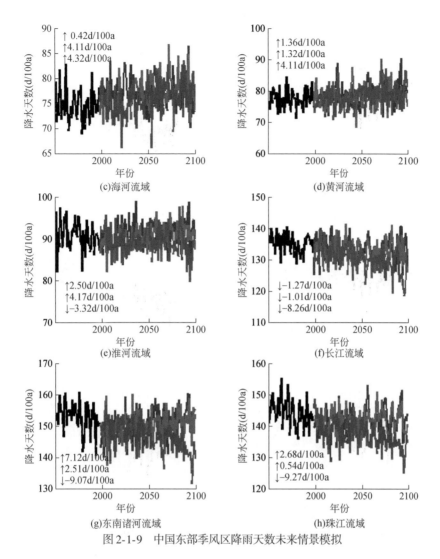

图 2-1-9　中国东部季风区降雨天数未来情景模拟

情景则为东北地区的降水天数的增加较明显，而长江流域大部分为减少趋势。RCP2.6 情景下，东北地区和东南沿海地区，降水天数稍微增加，长江中上游为减少趋势。

中国八大流域的大雨天数都呈现增加趋势（图 2-1-10）。除长江、东南诸河和珠江流域外，其他五大流域的大雨天数增加趋势都是呈现相同的顺序，即 RCP2.6<RCP4.5<RCP8.5。其中，松花江流域的变化速率最大，在 RCP2.6 情景、RCP4.5 情景和 RCP8.5 情景下的变化速率为 1.99d/100a、3.57d/100a、6.20d/a。长江流域的变化在 3 种情景下相仿，分别为 3.26d/100a、4.37d/100a、4.35d/100a。东南诸河流域和珠江流域则在 RCP8.5 情景的变化速率低于 RCP2.6 情景和 RCP4.5 情景。从空间分布上看，总体上大雨天数呈现增加趋势，RCP2.6 情景和 RCP4.5 情景下都是中国南方的大雨天数增加速率稍大于北方。其中，在 RCP2.6 情景下，长江下游和东南诸河流域的速率最大，大于 5d/100a。RCP4.5 情景下，长江上游流域的增长速率最大，大于 6d/100a。在 RCP8.5 情景下，北方的增长趋势大于南方的。

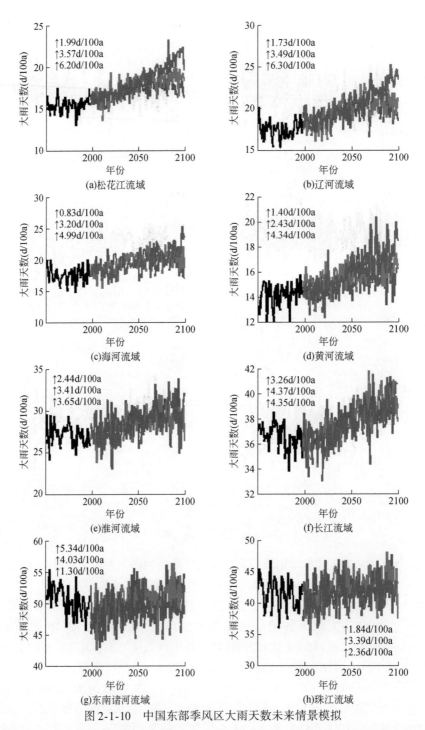

图2-1-10 中国东部季风区大雨天数未来情景模拟

八大流域的暴雨天数都呈现增加的趋势（图2-1-11）。在不同的情景下，暴雨天数的增长速率为 RCP2.6<RCP4.5<RCP8.5。松花江、辽河、海河、黄河流域的增长趋势较为相似，淮河流域和长江流域的趋势相近。东南渚河流域的变化趋势在 3 个 RCP 情景下的差异不大，

分别为2.88d/100a、2.10d/100a和2.76d/100a。总体上看，南方流域的暴雨天数的增多要略多于北方流域。从空间分布看，RCP2.6情景下，长江流域的增长速率最大，集中在2~3d/100a。RCP4.5情景下，长江上游最大，有些地区大于5d/100a，长江中下游和东南诸河流域的次之。在RCP8.5情景下，南北差异不是特别大，都集中2~4d/100a，珠江流域上游地区稍大，增长速率在4~6d/100a。暴雨天数的增加，说明了在未来情景下，极端降水可能会有所增加。

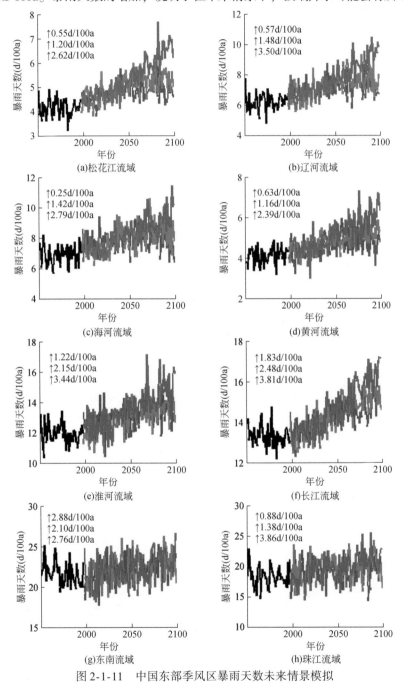

图 2-1-11　中国东部季风区暴雨天数未来情景模拟

| 183 |

1.4 未来气候变化情景下降水预估的共识性与可信度

由于气候变量季节平均场的年际变化有一部分来源于季节内变率的影响，尤其在赤道外地区，ZF2004 的（协）方差分解方法通过将季节内变率部分造成的（协）方差从气象要素总体（协）方差中分离，可以分别得到与季节内变率过程相关的主要空间形态及在季节内稳定的主要与慢变的外强迫和大气内部动力过程相关的主要空间模态（图 0-3-1）。其中，这种慢变部分的主要空间型受一些缓慢变化的在季节尺度可预报的因素影响，因而称为"慢变模态"或"可预报模态"。相应地，季节内变率为季节预报尺度上的噪声，所以称与其相关的模态为"不可预报模态"或"不可预报模态"。

通过对气候变量场运用 ZF2004（协）方差分解方法，对中国东部降水的季节预报问题展开讨论研究工作，并研究 500hPa 高度场大气环流主要的季节"可预报"及"不可预报"模态，进而针对观测及 CMIP3&5 模式模拟的主要模态展开对比评估研究和未来气候的模拟研究，得到的主要结论归纳如下。

1）利用中国气象局台站观测的降水资料，选用中国东部受东亚季风主控区域共 106 个站点，分析研究中国东部地区各个季节降水的季节可预报性。

本课题将季节可预报性定义为 ZF2004（协）方差分解后得到的"可预报分量"的方差与样本总体方差的百分比。结果表明，中国东部区域站点平均的可预报性整体不高，全年平均在 16% 左右。其中，冬季 1～3 月（JFM）可预报性最高，达到 28%；夏季 6～8 月（JJA）达到次高峰 18%；夏秋转换季节 8～10 月（ASO）的可预报性最低，仅有 9%。

进一步针对"可预报分量"，使用经验正交分解方法 EOF 得到"可预报模态"，并通过将模态投影在原始场上得到"降水季节可预报信号"，再利用 Hadley 中心的海表温度资料与"可预报信号"进行相关分析得到中国东部降水各个季节的季节预报因子。结果表明：①在秋冬季节（SON-FMA），赤道东太平洋海温即 ENSO 现象是影响中国东部降水的可能预报因子。其中，当前一季节的赤道东太平洋海温异常增加，即发生 El Niño 现象时，后一个季节将有中国东部区域降水的异常增多。反之亦同。另外，降水中心有随季节南移的过程，具体而言，在秋季（SON-OND），降水中心主要维持在江淮流域，12 月至次年 2 月（DJF）则分裂为江淮–华南两个中心，在冬季（JFM-FMA）降水中心则主要维持在华南区域。②在初春季节（MAM），大气遥相关太平洋–北美型（PNA）是中国东部区域降水的可能预报因子。其中，当前一季节的北太平洋–加拿大–北美地区 500hPa 位势高度场呈现负–正–负的分布型时，后一季节的中国东部降水呈现南涝北旱的分布型。③在春夏季节（AMJ-JJA），黑潮流域（西北太平洋日本以南，122°E～150°E，22°N～36°N）的海温成为影响中国东部区域降水季节可预报性的主要因子。其中，当前一季节的黑潮流域海表异常增温，将伴随着后一个季节的中国东部区域降水增多。另外，降水中心主要维持在江淮流域，并且有随季节北进的过程。④在夏秋转换季节（JAS），印度洋和南海的海表温度是中国东部降水的主要预报因子。其中，当前一季节的印度洋海温偏高，后一季节的中国东部区域降水呈现南涝北旱的分布型态。

2）利用 NCEP/NCAR 再分析资料的 500hPa 高度场、850hPa 风场和湿度场等，通过分析以上环流场要素和"降水季节可预报信号"的"可预报部分"协方差场以及正负合成场，将得到与中国东部降水季节可预报部分相关的环流形态，从而从大气环流角度寻找海温–降水的动力学解释以及降水的环流场潜在预报因子。

其中，500hPa 高度场合成的结果表明，中国东部区域降水的可预报模态及其降水中心的季节移动与西太平洋副热带高压有很大的相关性，其中在秋冬（SON-FMA）及夏季（AMJ-JJA），西太平洋副热带高压的加强与西伸将有中国东部区域降水的增多，并且秋冬季节（SON-FMA）降水中心的向南推移与西太平洋副热带高压的南移一致，而夏季（AMJ-JJA）降水中心的北进则同时伴随着西太平洋副热带高压的北推。500hPa 高度场可预报部分协方差场的结果表明，在赤道区域，Hadley 环流与秋冬季节（SON-FMA）中国东部降水有很大的关系，Hadley 环流增强对应着中国东部降水的增多；在非赤道中高纬度地区，西北太平洋涛动（WPO）与秋冬季节（SON-JFM）中国东部降水有一定的联系，而太平洋北美型（PNA）与初春季节（FMA-MAM）中国东部的降水有关。850hPa 的水汽输送场结果表明：在 7～9 月（JAS），中国东部以北在贝加尔湖附近有一个反气旋中心，中国东部以南在日本以南地区有一个气旋中心，对应着中国东部降水南涝北旱的分布形态。

利用以上降水、海温以及环流场资料，以 1977 年为界，进一步考察 1977 年前后中国东部"可预报部分"降水与海温、环流关系的年代际变化特征。结果表明，冬季（JFM-FMA），降水–海温的关系存在显著的年代际变化，其中在 1977 年之后，赤道东太平洋海温即 ENSO 信号与中国东部区域的降水呈现很强的正相关关系，而在 1977 年之前，赤道东太平洋海温对中国东部降水影响很弱，相关关系不明显；秋季（SON-DJF），赤道东太平洋海温对中国东部区域降水的关系在前后两个时期变化不大，都存在着显著的正相关；夏季（AMJ-JJA），黑潮区域的海温对中国东部区域降水同样没有显著的年代际变化，在前后两个时期都存在显著的正相关。进一步分析表明，对于冬季（JFM-FMA），1977 年前后 Hadley 环流的强度存在比较显著的年代际变化，是降水–海温年代际变化的可能原因。

3）利用 20CR 的 500hPa 高度场再分析资料作为观测，从大气环流和海温相关区的空间型态和方差贡献两个方面，对比分析全球大气耦合海洋环流模式对比计划 CMIP3&5 各模式对 500hPa 高度场"可预报模态"及"不可预报模态"的模拟情况。结果表明，所有模式对"不可预报模态"的模拟都较好，而对"可预报模态"的模拟效果差别很大。

对于 20CR 再分析资料，第一可预报模态是太平洋–北美型（PNA），主要与赤道东太平洋海温即 ENSO 信号有关；第二可预报模态为北半球环状模（NAM），主要与北大西洋的海温型态有关；第三可预报模态为西太平洋涛动（WPO），主要与印度洋与南海海温相关。

对比观测的前三个"可预报模态"，将模式的模拟效果采用一个客观公式进行计算评分，公式主要考虑以下三个因素：首先是模式对"可预报模态"空间型态的模拟情况，主要采用模式与观测可预报型的相关系数来表征；其次，考虑与"可预报模态"相对应的海温相关区的型态，同样采用两者的相关系数进行表征；再次，还考虑了模式模拟的各模式均方差的大小，采用模式与观测的比例来表征。最后我们通过各模式前三个"可预报模态"评分的加权平均得到最终的评分值，结果表明，大部分模式只能较好地模拟出某个"可预报模态"；CMIP5 模拟情况较 CMIP3 而言，并没有显著的提高，只是在 PNA 的模拟上略有进步。

在进一步的研究中，利用以上的评估分析结果，选用模拟评分较高 11 个 CMIP3 模式（MRI-CGCM2.3.2、ECHAM5/MPI-OM、GFDL-CM2.1、NCAR-CCSM3、CNRM-CM3、INGV-ECHAM4、GFDL-CM2.1、FGOALS-g1.0、CSIRO-MK3.5、IPSL-M4、UKMO-HadGEM1）组成最优模式集，针对 21 世纪模拟的 3 种排放情景（SRESa2、SRESa1b、SRESb1）分别进行集合预报，预测未来气候。结果表明，对于"不可预报模态"，21 世纪与 20 世纪历史时期变化不大，而对于"可预报模态"，对于不同情景，有着显著不同的特征，这体现了不同情景下的温室气体排放差别对未来气候的影响。

1.5 中国和东部季风区典型流域未来温度和降水的预估

通过贝叶斯多模式推理方法得出中国未来气候变化的结果。我们将基于 IPCC AR5 的全球气候模式的模拟结果，预测未来中国的气候变化情况，并给出不确定性信息，在以下的结果中考虑了 3 种排放情景：RCP2.6、RCP4.5 和 RCP8.5 情景。RCP6.0 情景没有考虑，但是该情景应该处于 RCP4.5 和 RCP8.5 情景之间。

研究结果表明，海河和珠江流域，温度都呈现逐年代增加的趋势，相比 20 世纪 90 年代，在 RCP2.6、RCP4.5 和 RCP8.5 情景下，20 世纪 20 年代和 40 年代的温度均值和方差都有显著增加，在 20 年代，3 种情景温度变化的区别并不是很大，而在 40 年代，温度增温的大小显示出 RCP2.6<RCP4.5<RCP8.5 趋势，这主要与 RCPs 情景温室气体排放浓度设定的变化过程有关，以 RCP8.5 情景的结果最为严峻。值得注意的是，在所有的情景下，未来气候下的地表温度均值已经超过 90 年代地表温度的可变化范围。随着 PDF 的向右移动，在未来气候下，这意味着今后极端高温事件发生的概率会大大增加（图 2-1-12）。对于降水的预估（图 2-1-13），相比 20 世纪 90 年代，中国和海河流域的年降水量在 21 世纪 20 年代和 40 年代都表现出增加的趋势，PDF 整体向右移动，而珠江流域则在 20 年代却略有降低，特别是在 RCP4.5 和 RCP8.5 情景下。降水在 40 年代整个中国大陆和两个典型流域都全面增加。从图 2-1-12 中 PDF 的分布情况看，在未来 21 世纪 20 年代和 40 年代极端降水相对于 20 世纪 90 年代都显现出一定的增加趋势。虽然 20 年代的降水均值变化较少或略有下降，但是发生极端降水发生干旱和极端暴雨的概率可能同时增加，这就意味着即使今后的我国的年降水量期待增加，我们也将面临更多的干旱和洪水灾害。

总之，气候变化是我们人类面临的一个极大挑战，由于气候系统受复杂的自然变化因素和人类认知限制的影响，气候变化预估还存在很大的不确定性，随着科学技术的发展，我们量化自然的不确定性和降低认知上不确定性的能力大大提高，从而提高气候变化预估的可靠性，本节中的贝叶斯多模型推理方法能够帮助获取未来气候变化预估的概率分布，这些信息结合风险决策理论，能够为我们制定减缓和适应气候变化的政策提供科学支撑。

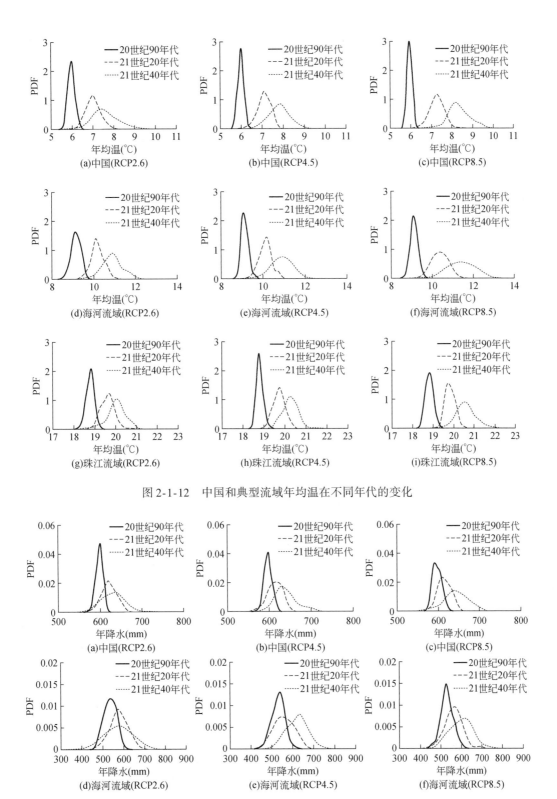

图 2-1-12　中国和典型流域年均温在不同年代的变化

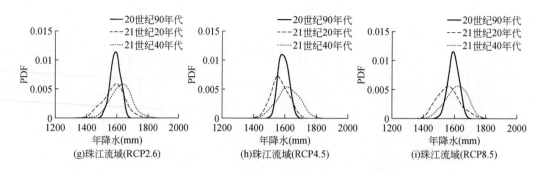

图 2-1-13　中国和典型流域年降水量在不同年代的变化

第 2 章 统计降尺度方法研究

应用人工神经网络方法、SDSM 模型和 ASD 模型 3 种统计降尺度方法, 对东部季风区的气候要素进行了降尺度研究。基于气象站点的实测数据、GCMs 数据及 ERA 再分析数据, 分别利用 3 种统计降尺度方法, 选取整个东部季风区, 以气象水文条件各异的辽河、黄河、西南诸河流域为代表的典型流域以及东江流域作为研究区进行了研究和分析。研究结果表明以下内容。

1) 将观测结果和原始 GCMs 及 ASD 结果相比较, ASD 能够更好地给出变量的空间分布类型及南北变化的梯度, 更优于 GCM 模拟结果。

总体来看, ASD 模型给出的空间分布与观测值更接近, 借助 ASD 降尺度技术建立的气候变化情景更可靠一些。

2) 8 个流域升温趋势显著, 最低温度的增温幅度最大, 最高温度的增温幅度最小, 但是每个流域各个季节对升温趋势的贡献却有一定的差异。

松花江、东南诸河和珠江流域的年平均降水量是增加的, 而黄河、海河、淮河和长江流域的年平均降水量却是减少的, 辽河流域降水变化不明显。GCM 与 ASD 对降水的预估存在很大的不一致性。

3) 3 种统计降尺度方法对气温变量 (平均气温、最高气温和最低气温) 的模拟效果均优于降水变量, 这与降水变量本身不确定性较大有关系。

4) 统计降尺度模型对选取的 3 个典型流域的模拟效果存在差异。

造成这种差别的可能原因主要有 3 个方面: ①对于月际温差和昼夜温差较高的流域, 如辽河流域, 模型对地面变量时间序列演变规律的准确把握较为困难。②对于面积较为广阔、区域内各站点的气候及地形地貌要素差异较大的流域, 如黄河流域, 对其空间分布特征的模拟难度较大。③ASD 模型对空间及时间数据序列异质性较强区域的模拟能力尚待提高。同时也说明, 进行 ASD 模型在不同区域的适用性研究是很有必要的, 能够帮助提高模型的应用效率, 取得更好的模拟效果。

5) 本研究所用的基于人工神经网络的 BP 算法对日降水和日平均气温的模拟能力较差, 不适宜用于生成未来气候变化情景。

对率定期与验证期的模拟结果来看, 从均值与标准差方面进行评价, SDSM 模型和 ASD 模型模拟平均气温的模拟效果均较好, SDSM 模型模拟出的多年年平均降水量比实测值偏大, 而 ASD 模型模拟出的多年年平均降水量比实测值偏小, 偏差的幅度较 SDSM 要小。多种方法对比而言, ASD 模型所得出的模拟结果较为合理。

2.1　统计降尺度与动力降尺度对比研究

研究比较分析了动力降尺度-区域气候模式（RegCM3）和统计降尺度（ASD）两种方法在淮河流域的适用性和优缺点。同时，选取 MIROC3.2_hires 驱动动力降尺度（RegCM3）和统计降尺度 ASD，生成未来（2046~2065 年）SRES A1b 情景下的气候变化情景。区域气候模式（RegCM3）由 MIROC3.2_hires 在当前和未来气候条件下的输出结果驱动，建立未来的气候变化情景。统计降尺度模型（ASD）应用站点实测数据和 ERA-40 再分析资料建立预报量和预报因子间的统计关系，然后应用于 MIROC3.2_hires 的输出结果生成了未来的气候变化情景。主要结论如下。

1）模式 RegCM3 能较好地模拟淮河流域当代气候的空间分布，但年内降水的模拟存在一定的误差，模拟的平均气温与观测结果较接近。

2）建立的统计降尺度 ASD 模型能很好地模拟当代淮河流域的气候特征，模拟的降水偏多，气温偏低。模型对降水的解释方差在 20% 左右，对气温的解释方差可以达到 94% 以上。选取出的对该流域影响较大的气候因子有海平面气压、850 hPa 位势高度场、500 hPa 湿度场以及地面温度。研究表明，由 ASD 生成的未来气候变化情景是比较可靠的。

3）动力降尺度与统计降尺度结果的比较表明，两种降尺度结果对降水的模拟比较相近。

动力降尺度模拟的平均气温优于统计降尺度。相比较，统计降尺度给出的当代气候情景优于动力降尺度。

4）未来 21 世纪中期（2046~2065 年）IPCC SRES A1b 背景下，淮河流域存在明显的变暖变湿趋势，冬季升温和降水增加更显著，且冬季升温对年均升温的贡献更大。

动力降尺度模拟的气温比统计降尺度偏高 1~2℃。两种降尺度方法对夏季降水的预估存在一定的不确定性。与全球气候模式相比，统计降尺度预估的降水偏多，而动力降尺度却偏少。

由于人类对气候系统变化认知水平的限制和目前预测水平的局限，对未来气候变化预估结果存在很大不确定性，流域尺度上气候变化影响评估结果则具有更大的不确定性。尽管研究中选取了两种降尺度方法开展预估，但是二者仍存在一定的差异。从两种方法的预估结果中可以看到，未来淮河流域可能的气候变化，升温趋势是必然的，可以为决策部门提供一定的参考。在下一步工作中仍需要分析降水的不确定性及其可能的原因，尽可能评估其他降尺度方法在流域尺度上的适用性，选取效果最佳的方法开展气候变化对水循环的影响。

2.2　STNSRP 统计降尺度模型研究

基于 NSRP 原理，充分考虑降水的空间相关结构，发展多站点降尺度模型，使降尺度结果，尤其是极端降水在区域上符合实际的空间特征，降低未来气候情景的不确定性，如图 2-2-1 所示。

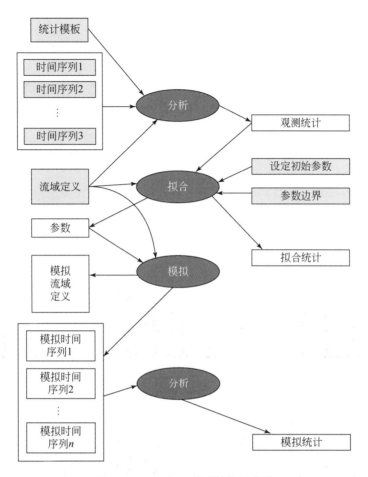

图 2-2-1　STNSRP 模型结构示意图

　　采用太湖流域 6 个气象站点 1971~2000 年实测降水序数据，分别对 STNSRP 的单站点和多站点模块进行参数率定，结果显示，拟合的参数均落在预设区间内，模拟的各站点降水序列及其统计参数（均值、方差等）均符合实际特征，针对太湖流域山区和平原区地理特征差别较大，降水特性差异显著的特点，引入反映多站点地形因素对降水影响的尺度因子 Φ 并设置为站点降水均值的函数，可以同时反映降水空间和时间上的变化，模拟效果较为满意。

　　采用英国 HadleCM3 气候模式结果，将 1971~2000 年设为基准期，采用多站点模型生成太湖流域未来 30 年（2021~2050 年）降水情景，结果表明，A2 情景下 21 世纪 30 年代的降水相对于气候基准期增加了 6.39%，B2 情景下增加较小，仅为 3.31%。

2.3　基于 DCA 方法的统计-动力混合降尺度研究

　　将动力降尺度模式 RegCM4.0 与统计降尺度方法 DCA 相结合，构建混合降尺度方法，并运用于东部季风区八大流域，预估了未来 RCP4.5 情景下 2021~2050 年气候变化情景

（图 2-1-2 ~ 图 2-1-5），主要结论如下。

1）验证期，混合降尺度方法对温度变量（平均温度、最高温度、最低温度）的模拟都较为满意，而对降水的模拟略差。

2）与观测结果和基于 GCMs 模式集合的 DCA 统计降尺度方法相比较，混合降尺度方法能够更好地给出变量的空间分布形式及南北变化的梯度，更优于基于 GCMs 的模拟结果。

总体上看，混合降尺度给出的空间分布与观测结果更为接近，建立的气候变化情景更为可靠。

3）未来 2021 ~ 2050 年 RCP4.5 情景下，混合降尺度方法模拟的降水量变化存在一定的不确定性，与基于 GCMs 的模拟结果存在一定的差异，部分流域表现出相反的变化趋势。

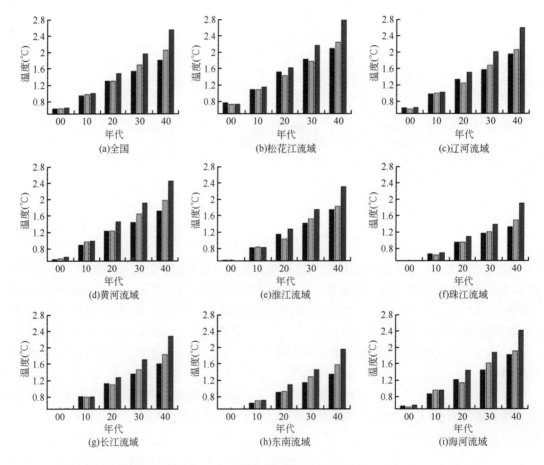

图 2-2-2　中国东部季风区八大流域年均温的年代际变化（相对于 1979 ~ 1999 年）

注：蓝色、绿色、红色分别代表 RCP2.6、RCP4.5、RCP8.5 情景

对于温度变量，基于 GCMs 和基于 RCM 预估的结果都是一致升温的，且年平均和冬季时北方升温高于南方，而夏季时正好相反。但是混合降尺度的升温幅度要低于统计降尺

度结果，未来年平均的平均温度、最高温度、最低温度分别升高 1.68℃、1.75℃、1.65℃。混合降尺度的优点在于能够更详细地给出局地的气候变化情况。综上所述，中国东部季风区八大流域在未来 2020～2050 年的持续增温趋势是不可避免的，而降水量变化存在不确定性，南方流域降水增加，而北边流域没有变化或减少，这必然导致未来中期水资源紧张的态势。

参 考 文 献

初祁, 徐宗学, 蒋昕昊. 2012. 两种统计降尺度模型在太湖流域的应用对比. 资源科学, 23: 23-36.

丁一汇, 李清泉, 李维京, 等. 2004. 中国业务动力季节预报的进展. 气象学报, 62 (5): 598-612.

董步文, 丑纪范. 1988. 西太平洋副热带高压脊线位置季节变化的实况分析和理论模拟. 气象学报, 46 (3): 361-364.

段青云, 叶爱中. 2012. 改善水文气象预报的统计后处理. 水资源研究, 1: 161-168.

范丽军, 符淙斌, 陈德亮. 2005. 统计降尺度法对未来区域气候变化情景预估的研究进展. 地球科学进展, 20 (3): 320-329.

范丽军. 2006. 统计降尺度方法的研究及其对中国未来区域气候情景的预估. 北京: 中国科学院大气物理研究所博士学位论文

甘衍军, 李兰, 武见, 等. 2013. 基于 EFDC 的二滩水库水温模拟及水温分层影响研究. 长江流域资源与环境, 4: 76-85.

蒋昕昊, 徐宗学, 刘兆飞, 等. 2011 大气环流模式在长江流域的适用性评价. 长江流域资源与环境, 20 (Z1): 43-49.

李发鹏, 徐宗学, 刘星才, 等. 2011. 大气环流模式在松花江流域的适用性评价. 水文, 31 (6): 24-31.

李建平, 丁瑞强. 2008. 短期气候可预报期限的时空分布. 大气科学, 32 (4): 975-986.

李剑锋, 段青云, 戴永久, 等. 2013. CoLM 模拟土壤温度和湿度最敏感参数的研究. 大气科学, 8: 41-51.

李秀萍, 徐宗学, 程华琼. 2012. 多模式集合预估 21 世纪淮河流域气候变化情景. 高原气象, 16: 22-35.

刘昌明, 刘文彬, 傅国斌, 等. 2012. 气候影响评价中统计降尺度若干问题的探讨. 水科学进展, 23 (3): 427-432.

刘浏, 徐宗学, 黄俊雄. 2011. 2 种降尺度方法在太湖流域的应用对比. 气象科学, 31 (2): 160-169.

刘品, 徐宗学, 李秀萍, 等. 2013. ASD 统计降尺度方法在中国东部季风区典型流域的适用性分析. 水文, 33: 1-9.

刘文丰, 徐宗学, 李发鹏, 等. 2011. 大气环流模式 (GCMs) 在东南诸河流域的适用性评价. 亚热带资源与环境, 6 (4): 13-23.

刘兆飞, 徐宗学. 2009. 基于统计降尺度的渭河流域未来日极端气温变化的趋势分析. 资源科学, 31 (8): 1573-1580.

童宏福, 叶爱中. 2012. 佛冈县近 50 年来降雨特征浅析. 人民珠江, (1): 24-28.

王启, 丁一汇, 江滢. 1998. 亚洲季风活动及其与中国大陆降水关系. 应用气象学报 S1: 85-90.

吴国雄, 刘屹岷, 刘平. 1999. 空间非均匀加热对副热带高压带形成和变异的影响 I. 尺度分析. 气象学报, 57 (3): 257-263.

徐影, 丁一汇, 赵宗慈. 2002. 近 30 年人类活动对东亚地区气候变化影响的检测与评估. 应用气象学报, 13 (05): 513-525.

徐予红, 陶诗言. 1996. 东亚夏季风的年际变化与江淮流域梅雨旱涝//黄荣辉. 灾害性气候的过程及诊断. 北京: 气象出版社.

徐宗学, 程磊. 2010. 分布式水文模型研究与应用进展. 水利学报, 41 (9): 1009-1017.

徐宗学, 刘浏. 2012. 太湖流域气候变化检测与未来气候变化情景预估. 水利水电科技进展, 32 (1): 1-7.

叶笃正, 季劲钧. 2005. 迎接大气科学发展即将到来的新飞跃. 地球科学进展, 20 (10): 1047-1052.

于群伟, 徐宗学, 李秀萍, 等. 2013. ASD 降尺度技术在东江流域气候变化研究中的应用. 北京师范大学学报 (自然科学版), Z1: 132-138.

张明月, 彭定志, 胡林涓. 2013. 统计降尺度方法研究进展综述. 南水北调与水利科技, 03: 118-122.

赵芳芳, 徐宗学. 2007. 统计降尺度方法和 Delta 方法建立黄河源区气候情景的比较分析. 气象学报, 65 (4): 653-662.

赵芳芳, 徐宗学. 2009. 黄河源区未来气候变化的水文响应. 资源科学, 31 (05): 722-730.

赵慧, 张静仁. 2011. 基于统计降尺度的长春市未来气候变化趋势分析. 中国农村水利水电, 10: 47-50, 54.

Arblaster J M, Meehl G A. 2006. Contributions of external forcings to Southern annular mode trends. Journal of Climate, 19: 2896-2905.

Bergant K, Kajfez-Bogataj J, Crepinsek Z. 2001. Statistical downscaling of general circulation model simulated average monthly air temperature to the beginning of flowering of the dandelion (Taraxacum officinale) in Slovenia. International Journal of Biology, 46: 22-32.

Busuioc A, Tomozeiu R, Cacciamani C. 2008. Statistical downscaling model based on canonical correlation analysis for winter extreme precipitation events in the Emilia-Romagna region. International Journal of Climatology, 28: 449-464.

Chen D, Chen Y. 2003. Association between winter temperature in China and upper air circulation over East Asia revealed by canonical correlation analysis. Global and Planetary Change, 37: 315-325.

Chen H, Guo J, Xiong W, et al. 2010. Downscaling GCMs using the smooth support vector machine method to predict daily precipitation in the Hanjiang Basin. Advances in Atmospheric Sciences, 27 (2): 274-284.

Ding Y H, Chan J C L. 2005. The East Asian summer monsoon: An overview. Meteorology and Atmospheric Physics., 89: 117-142.

Dunn P K, Smyth G K. 1996. Randomized Quantile Residuals. Journal of Computational and Graphical Statistics, 5 (3): 236-244.

Duan Q Y, Phillips J J. 2010. Bayesian estimation of local signal and noise in multimodel simulations of climate change. Journal of Geographical Research, 115: D18123.

Quintana Seguí P, Ribes A, Martin E, et al. 2010. Comparison of three downscaling methods in simulating the impact of climate change on the hydrology of Mediterranean basins. Journal of Hydrology, 383: 111-124.

Fan L. 2009. Statistically downscaled temperature scenarios over China. Atmospheric and Oceanic Seience Letters, 2 (4): 208-213.

Feng J, Li J P. 2011. Influence of El Niño Modoki on spring rainfall over south China. Journal of Geophysical Research, 116: D13012.

Fernandez-Ferrero A, Saenz J, Ibarra-Berastegi G, et al. 2009. Evaluation of statistical downscaling in short range precipitation forecasting. Atmospheric Research, 94 (3): 448-461.

Frederiksen C S Zheng X, Grainger S. 2014. Teleconnections and predictive characteristics of Australian seasonal rainfall. Climate Dynamics, 43: 1381.

Gan Y J, Duan Q Y, Gong W, et al. 2014. A comprehensive evaluation of variation sensitivity analysis methods:

A case study with a hydrological model. Environmental Modeling and Software, 51: 269-285.

Grainger S, Frederiksen C S, Zheng X, et al. 2013. Modes of interannual variability of Southern Hemisphere atmospheric circulation in CMIP3 models: Assessment and projections. Climate Dynamics, 41: 479-500.

Hewitson B C, Crane R G. 2006. Consensus between GCM climate change projections with empirical downscaling: Precipitation downscaling over South Africa. International Journal of Climatology, 26: 1315-1337.

Hu L J, Peng D Z, Tang S H, et al. 2011. Impact of Climate Change on Hydro-Climatic Variables in Xiangjiang River Basin, China. Beijing Proceeding of 2011 International Symposium on Water Resource and Environmental Protection 2011.

IPCC. 2007. Contribution of Working Groups I, II and III to the Fourth Assessment Report of the Intergovernmental Panel on Climate Change. Cambridge: Cambridge University Press.

IPCC. 2013. Climate Change 2013: The Physical Science Basis. Cambridge: Cambridge University Press.

Kirtman B, Schneider E, Straus D, et al. 2011. How weather impacts the forced climate response. Climate Dynamics, 37: 2389-2416.

Li J, Duan Q Y, Gong W, et al. 2013. Assessing parameter importance of the Common Land Model based on qualitative and quantitative sensitivity analysis. Hydrol. Earth Syst. Sci. 17: 3279-3293.

Liu L, Xu Z X, Huang J X. 2012. Spatio-temporal variation and abrupt changes for major climate variables in the Taihu Basin, China. Stochastic Environmental Research and Risk Assessment, 26: 777-791.

Liu L, Xu Z X, Reynard N S, et al. 2013. Hydrological analysis for water level projections in Taihu Lake, China. Journal of Flood Risk Management, 6 (1): 14-22.

Liu X C, Xu Z X, Yu R H. 2011. Trend of climate variability in China during the past decades. Climatic Change, 3-4 (109): 503-516

Liu X L, Coulibaly P, Evora N. 2008. Comparison of data-driven methods for downscaling ensemble weather forecasts. Hydrology and Earth System Sciences, 12 (2): 615-624.

Liu Y Q, Ding Y H. 1995. Reappraisal of influence of ENSO events on seasonal precipitation and temperature in China. Chinese Journal of Atmospheric Sciences, 19 (2): 200-208

Liu Y, Duan Q, Zhao L, et al. 2013. Evaluating the predictive skill of post-processed NCEP GFS ensemble precipitation forecasts in China's Huai river basin. Hydrological Processes, 27 (1): 57-74.

Madden RA, Julian P R. 1972. Description of global scale circulation cells in the tropics with a 40-50 day period. Journol of the Atmospheric Sciences, 29: 1109-1123

Mao Y, Ye A, Xu J. 2012. Using land use data to estimate the population distribution of China in 2000. Giscience & Remote Sensing, 49: 822-853.

Maraun D, Wetterhall F, Ireson A M, et al. 2010. Precipitation downscaling under climate change: Recent developments to bridge the gap between dynamical models and the end user. Reviews of Geophysics, 43: 1-34.

Miao C Y, Duan Q Y, Sun Q H, et al. 2013. Evaluation and application of Bayesian multi-model estimation in temperature simulations. Progress in Physical Geography, 37 (6): 727-744.

Miao C Y, Duan Q Y, Yang L, et al. 2012. On the Applicability of temperature and precipitation data from CMIP3 for China. PLoS ONE, 7 (9): 1-10.

Michaelides S C, Pattichis C S, Kleovoulou G. 2001. Classification of rainfall variability by using artificial neural networks. International Journal of Climatology, 21: 1401-1414.

Mishra A K, Zger M, Singh V P. 2009. Trend and persistence of precipitation under climate change scenarios for Kansabati basin, India. Hydrological Processes, 23: 2345-2357.

Murphy J. 2000. Prediction of climate change over Europe using statistical and dynamical downscaling techniques. International Journal of Climatology, 20 (5): 489-501.

Peng D Z, Xu Z X, Qiu L H, et al. 2014. Distributed rainfall-runoff simulation for an unclosed river basin with complex river system: A case study of lower reach of the Wei River, China. Journal of Flood Risk Management, 9 (2): 169-177.

Pons M R, San-Martín D, GutiÉRrez J M. 2010. Snow trends in Northern Spain: Analysis and simulation with statistical downscaling methods. International Journal of Climatology, 30: 1795-1806.

Prudhomme C, Jakob D, Svensson C. 2003. Uncertainty and climate change impact on the flood regime of small UK catchments. Journal of Hydrology, 277: 1-27.

Quintana Seguí P Q, Ribes A, Martin E, et al. 2010. Comparison of three downscaling methods in simulating the impact of climate change on the hydrology of Mediterranean basins. Journal of Hydrology, 383: 111-124.

Raftery A E, Gneiting T, Balabdaoui F, et al. 2005. Using Bayesian model averaging to calibrate forecast ensembles. Monthy Weather Review, 133: 1155-1174.

Robock A, Turco R P, Harwell M A, et al. 1993. Use of general circulation model output in the creation of climate change scenarios for impact analysis . Climatic Change, 23 (4): 293-335 .

Roldan J, Woolhiser D A. 1982. Stochastic daily precipitation models. 1. A comparison of occurrence processes. Water Resources Research, 18 (5): 1451-1459.

Sailor D J, Li X. 1999. A semiempiral downscaling approach for predicting regional temperature impacts associated with climatic change. Journal of Climate, 12: 103-114.

Schubert S D, Parl C K. 1991. Low-frequency intraseasonal tropical-extratropical interactions. Journal of Atmosphere Sciences, 47: 357-379.

Sun Q H, Miao C Y, Duan Q Y, et al. 2014. Would the "real" observed dataset stand up? A critical examination of eight observed gridded climate datasets for China. Environmental Research Letters, 9: 015001.

Sun Q H, Miao C Y, Duan Q Y. 2014. Projected changes in temperature and precipitation in ten river basins over China in 21st century. International Journal of Climatology, 35 (6): 1125-1141.

Taylor K E. 2001 Summarizing multiple aspects of model performance in a single diagram. Journal of Geophysic Reseerch, 106: 7183-7192.

Trenberth K E. 1984. Potential Predictability of geopotential heights over the southern hemisphere. Monthry Weather Review. 113: 54-64.

Vimont D J, Battisti D S, Naylor R L. 2010. Downscaling Indonesian precipitation using large-scale meteorological fields. International Journal of Climatology, 30: 1706-1722.

Wei F Y, Xie Y, Mann M E. 2008. Probabilistic trend of anomalous summer rainfall in Beijing: Role of interdecadal vari ability. Journal of Geophysic Research. , 113: D20106,

Wei F Y. 2007. An integrative estimation model of summer rainfall band pattern in China. Progress in Natural Science , 17 (3): 280-288.

Wu R , Wang B. 2001. Multi stage onset of the summer monsoon over the western North Pacific. Climate Dynamics. , 17: 277-289.

Yang L, Coauthors. 2014. Evaluating skill of seasonal precipitation and temperature predictions of NCEP CFSv2 forecasts over 17 hydroclimatic regions in China. Journal of hydrometeorolog, 15: 1546-1559.

Ye A Z, Duan Q Y, Zeng H J, et al. 2010. A distributed time-variant gain hydrological model based on remote sensing. Journal of Resources and Ecology, V1 (3): 222-230.

Ye A, Duan Q, Zhan C, et al. 2013. Improving kinematic wave routing scheme in community land model. Hydrology Research, 44: 886-903.

Zhang Q, Liu P, Wu G X. 2003. The relationship between the flood and drought over the lower reach of the Yangtze River Valley and the SST over the Indian Ocean and the South China Sea. Chinese Journal of Atmospheric Science, 27: 992-1006.

Zhang X, Zheng X, Yang C, et al. 2013. A new weighting function for estimating MSU channel temperature trends simulated by CMIP5 climate models. Advances in Atmospheric Sciences, 30: 779-789.

Zheng X G, Frederiksen C S. 2004. Variability of seasonal-mean fields arising from intraseasonal variability: Part 1. Methodology. Climate Dynamics, 23: 171-191.

课题三：陆地水文–区域气候耦合模拟
及水循环变化机理分析

本课题建立了考虑土壤水、地表水、地下水相互作用、人类取水用水调水与农业灌溉、作物生长影响的陆面水文模型，可为研究人类活动对陆面水文过程的影响提供大尺度陆面水文模式平台。将陆面水文模型与区域气候模式耦合，构建了新一代陆面水文–区域气候双向耦合模式系统，它考虑土壤水地下水相互作用、地下取水用水调水与农业灌溉、作物生长过程等人类活动的影响，可为研究地下取水用水调水及农作物种植对区域气候的影响提供陆面水文–区域气候双向耦合模式平台。基于集合预报与本征正交分解相结合的思想，提出一种显式四维变分同化方法 PODEn4DVar，并基于上述陆面过程模型，建立了以微波辐射亮温、基于 GRACE 卫星重力场的陆地水储量以及土壤含水量观测，既能够同时同化陆面土壤湿度，又能够同时优化模型参数的 IAP 陆面数据同化系统以及基于多观测算子的双通微波量温同化系统，它为陆面水文过程与区域气候模拟提供陆面优化初始条件。结合观测与模拟，研究并揭示过去 50 年陆表水文变量的变化及农业干旱趋势的空间分布特征，以及东部季风区典型区域的大气水循环的总体结构特征及水汽收支的变化规律，利用已建立的陆地水循环模拟系统模拟过去水循环要素变化格局，未来不同气候变化情景陆地水循环过程格局，评估中国东部季风区历史–未来干湿状况变化趋势。

第1章 陆地水文–区域气候耦合模式系统研制与应用

1.1 大尺度陆地水循环模拟系统构建

利用地下水数值模拟方法并通过地表子流域和地下网格的嵌套实现地下水与地表水的耦合模拟，发展取水用水耗水参数化机制，结合分布式时变增益模型 DTVGM、水库调度和闸坝调度模型以改进人类活动和自然双重作用下的陆面水文过程参数化，并将作物生长过程模型与陆面过程模型耦合，建立了新一代大尺度分布式陆地水循环模拟系统，它考虑地表水地下水相互作用、取水用水、农业灌溉与跨流域调水、作物生长过程等人类活动影响，为研究人类活动对陆面水文过程的影响及机理提供大尺度陆面水文模式平台（图3-1-1）（Xie and Yuan，2010；Chen and Xie，2011a；Xie et al.，2012；Zhan et al.，2011；Song et al.，2011a，b）。对地下水动态变化及包含取水用水调水灌溉等人类活动影响在大尺度陆面水文模式中进行定量化描述，是本课题研究的一大特色和创新，也是目前国际上气候变化以及水文气象界关注且正在研究的前沿问题。

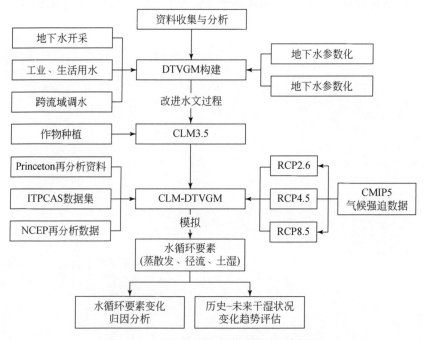

图 3-1-1 大尺度陆地水循环模拟系统框架

1.2 陆面水文-区域气候双向耦合模式系统构建

地下水位动态变化、取水用水，以及调水灌溉、作物生长过程与种植制度的改变等人类活动，引起土壤湿度、地表蒸散发、地表反照率等时空分布的改变与陆面大气之间水分和能量交换的变化，对气候产生重要影响。将地下水位动态表示模型，所发展的人类取水用水及地下水开采利用方案、水资源开采利用过程和农作物生长收割过程参数化机制与陆面模型 CLM3.5 和区域气候模式 RegCM4.0 耦合，建立了考虑取水用水调水和农作物生长过程的陆面过程模型和区域气候模式（图 3-1-2）。由此研究并揭示地下水动态变化，以及这些人类活动对区域气候的影响及机理；研究并揭示南水北调中线工程区域气候效应，分析和探讨跨流域调水对区域气候的影响及其机理；研究与揭示作物生长过程对区域气候的影响及其机理（Chen and Xie, 2010；Chen and Xie, 2011a, 2011b；Chen et al., 2011；Qin et. al., 2013a；Zou, et. al., 2014；Zou, et. al., 2015）。

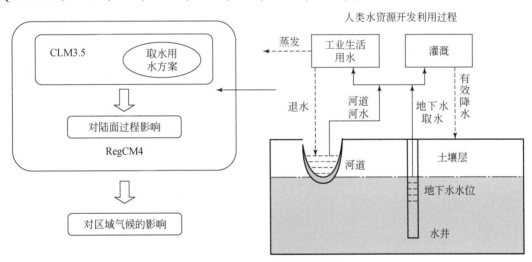

图 3-1-2 考虑取水用水调水和农作物生长过程的区域气候模型示意图

1.3 取水用水和调水对局地陆面过程及区域气候的影响机理

利用陆面水文-区域气候双向耦合模式针对中国东部季风区地下水主要开采区海河流域所进行的长期模拟试验表明，人类地下水资源开采利用引起流域陆地水储量减少和陆地表面降温增湿的变化，陆面变量的改变也引起了流域周边区域的气候改变。东北的盛行西风带下游地区由于环流改变和夏季更多的水汽输入，也呈现降水增加，而降温的现象则主要出现在流域以西，西风带上游的地区。这些冷湿效应的变化程度与其用水需求呈正相关关系，并随着时间推移而逐渐增强。如果不考虑气候的反馈作用，试验中开采所引起的陆面变量变化程度与其需水量呈近似的线性相关关系。考虑气候反馈之后，大气非线性的反馈作用会进一步增大这一差异，使得总体变化程度与其需水量呈高度非线性正相关。在此基础上，受水区若接受来自流域外调水输入，地下水位有显著的回升，并伴有微弱的降温增湿效应。来自陆面的这一差异也影响了受水区底层大气，并对陆面形成了一定的正反馈。调水引起的气候变化强烈依赖其调水量的大小，呈正相关关系（Chen and Xie，2010；Zou et al.，2014，2015）。

1.4 取水用水与作物生长过程对区域气候的影响及机理

与站点观测的作物生态数据相比，耦合模型均能较好地模拟玉米、小麦、水稻的播种、生长、收割过程，扩展了原模型 CLM3.5 及 RegCM4.0 对于农作物生理过程的模拟能力。由于作物所占的网格比例较小，并不能产生较强的反馈影响气候，因而耦合模式结果相对原模型而言并无显著性差异。与原模型 CLM3.5 和 RegCM4.0 相比，耦合模型 CLM_CERES 和 RegCM4_CERES 模拟的根系比例在华北、黄淮地区均有所增加，而 LAI 在华北地区也有所增加，南方地区有所减少。这一差异进一步导致华北地区植被蒸腾量增加，土壤湿度有所降低，产流减少，而南方地区 LAI 的增加也造成地面吸收太阳辐射减少，因而地表和土壤温度有所降低。在考虑取水用水过程之后，耦合模式的模拟结果虽然与原模型相比模拟效果并未发生显著改变，但在华北地区地下水位、中国南方地区气温的模拟等方面有一定改善（Chen and Xie，2010；Chen and Xie，2011a，b；Chen et al.，2011；Qin et al.，2013）。

第2章　陆面数据同化系统构建

2.1　显式四维变分同化方法 PODEn4Dvar

基于集合预报与本征正交分解相结合的思想，提出一种显式四维变分同化方法PODEn4DVar，它既保持了四维变分同化方法能同时同化多个时刻的观测信息、提供整体平衡分析解的优点，又吸纳了集合卡尔曼滤波所具有的随流型变化、执行简单的优点，简化了求解过程并减轻了计算代价（图 3-2-1）（Tian et al.，2010a，b；Tian et al.，2011a；Tian and Xie，2012；Jia et al.，2013a，b）。

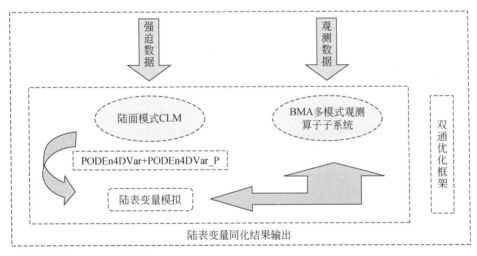

图 3-2-1　IAP 陆面数据同化系统示意图

2.2　陆面数据同化系统构建

基于 PODEn4DVar 及双通优化的同化策略，以多种辐射传输模型等为观测算子、陆面过程模式 CLM 为模式平台，发展了能直接同化微波亮温观测、GRACE 卫星重力场的全球陆面数据同化系统，并在此基础上耦合了多个辐射传输模型以减少观测算子不确定性（Tian and Xie，2010；Jia et al.，2013a），实现对地球重力场所反映的大尺度陆地水储量变化在时间及垂直方向各分量的分解以及遥感蒸散反演的地表蒸散产品同化（Chen et al.，2013）。它为陆面水文过程与区域气候模拟提供陆面优化初始条件。

第3章 东部季风区陆地水循环时空变异

3.1 东部季风区地表水文变量的
变化趋势及对强迫的响应

利用基于观测的大气强迫场驱动陆面过程模式,分析过去1960~2010年中国东部季风区地表水文变量(降水、温度、蒸发、径流、土壤湿度、积雪)的变化趋势,并研究蒸发、径流、土壤湿度、积雪对于大气外强迫变化的响应强度。结果发现,各个流域不同水文变量变化趋势并不一致,长江流域的降水和蒸发有增加趋势,而径流基本不变;黄河流域各变量均呈现减小趋势。东部季风区趋势的空间分布是气温增加,北方增加趋势大于南方;降水在黄河中下游地区、东北东部等许多地方显著减小,而在东北西部则呈现增加趋势;蒸散发在东北大部分地区、淮河流域增加,而在华北大部分地区则减小;径流的变化则与降水的变化较一致;土壤湿度在大部分地区呈现下降趋势,在黄淮流域下降显著;积雪也呈现下降趋势(Wang et al., 2011;Wang and Zeng, 2010;Wang et al., 2014a, b)。中国区域陆表水文变量(如土壤湿度、蒸散发、径流)对于大气外强迫(降水和气温)变化的响应强度的研究表明,模拟的土壤湿度受大气降水影响很大,在观测降水的驱动下,土壤湿度的模拟有了很大的改进,土壤湿度受气温的影响较小。土壤湿度和径流对降水和温度变化都在干旱与半干旱区最为敏感,而蒸散发在干旱区对降水变化较敏感,在比较湿润的区域对温度变化较敏感。该研究结果可以作为陆气耦合模式陆气相互作用研究的一个参考(Wang and Zeng, 2011)。

3.2 陆表干旱的时空变化与极端降水气温事件

利用多个陆表过程模式模拟的土壤湿度研究了中国过去57年(1950~2006年)陆表干旱的时空变化特征:在干旱与半干旱地区,不同模式模拟差异较大,而在较湿润的地区模式一致性较好;利用干旱统计方法(SAD)将干旱强度、影响面积以及持续时间综合考虑,再现了研究时段内主要干旱事件的时空变化特征,发现中国干旱发生的频率和强度都有上升趋势(Wang et al., 2011)。该工作也被 *Nature Climate Change* 作为研究亮点介绍(1, 293 (2011) doi:10. 1038/nclimate 1215)。利用观测降水和均一化的气温资料,分析了过去50年中国极端降水和气温事件发生的时空变化特征。结果表明,中国平均极端高温增加的幅度远大于极端低温降低的幅度,但不同区域之间有差异;东北地区、长江流域下游的极端暴雨事件发生频率呈逐年增加趋势,而中国中部地区呈减小趋势;华南及黄河流域大部分地区,年最大持续无降水日呈增加趋势。蒸散发对大气外强迫响应强度的研究表明，蒸散发在干旱区对降水变化较敏感，在比较湿润区对温度变化较敏感，它可以作为陆气耦合模式陆气相互作用研究的一个参考（Wang and Zeng，2011）。

3.3 大气水循环特征演变及陆气耦合强度模拟与机理分析

东部季风区典型流域——淮河流域大气可降水量和降水的变化具有较好的一致性。流域南边界和西边界有水汽净输入，而东边界和北边界有水汽净输出。纬向方向水汽输入输出集中在对流层中层，而经向方向集中在对流层低层。其水汽收支主要由平均气流所决定。流域夏季降水的水汽主要来源是孟加拉湾、南海、西风带和热带西太平洋。降水异常主要由南边界的水汽输送异常所造成，在偏涝年主要是由孟加拉湾的水汽输送异常偏多所致，在偏旱年孟加拉湾和南海的水汽输送都大为减少，南海的贡献则相对较大。青藏高原东南侧关键区是影响淮河流域夏季降水异常的"运转站"，且东边界输送作用比北边界更为重要。20世纪50~90年代，无论是各边界水汽收支还是总体水汽收支，均呈现总体下降的趋势，50年代总水汽收支为最强，水汽充沛，降水偏多；50~60年代，以及80~90年代，总体水汽收支异常的减少，前者是南边界水汽收支异常减小的结果，后者是由西边界水汽收支异常减少所致（图3-3-1）。降水再循环率的变化主要体现了季风系统的季节变化与局地陆气相互作用对降水影响的相对贡献大小。四季中，流域外的水汽输入均是淮河流域降水的主要来源；以春季的陆气相互作用最为强烈；在典型的旱涝年夏季，蒸发对局地降水的贡献在旱年比涝年大（Yang et al.，2010；Zhan and Lin，2011）。

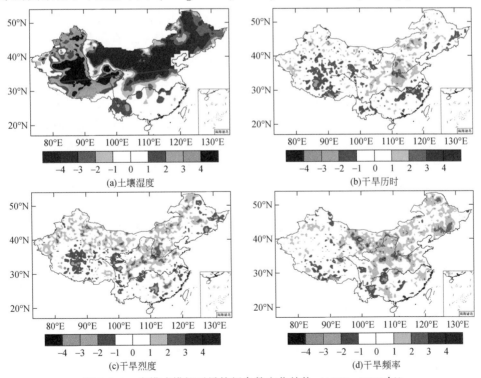

图3-3-1 多模式模拟干旱特征参数变化趋势（1950~2006年）

3.4　东部季风区过去水循环变化成因探究

将人类取水用水和灌溉参数化机制与用于地球系统模型 CESM 的陆面过程模型 CLM 4.5 耦合，发展了考虑人类取水用水过程影响的陆气耦合模型；利用所发展的模型模拟 1965~2005 年不同因子强迫下温度和降水变化的响应，基于多元线性回归与最优指纹法，针对东部季风区水循环分量温度、降水、P-E、蒸散发变化进行检测与归因分析。模拟试验包括如下：CTR-气候内部变率模拟试验；ALL-综合模拟试验；NAT-气候自然强迫模拟试验（火山爆发带来的气溶胶排放以及太阳常数变化）；ANT-考虑 CO_2、气溶胶、O_3、土地利用变化试验；ANT2-考虑人类取水用水过程影响模拟试验。温度的单信号检测归因表明，在珠江流域和长江中游检测到了 ANT 和 ALL 的信号，显示该地区有 ANT 和 ALL 两种潜在机理；海河流域气候变化有 ANT2 和 ALL 两种潜在机理；黄河中游气候变化主要是自然强迫的作用；其他地区包括长江上游下游、黄河上下游、松花江流域、淮河流域没有检测到外部强迫的信号，观测到的变化主要是可以由内部变率所解释。温度的多信号检测归因表明，海河流域检测到了地下水取水灌溉（ANT2）的作用，但该模拟振幅的信号小；珠江流域及长江中游没有检测到这 3 种信号，可能是因为该地区多因子作用存在共线性，无法被很好地分离。降水的单信号检测归因显示，淮河流域可能有 ANT、ANT2 及 NAT 信号以上 3 种潜在机理；长江上游显示噪声过大；其他地区观测到的变化可由其内部变率所解释。降水的多信号检测归因可知，淮河流域没有测到 3 种信号，这可能是因为该地区的信号较弱，因而在多元线性回归中无法被检测。蒸散发单信号归因显示，长江中游气候变化可被归因为人类活动的影响；珠江流域检测到了 ANT 与 ALL 两种信号，显示珠江流域存在两种潜在机理，需通过多信号检测归因尝试分离。蒸散发多信号检测归因表明珠江流域 3 种信号无法通过一致性检验。这可能是三者信号存在共线性，不能很好分离。P-E 单信号归因显示，长江中游及黄河下游仅检测到 ANT 信号，并且通过了一致性检验。利用单信号检测归因结果进行重建，显示长江下游水资源变化由于人类活动的影响占观测变化的23%。黄河下游的水资源的年际变化中，大范围人为强迫对于该地区水资源变化的贡献比例约为23.4%。长江下游在 1982~2005 年蒸散发的年际变化中，大范围人为强迫对于该地区蒸散发变化的贡献比例约为36%。

3.5　中国东部季风区未来50年气候变化情景模拟

利用 CMIP5 多模式集合，分析未来低中高 3 种排放情景下中国东部季风区各流域未来水循环要素的演化趋势。中高排放情景下，季风区检测到增温趋势，并且随着温室气体排放变大而增强，而在低排放情景下，气温没有变化趋势。低中高 3 种排放情景下海河流域、黄河流域和松花江流域降水有增加趋势，高排放情景下长江流域有下降趋势，多数流域降水的变化对温室气体排放浓度不敏感。夏季，东部季风区北方的蒸散发有增长趋势，而冬季，南方的蒸散发有增长趋势。除了珠江流域之外，其他五大流域夏季蒸散发都有增长趋势，而冬季蒸散发几乎在所有流域都有上升趋势，并且在冬季，蒸散发的变化对温室气体排放有一定程度的敏感性。未来不同排放情景对于径流深的空间分布影响不大。夏季的径流深远远高于冬季。夏季的东北地区和西南地区径流深有降低趋势，而东部季风区其他区域径流深多数都有上升趋势，但其变化趋势不显著。淮河流域、松花江流域和珠江流域夏季径流深在未来没有明显变化趋势，海河流域在中高排放情景下，径流深有上升趋势，而长江流域和黄河流域在高排放情景下，径流深有下降趋势，特别是长江流域，下降趋势更为明显。各个流域冬季径流深都要远远小于夏季。利用 CMIP5 中等排放情景数据作为初始、侧边界条件，驱动包含完整陆面水文过程模式 CLM3.5 的区域气候模式 RegCM4.0，对全球模式的结果进行降尺度，模拟了未来 50 年中国东部季风区陆地及流域水资源分区的降水、蒸发和径流等水文要素的时空分布格局。结果表明，未来 50 年，整个东部季风区夏季都有明显的增温趋势，冬季，除了南方沿海地区外，其他区域都有明显的增温趋势，冬季增温趋势大于夏季，冬夏温差变小。华北和东南部的夏季降水呈上升趋势，其他区域有下降趋势。冬季降水和夏季降水呈相反的方向变化，但未通过显著性检验。夏季蒸散发在华北和东北多数地区有增加趋势，而中部地区则有减少趋势，但不显著，然而在冬季，除了东北北部以及华北和西南小部分地区，东部季风区其他区域蒸散发都表现出显著增长趋势。对于径流深，夏季华北地区有降低趋势，而东部季风区其他地区则普遍有上升趋势，但未通过显著性检验。冬季径流深则远小于夏季。

参 考 文 献

狄振华，谢正辉，罗振东，等. 2010. 输水条件下考虑土壤水和地下水相互作用的地下水埋深估计方法. 中国科学（D），40（10）：1420-1430.

秦佩华，陈锋，谢正辉. 2012. 作物生长对流域水文过程与区域气候的影响. 气候变化研究进展，8（6）：417-425.

王爱文，谢正辉，凤小兵，等. 2014. 考虑冻融界面变化的土壤水热耦合模型. 中国科学（D 辑），44（7）：1572-1587.

Chen F, Xie Z H. 2010. Effects of interbasin water transfer on regional climate：A case study of the middle route of the south-to-north water transfer project in China. Journal of Geophysical Research，115：D11112.

Chen F, Xie Z H. 2011a. Effects of crop growth and development on land surface fluxes. Advances in Atmospheric Sciences，28（4）：927-944.

Chen F, Xie Z H. 2011b. Effects of crop growth and development on regional climate：A case study over east Asian monsoon area. Climate Dynamics，38：2291-2305.

Chen F, Xie Z H. 2013. An Evaluation of the RegCM3_CERES for Regional Climate Modeling in China. Advances in Atmospheric Sciences，30（4）：1187-1200.

Di Z H, Xie Z H, Yuan X, et al. 2010. Prediction of water table depths under the interactions between soil water and groundwater with stream water transferred. Science in China（D），54（3）：420-430.

Jia B H, Tian X J, Xie Z H, et al. 2013a. Assimilation of microwave brightness temperature in a land data assimilation system with multi-observation operators. Journal of Geophysical Research：Atmospheres，118（10）：3972-3985.

Jia B H, Xie Z H, Dai A G, et al. 2013b. Evaluation of satellite and reanalysis products of downward surface solar radiation over East Asia：Spatial and seasonal variations. Journal of Geophysical Research：Atmospheres，118（9）：3431-3446.

Jia B H, Zeng N, Xie Z H. 2014. Assimilating the LAI data to the VEGAS model using the local ensemble transform kalman filter：An observing system simulation experiment. Advances in Atmospheric Sciences，7（4）：314-319.

Qin P H, Chen F, Xie Z H. 2013a. Effects of crop growth on hydrological processes in river basins and on regional climate in China. Advances in Climate Change Research，4（3）：173-181.

Qin P H, Xie Z H, Yuan X. 2013b. Incorporating groundwater dynamics and surface/subsurface runoff mechanisms in regional climate modeling over river basins in China. Advances in Atmospheric Science，30（4）：983-996.

Qin P H, Xie Z H, Wang A W. 2014. Detecting changes in precipitation and temperature extremes over China using the regional climate model with water table dynamics considered. Atmospheric and Oceanic Science Letters，7（2）：103-109.

Song X M, Kong F Z, Zhan C S. 2011b. Assessment of water resources carrying capacity in Tianjin city of

China. Water Resources Management, 25（3）: 857-873.

Song X M, Zhan C S, Kong F Z , et al. 2011a. Advances in the study of uncertainty quantification of large-scale hydrological modeling system. Journal of Geographical Sciences, 21（5）: 801-819.

Tang W, Lin Z H, Luo L F. 2013. Assessing the seasonal predictability of summer precipitation over the Huaihe River Basin with multiple APCC models. Atmospheric and Oceanic Science Letters, 6（4）: 185-190.

Tian X J, Xie Z H, Dai A G, et al. 2010a. A microwave land data assimilation system: Scheme and preliminary evaluation over China. Journal of Geophysical Research, 115: D21113.

Tian X J, Xie Z H, Dai A G. 2010b. An ensemble conditional nonlinear optimal perturbation approach: Formulation and applications to parameter calibration. Water Resources Research, 46: W09540.

Tian X J, Xie Z H, Sun Q. 2011a. A POD-based ensemble four-dimensional variational assimilation method. Tellus-A, 63A: 805-816.

Tian X J, Xie Z H, Wang A H, et al. 2011b. A new approach for Bayesian model averaging. Science in China （D）, 54: 1-9.

Tian X J, Xie Z H. 2012. Implementations of a square-root ensemble analysis and a hybrid localization into the POD-based ensemble 4DVar. Tellus-A, 64: 18375.

Wang A H, Barlage M, Zeng X B, et al. 2014b. Comparison of land skin temperature from a land model, remote sensing, and in situ measurement. Journal of Geophysical Research, 119: 3093-3106.

Wang A H, Lettenmaier D P, Sheffield. 2011. Soil moisture drought in China, 1950-2006. Journal of Climate, 24: 3257-3271.

Wang A H, Zeng H B. 2010. Sensitivities of terrestrial water cycle simulations to the variations of precipitation and air temperature in China. Journal of Geophysical Research, D116: D02107.

Wang A H, Zeng X B. 2014. Range of monthly mean hourly land surface air temperature diurnal cycle over high northern latitudes. Journal of Geophysical Research, 119（10）: 5836-5844.

Wang A W, Xie Z H, Feng X B, et al. 2014a. A soil water and heat transfer model including the change in soil frost and thaw fronts. Science in China （D）, 57（6）: 1325-1339.

Xie Z H, Di Z H, Luo Z D. 2012. A quasi three-dimensional variably saturated groundwater flow model for climate modeling. Journal of Hydrometeorology, 13（1）: 27-46.

Yu Y, Xie Z H, Wang Y Y, et al. 2014. Results of a CLM4 land surface simulation over China using a multisource integrated land cover dataset. Atmospheric and Oceanic Science Letters, 7: 279-285.

Yu Y, Xie Z H. 2013. A simulation study on climatic effects of land cover change in China. Advances in Climate Change Research, 4（2）: 117-126.

Zhan C S, Xu Z X, Ye A Z, et al. 2011. LUCC and its impact on run-off yield in the Bai River catchment-upstream of the Miyun reservoir basin. Journal of Plant Ecology, 4: 61-66.

Zou J, Xie Z H, Qin P H, et al. 2013. Changes of terrestrial water storage in river basins of China projected by RegCM4. Atmospheric and Oceanic Science Letters, 6（3）: 154-160.

Zou J, Xie Z H, Yu Y, et al. 2014. Climatic responses to anthropogenic groundwater exploitation: A case study of the Haihe River Basin, Northern China. Climate Dynamics, 42: 2125-2145.

Zou J, Xie Z H, Zhan C S, et al. 2015. Effects of anthropogenic groundwater exploitation on land surface processes: A case study of the Haihe River Basin, Northern China. Journal of Hydrology, 524, 625-641.

水资源及水旱灾害应用

课题四：气候变化下我国北方农业及生态脆弱区水文水资源的响应

开发适用于北方农业及生态脆弱区的生态水文过程模型。模拟分析我国北方典型农业及生态脆弱区水循环过程对气候变化的响应机理，及其对农业生产、灌溉需水和生态环境的影响，揭示极端水文和农业干旱的成灾机理，提出减灾和抗灾的措施，建立旱灾的农业损失评估方法，预估未来20~50年气候变化下北方典型农业及生态脆弱区水资源供给、农作物耗水和生态环境的变化趋势，揭示农业干旱频率和强度的变化对农业生产、粮食安全和生态环境的影响机理，评估气候变化对研究区水资源安全、粮食安全和生态安全的效应，为北方农业及生态脆弱区水资源保障、农业发展和生态环境建设提供科学依据。

第1章 生态水文模型与农业干旱分析

1.1 试验观测和基础数据整理

在通州、禹城、栾城、易县、新乡、松嫩平原前郭灌区农业灌溉核心试验站和德惠农业试验站等地开展了野外生态水文过程和流域水循环试验,通过测定生物和土壤样品的水分、营养元素和盐分含量,采集地表/大气之间辐射、水热碳通量,获取了大量的原始观测数据。

利用室内五水转换装置,开展气候变化影响试验。进行了三期人工气候温室试验,观测了玉米的生长和水分传输过程。

收集整理了东北松花江流域及周边 68 个国家气象站 1951 年以来的常规气象观测数据和嫩江流域 16 个重点水文站点流量数据;收集了松花江流域 1:25 万水系图、90m 分辨率 DEM、1:10 万流域土地利用图、1:100 万流域土壤类型图和 1km 分辨率的流域湿地分布图等 GIS 图件;整理了松嫩平原农作物种植面积和产量数据及其他社会经济数据。

收集整理了黄土高原的气象、水文、地貌、数字高程、土壤、植被水土保持措施资料及相关文献。利用 1:25 万 DEM 提取了黄河中游 200 多个水文站控制集水区。

收集整理了华北平原耕地、作物播种面积、化肥施用量和产量等长期历史统计数据。更新了华北平原遥感 NDVI、叶面积指数、土壤水分和植被覆盖数据,整理了华北平原的土地利用、盐碱地分布、土壤剖面、气象、水文等数据。

针对华北农业水资源的利用方式,在子牙河流域,栾城、禹城、威县和南皮 4 个县,开展了水利水资源工程实地考察、农业种植制度和灌溉制度调研以及农户入户调查工作。

1.2 生态水文模型

发展和完善自主开发的 VIP 生态水文动力学模型,对模型中的多个关键过程进行发展和创新,使之能够模拟区域内各种植被和土地利用类型的水文过程,重点对蒸散发计算方案、尺度扩展方案等进行创新发展。利用全国多个通量站的观测数据和 60 多个流域的水量平衡数据对模型进行验证。结果表明,VIPS 模型在模拟区域生态和水文过程时,模拟预测结果具有较高的精度。

通过模型与遥感信息融合,提出了光合作用重要参数 (V_{cmax}) 区域反演和尺度扩展的两种新方法,显著提升了生态水文模型的模拟能力,为开展气候变化对作物耗水和生产力的模拟提供了方法。

1.3　过去和未来我国北方主要农业区干旱时空变化规律

针对过去 60 多年来华北和东北地区干旱的时空变化规律、极端干旱与粮食产量的关系、未来 20 ~ 50 年不同情景下中国北方干旱频率和强度的变化趋势 3 个主要方面，基于多年降水实测数据、多模式耦合的土壤湿度数据，采用标准化降水指数（SPI）、标准化降水蒸散指数（SPEI）、干湿指数、Palmer 干旱指数（PDSI）等指标，系统分析了我国华北、东北地区过去 60 年极端干旱发生频率的变化，研究了北方 15 省市粮食产量和年代尺度干旱的关系，并对未来两北地区（东北和华北）各种情景下极端干旱发生的频率进行了预估。主要取得了如下研究结果。

1）我国北方地区干旱演变的时空规律。过去 60 多年来，我国半干旱区的范围增加了四分之一，干旱发生频率增加的趋势与全球增温密切相关。华北和东北仍然面临干旱化的趋势，极端干旱发生的频率呈增加趋势，且具有明显的年代际特征。东北地区干旱最严重的区域在南部辽河流域，华北平原极端干旱频率高发区域主要集中在降水量小于 600mm 的北部区域。2000 ~ 2013 年，华北、东北处于极端干旱发生频率最高的一个时段。

2）粮食产量与干旱的关联性。研究发现，北方 15 省部分省份年代尺度干旱（年代尺度降水）与粮食产量的长期变化具有高度的相关性，即粮食产量的多年时间尺度波动受降水变化的影响显著，如辽宁、河北和山东等省份。而另一些省份的干旱与粮食产量呈现负相关，这可能与这些地区粮食生产主要依赖灌溉有关。

3）未来干旱变化趋势。利用多模式集成的方法，对未来华北、东北地区极端干旱发生频率进行了集成预估。未来多种情景下，2030 年前我国华北和东北地区的极端干旱发生频率处于低谷时段，2030 年以后，由于降水增加，轻、中度干旱发生频率有所降低，但极端干旱发生频率呈增加趋势。

第2章　近50年来气候的变化对流域作物产量、蒸散、径流的影响

2.1　气候变化对作物生产和水分利用的影响

根据近60年来的气象要素观测资料，采用作物气象指标、潜在蒸散和干燥度等指标，系统分析了辐射、温度、降水变化对区域作物耗水、水分利用等生态水文要素的影响。主要研究结果如下。

1）辐射成分变化对作物耗水的影响。等量总辐射情形下，散射辐射比例的增加对植被冠层光合作用有利，减少了蒸散（ET），提高了水分利用效率（WUE）。据禹城站涡度相关系统实测资料（2001～2006年）分析，等量总辐射时，多云天气条件下小麦田NEE比晴天条件下高10%～31%，ET减少5%～28%，WUE提高了15%～81%。作物生长模型模拟表明，太阳散射辐射比例增加会显著降低麦田潜在蒸散和实际蒸散，WUE明显提高。

2）气候暖化对华北农业格局的影响。气温升高对黄淮海地区小麦生长有利，对玉米生长发育不利。小麦种植适宜界线有不断北移的趋势，冬季温度的显著上升使冬小麦种植北界在50年间大约向北移动70km（图4-2-1）。小麦生育期内多种作物气象指标，如积温、最适温度累积值、低温累积值和高温累积值等均呈现上升趋势，其中低温累积值、最适温度累积值和持续天数的增加均有利于小麦的生长。玉米生育期内，生长季积温和高温累积值呈现上升趋势，最适温度累积值和低温累积值无明显变化趋势，但是最适温度的持续天数呈现显著下降趋势。

(a)冬小麦生长期积温变化

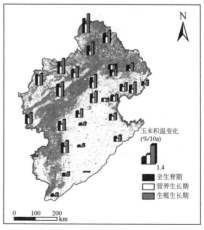
(b)夏玉米生长期积温变化

图4-2-1　过去50年来海河流域农作物积温变化趋势

3）气候暖化对东北农业格局的影响。松嫩平原活动积温等温线北移距离呈线性增加趋势，是东北水稻种植面积得以扩大的重要因素之一。以 20 世纪 70 年代为基准，2900℃等温线以 3.83km/a 的速度北移，2800℃等温线以 2.67km/a 的速度北移，2700℃等温线以 2.55km/a 的速度北移（图 4-2-2）。不同年代土地利用图（1975 年，1985 年，1995 年，2005 年）比较表明，水田以 0.547×10⁴hm²/a 的速度增长，气候变暖应当是东北水稻面积扩大的重要因素。

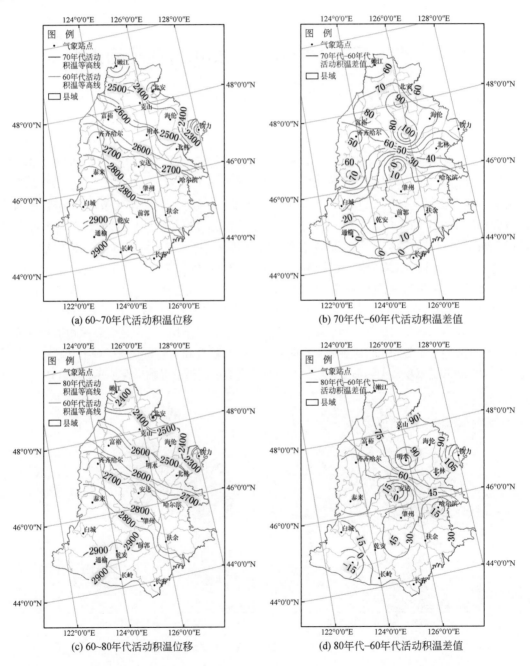

(a) 60~70年代活动积温位移　　　　　(b) 70年代~60年代活动积温差值

(c) 60~80年代活动积温位移　　　　　(d) 80年代~60年代活动积温差值

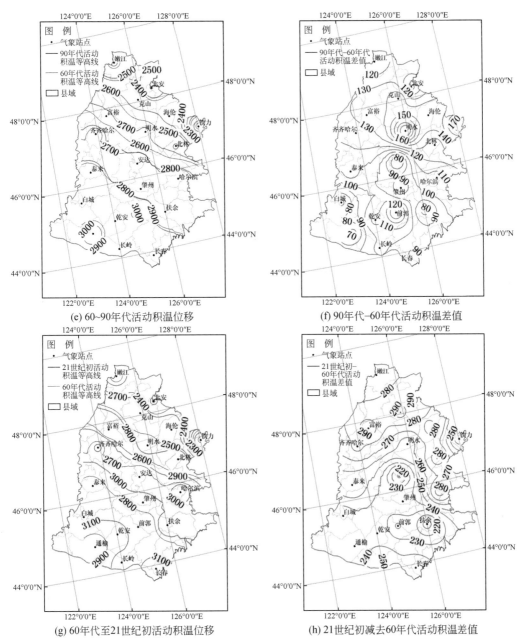

(e) 60~90年代活动积温位移

(f) 90年代–60年代活动积温差值

(g) 60年代至21世纪初活动积温位移

(h) 21世纪初减去60年代活动积温差值

图 4-2-2　20 世纪 60 年代至 21 世纪初松嫩平原活动积温等值线及差值

2.2　气象变化对作物蒸散和产量影响的归因分析

基于海河流域 30 个气象站点 1960～2009 年的实测资料，利用 VIP 模型模拟，定量区分了大气 CO_2 浓度增加、温度、降水和日照时数变化对作物产量的影响。主要结果如下。

1）气候要素对小麦的影响。在品种和灌溉条件不变的前提下，小麦产量平均每 10 年上升

0.2%~3.4%，其中CO_2浓度增加、温度、降水及日照时数变化对其产量的影响分别为11.0%、0.7%、-0.2%和-6.5%，大气CO_2浓度增加的产量正效应大于日照时数减少的负效应。

2）气候要素对玉米的影响。气候变化使夏玉米产量呈下降趋势[（0.6%~3.8%）/10a]，其中大气CO_2浓度增加、温度、降水及日照时数变化对其产量的影响分别为0.7%、-3.6%、-1.0%和-6.8%，温度上升和辐射下降是玉米产量下降的主要原因。

3）CO_2浓度升高对作物蒸散影响不明显。

2.3 气象变化对流域径流影响的归因分析

以气象要素观测资料和水文观测资料相结合，分析了近50年来嫩江流域气温和降水的变化对流域径流变化的影响，定量区分了嫩江流域不同气象要素对径流变化的贡献率，以水热耦合原理定量区分了气象因子和人类活动对流域径流变化的贡献率（表4-2-1）。基于Budyko水热平衡经验模型，采用归因分析方法分离了气象要素趋势性变化对松花江、华北地区子牙河年径流和潜在蒸发变化率的贡献与差异性。主要成果如下。

1）嫩江流域径流变化趋势。嫩江各站径流量都有减小趋势，但大部分都不显著，从季节变化看，春秋季减少显著，夏冬季变化不显著。春秋季气温升高、蒸散加强，是径流减少的重要影响因素。

2）嫩江流域径流变化的气候和人类活动贡献（表4-2-1）。气候变化是嫩江流域径流变化的主要因素，其对径流变化的贡献率为84%，而人类活动对径流变化的贡献率为16%。人类活动对嫩江流域径流的影响在逐步加大。水利工程的修建、沼泽湿地的退化、土地利用变化改变了河道径流，降低了流域的蓄水调节能力。

表4-2-1 气候变化和人类活动对嫩江径流的影响

时段	径流量（mm）	径流变化（mm/a）	降水（mm）	PET（mm）	气候变化（mm）	气候变化（%）	人类活动（mm）	人类活动（%）
1960~1979年	110.8	—	449.8	650.4	—	—	—	—
1980~1989年	148.7	37.9	519.26	622.6	33.4	88.1	4.5	11.9
1990~1999年	151.5	40.7	510.7	631	28.4	69.7	12.3	30.3
2000~2009年	78.6	-32.2	421.2	709.2	-22.6	70.2	-9.6	29.8
1980~2009年	126.3	15.5	483.7	654.2	13.1	84.2	2.4	15.8

3）松花江流域径流变化的气候要素贡献。降水趋势性变化对年径流变化的贡献比潜在蒸发大。松花江和子牙河流域各气象要素趋势性变化对潜在蒸发变化率的贡献排序为温度>风速>水汽压>日照时数。在气候要素共同作用下，松花江和子牙河流域平均年径流分别以0.48mm和1.51mm的速率减少。

针对黄河中游地区气候变化对径流的影响，采用多元统计回归分析的方法，建立了黄河中游不同流域降水、引水量、径流量的回归方程，分析了引水工程、水土保持措施、降水量变化对流域径流变化的影响。分析了黄河中游地区夏季风强度和年均气温的变化对引水率变化的贡献，建立了引水率与气候变量以及人为因素之间的回归方程，量化分析了人类活动对黄河中游径流变化的影响。分析了黄河中游径流模数时空变化特征，以及区域气候、植被、土壤、地貌等要素空间变化特征和区域气象要素时间变化过程，揭示了黄河中游河口镇至龙门区间绿水转化系数的变化及其原因。主要结论如下。

1）绿水转换系数的变化。黄河中游河口镇至龙门区间的绿水转换系数呈现增大的趋势，这一趋势与夏季风强度减弱、降水量减小、年均气温升高和水土保持面积增大有密切关系。回归分析表明，5 年滑动平均年降水量和梯田林草面积对河龙区间绿水转换系数的贡献率分别为 77.1% 和 22.9%；5 年滑动平均年降水量和年均气温对绿水转换系数的贡献率分别为 91.7% 和 8.3%。绿水转换系数的增大意味着生态环境趋于好转，河龙区间产沙量减小。

2）夏季风对中国季风区径流影响程度的空间差异性。黄河以北区域径流深与东亚夏季风强度指数（EASMI）基本呈正相关（图 4-2-3），其中华北平原的大部、东北平原、辽宁半岛和三江平原径流深与 EASMI 相关性置信度超过了 99%。这表明 EASMI 越强，黄河北部区域径流深越大，东亚夏季风是影响黄河中游径流量的重要气候驱动因子。南亚夏季风指数（SASMI）对我国东部季风区径流的影响范围较小，主要分布在华南区域，SASMI 与华中部分地区成负相关，随着 SASMI 的增强，径流量具有减少的趋势。

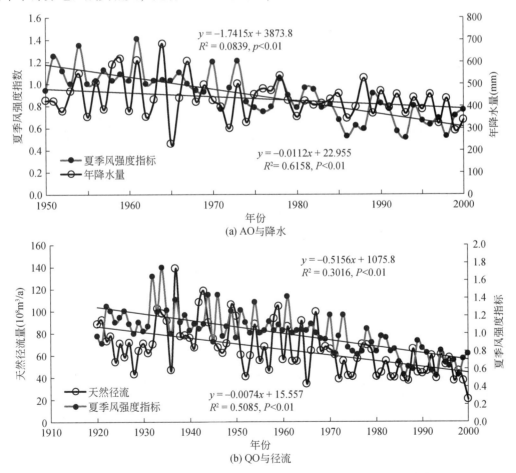

图 4-2-3　SMI 与河龙区间面平均年降水量、天然径流量之间的关系

2.4 华北平原、松嫩平原作物耗水和土壤水的时空变化格局

利用地面气象信息和 MODIS 卫星遥感信息，基于 VIP 模型，模拟分析了华北平原 2000～2009 年蒸散量、GPP 和水分利用效率的时空格局演变。基于 ESA（European Space Agency）提供的微波遥感 ECV 土壤水分数据集和同期 GIMMS NDVI（1981～2000 年）和 MODIS NDVI 数据，采用线性回归、相关分析等方法对华北平原 1981～2010 年作物生育期表层土壤水分的时空格局进行分析，揭示了华北平原土壤水分的时空格局演变特征及其关键影响因子。主要成果如下。

1）华北平原农田年蒸散量具有明显的空间分异性（图 4-2-4）。华北平原蒸散总体上呈现南高北低的趋势，与降水和温度的纬度地带性变化一致，蒸腾占蒸散的 60%～70%。在灌溉条件好、生产水平较高的区域，年蒸散量为 700～900mm，水田和水体的蒸散约 850mm，多数地区年蒸散量为 600～750mm。城市区域年蒸散量为 350～500mm。夏收和秋收作物生育期内蒸散量的空间分异性明显。

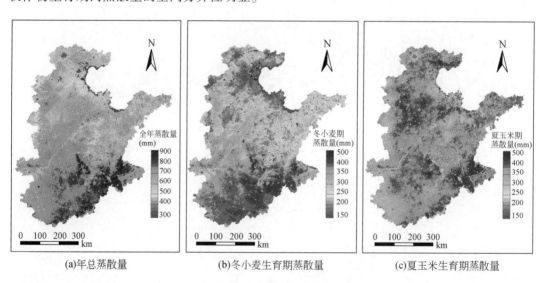

(a)年总蒸散量 (b)冬小麦生育期蒸散量 (c)夏玉米生育期蒸散量

图 4-2-4 2000～2009 年华北平原地区十年平均的蒸散量空间分异

2）华北平原水分盈亏。以降水蒸散差额表示区域水分供需状况，结果表明，就多年平均而言，黄河以南区域水分多有盈余，黄河两岸及以北地区，大部分地区蒸散大于降水，差额来源于灌溉。小麦生育期内灌溉量在 200mm 以内，最高在太行山、燕山山前平原，为 150～200mm。在玉米生长季，黄河以南水分有 100～250mm 降水盈余，而黄河以北地区，除太行山、燕山山前平原需大约 50mm 灌溉水外，水分收支基本持平（图 4-2-5）。

3）春季遥感土壤表层水分的变化趋势（1981～2010 年）（图 4-2-6）。小麦季土壤多年平均含水量呈现较大的空间分异性，其含量由东南向西北逐渐递减，与降水分布格局一致。

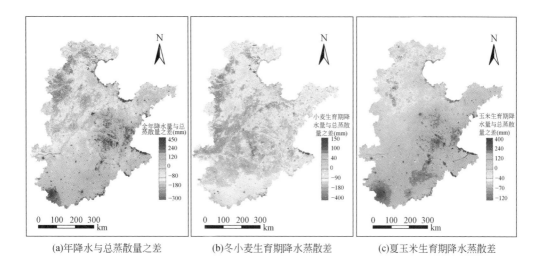

(a)年降水与总蒸散量之差　　　(b)冬小麦生育期降水蒸散差　　　(c)夏玉米生育期降水蒸散差

图 4-2-5　华北平原 10 年平均的降水蒸散差额之空间分异

麦季土壤水分增加的区域主要集中在华北平原中东部地区。小麦生育期土壤含水量的变异系数由西向东逐渐降低。潜在蒸散变化可能是影响实际蒸散和土壤水分变化的主要原因。华北平原中西部灌溉麦田土壤水分的变化受人类活动影响较多，与气候因子关系不大。

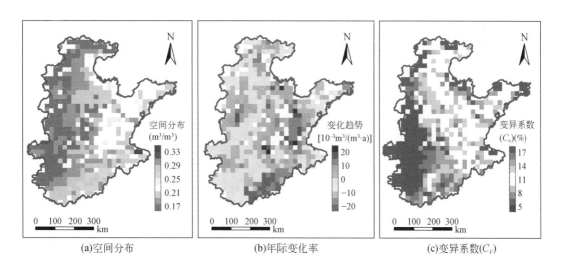

(a)空间分布　　　　　　　(b)年际变化率　　　　　　(c)变异系数(C_V)

图 4-2-6　小麦生育期土壤含水量

　　4）夏季遥感土壤表层水分的变化趋势（图 4-2-7）。夏季玉米季土壤多年平均含水量呈现由东南向西北递减的空间分异性。玉米季除河南北部、山东部分地区、河北中部等地土壤水分略有减少外，其他地区的土壤含水量呈现年际增加的趋势。玉米生育期平均土壤含水量的年际变异系数由南向北逐渐减小。

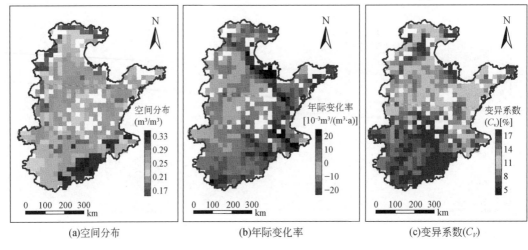

(a)空间分布　　　　　　　　　(b)年际变化率　　　　　　　　　(c)变异系数(C_V)

图 4-2-7　玉米生育期土壤含水量

利用 VIP 生态水文动力模型，结合 MODIS 遥感数据，对松花江流域 2000～2010 年 ET 与 GPP 季节及年际的空间分布及其对气候波动的响应进行了分析（图 4-2-8）。主要结果如下。

1）不同植被类型的耗水特征。松花江流域 ET 年均值为 374±56mm，其中草地为 297mm，水田 624mm，常绿针叶林、混交林及落叶阔叶林分别为 394mm、388mm 和 412mm，湿地为 578mm，湖泊年 ET 值为 600～900mm，大于降水值且接近潜在蒸发值。降水量小的区域 ET 值约低至 200mm。整个流域 82% 的降水被保存在植被和土壤中，仅有 18% 被人类和生态系统的其他部分利用。对于水体、湿地和稻田地区而言，年均 ET 高于降水，然而对于旱田、灌丛、草地和森林地区年均 ET 低于降水。

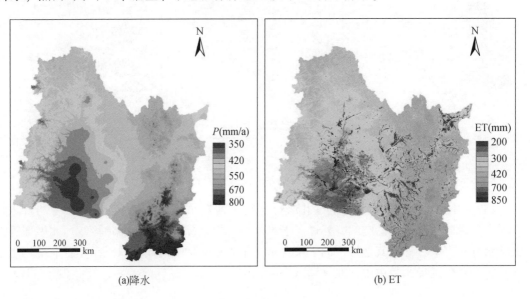

(a)降水　　　　　　　　　　　　(b) ET

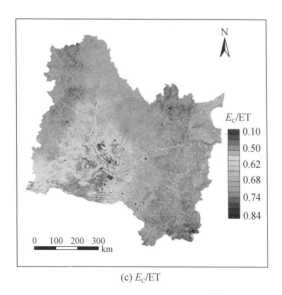

(c) E_C/ET

图 4-2-8 松花江流域降水、ET 和蒸腾/蒸散比

2）流域蒸散变化趋势。ET 在农田和草地呈现增长趋势，而在水体和湿地则呈现下降趋势，在其他植被类型地区无显著的变化趋势，整个研究区的 ET 表现出弱增长趋势（图 4-2-9）。

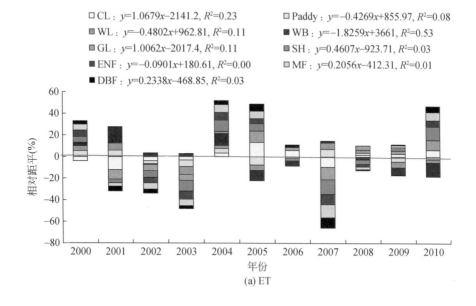

CL：$y=1.0679x-2141.2$，$R^2=0.23$ Paddy：$y=-0.4269x+855.97$，$R^2=0.08$
WL：$y=-0.4802x+962.81$，$R^2=0.11$ WB：$y=-1.8259x+3661$，$R^2=0.53$
GL：$y=1.0062x-2017.4$，$R^2=0.11$ SH：$y=0.4607x-923.71$，$R^2=0.03$
ENF：$y=-0.0901x+180.61$，$R^2=0.00$ MF：$y=0.2056x-412.31$，$R^2=0.01$
DBF：$y=0.2338x-468.85$，$R^2=0.03$

(a) ET

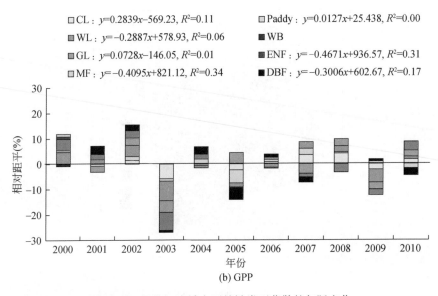

图 4-2-9 松花江流域主要植被类型蒸散的年际变化

第3章 未来气候变化对典型区域径流、农业耗水的影响

3.1 未来气候变化下黄淮海平原作物产量、蒸散、灌溉需求变化

基于 IPCC SRES A2 和 B2 情景，选用 6 个 IPCC 推荐的模拟效果较优的 GCMs，包括哈得莱中心耦合模式（HADM3）、地球物理流体动力实验室模式（GFDL）、欧洲中心中尺度天气预报与汉堡模式（ECHM）、联邦科工组织（CSIRO）标志模式、气候研究系统中心和国家环境研究所模式（NIES）以及第二代耦合的全球气候模式（CGCM），采用 WRF 模式系统（3.0 版，http：//www.wrfmodel.org）进行动力降尺度，生成 20 世纪 70 年代至 21 世纪 50 年代气候情景数据，运行 VIP 模型，模拟了华北平原小麦玉米产量和蒸散量的变化。主要结果如下。

1）历史条件下小麦、玉米产量蒸散的空间格局（图 4-3-1）。区域平均小麦产量为 2286 ~ 7362kg/hm²，南部充足的光温资源使得冬小麦产量呈现南高北低的变化趋势，区域平均产量为 5739±892kg/hm²。玉米产量为 4878 ~ 9272kg/hm²，区域平均产量为 8120±701kg/hm²，由于玉米生长灌溉较少，以雨养为主，其产量的分布受降水量分布影响较大。冬小麦蒸散量变化幅度为 178 ~ 502mm，呈现由北向南递增的趋势，北部冬小麦蒸散量为 400 ~ 450mm，南部大部分地区冬小麦蒸散量为 450 ~ 500mm，其区域平均值为 439±33mm。玉米蒸散量变化幅度为 259 ~ 477mm，北部地区低于南部地区，其中北部地区蒸散量为 300 ~ 400mm，南部地区为 400 ~ 450mm，其区域平均值为 397±39mm。

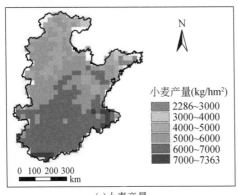

(a)小麦产量

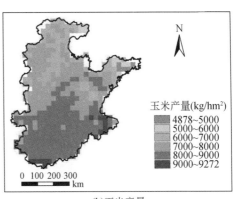

(b)玉米产量

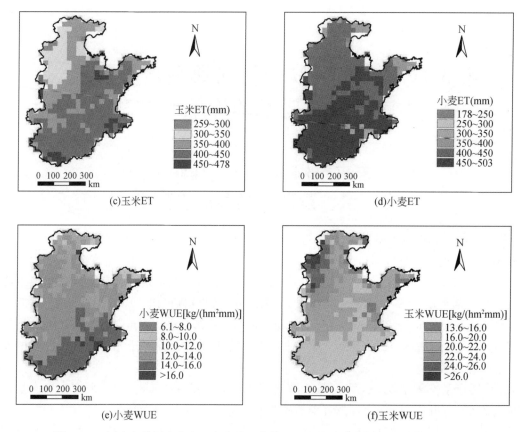

(c)玉米ET   (d)小麦ET

(e)小麦WUE   (f)玉米WUE

图 4-3-1　历史条件下小麦和玉米产量、蒸散量和水分利用效率（WUE）的分布图

2）未来 B2a 和 A2a 两种情景下小麦、玉米产量的空间格局（图 4-3-2）。无论 B2a 还是 A2a 情景下，多个模式模拟的小麦平均产量均呈增加趋势，玉米产量呈减少趋势。在相同情景下 21 世纪 80 年代相对于 50 年代的温度升高，将造成小麦产量的大幅增加和玉米产量的显著减少。

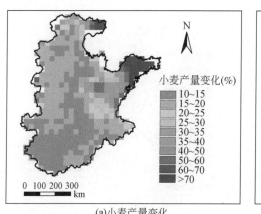

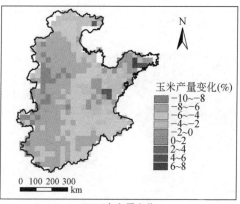

(a)小麦产量变化   (b)玉米产量变化

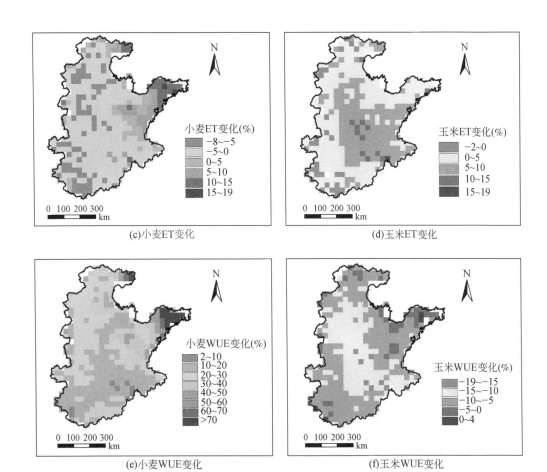

图 4-3-2　ECHM 模式下 B2a 情景下 21 世纪 50 年代小麦和玉米产量、蒸散量和水分利用效率的分布

3）未来 B2a 和 A2a 两种情景下小麦、玉米蒸散的空间格局。B2a 情景下，采用多个模式模拟的 21 世纪 50 年代小麦平均蒸散量均呈减少趋势，最多减少 3.3%，仅 HADM 模式预测略增（0.3%），80 年代，NIES 模式预测的小麦蒸散量将减少 6.0%。A2a 情景下小麦蒸散量变化与 B2a 情景一致，仍为 NIES 模式预测的减少最多，50 年代和 80 年代依次为 -4.2% 和 -11.1%。对于玉米蒸散量而言，各模式预测的结果差异较大。

IPCC 第五次评估结果发布后，我们基于国家气象中心提供的 WCRP 耦合模式预测结果，分 RCP2.6、RCP4.5 和 RCP8.5 3 种情景，分析了华北平原未来 50 年（2011～2060 年）冬小麦不同品种种植适宜性变化特征。利用 VIP 模型，假定种植制度不变，模拟分析了 3 种温室气体排放情景下华北地区 21 世纪 20～50 年代地表蒸散（图 4-3-3）和径流的变化。主要结果如下。

1）地表蒸散量变化特征。年总蒸散量在全流域都增加，随着代际的增加，ET 增幅加大。总体而言，ET 在北部和南部的增幅高于中部，在 21 世纪 50 年代时 RCP4.5 和 RCP8.5 情景下 ET 增幅高达 10%，这是由于北部降水增加较多，土壤湿度上升，导致 ET 明显增加的缘故。而南部雨水较丰沛，在增温较多的情况下，大气蒸发能力的提高导致实

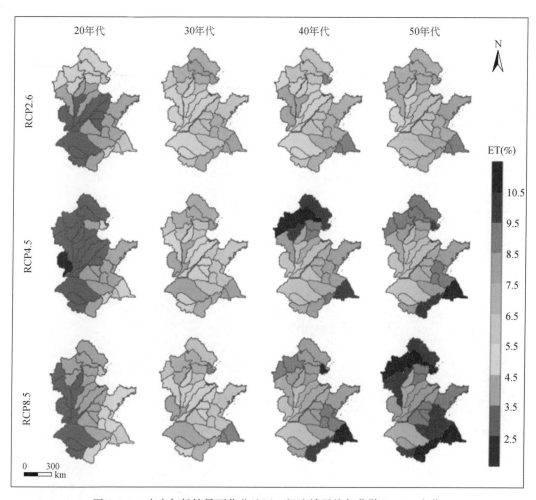

图 4-3-3　未来气候情景下华北地区三级流域平均年蒸散（ET）变化

际蒸散较大幅度的上升。从整个区域平均而言，在 30 年代之前，RCP2.6 情景下 ET 增加更明显。在 40 年代后，RCP2.6 和 RCP4.5 情景下 ET 的增幅趋于平稳，而 RCP8.5 情景下，ET 呈稳步上升趋势，主要是由于降水和温度亦同步上升。总体而言，50 年代，ET 增幅为 6%~10%，略高于降水增幅。ET 增幅大于降水增幅预示在未来气候变化情景下流域的产流能力下降，水资源量将有所减少。

2）作物系统需水的变化。在 3 个情景下，21 世纪 50 年代水稻-小麦轮作系统的总 ET 将增加 8%~16%；小麦-玉米轮作系统将增加 7%~10%。这意味着维持现在的耕作制度，农业将消耗更多水资源，势必加剧区域水资源的紧张局势。

3）地表径流变化（图 4-3-4）。对于地表径流而言，南部增幅较小甚至略有减少，而北部流域地表径流深增加明显，径流增幅亦较大，在 RCP4.5 和 RCP8.5 情景下 21 世纪 50 年代地表径流增幅可达 20%。在降水量不高的北方地区，径流对降水变化的响应呈放大效应，即地表径流增幅大于降水增幅。而在华北的南部地区，径流的增幅小于降水的增幅，因为增温导致的高蒸散率抵消了降水的增加。

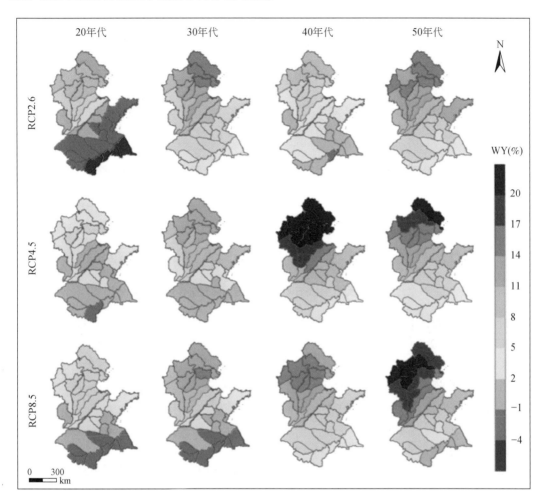

图 4-3-4　未来情景下华北地区三级流域平均地表径流年总量的变化

4）水量盈亏的变化（图 4-3-5）。以降水总量–蒸散量（即 P-ET）为流域水量盈亏量的表征。黄河以南的流域水分盈余量较大，为 50～250mm，北部和西北的太行山区流域水量盈余小于 50mm。河北平原区水量亏缺 0～100mm。太行山前平原区为传统农业高产区，灌溉量大，需要外来调水和地下水超采补充。与基准期相比，华北地区水分盈余量下降，从低到高的排放情景下，盈余量将下降 4%～24%，其中下降最为明显的是南部水稻种植区，未来增温情景下，水稻灌溉需水增幅可高达 30%～50%。

5）适应对策评估。气候变化背景下，冬小麦生育期缩短是其蒸散量减少的主要原因。假定为维持产量而调整作物品种，以使收获期保持当前状况，则 95% 以上的区域冬小麦蒸散量变化由减少趋势变为增加趋势，21 世纪 50 年代冬小麦蒸散量区域平均将增加 4%～6%。蒸散量的增加导致冬小麦灌溉量呈现增加趋势，50 年代研究区冬小麦灌溉量将增加 4.5%～6.8%。

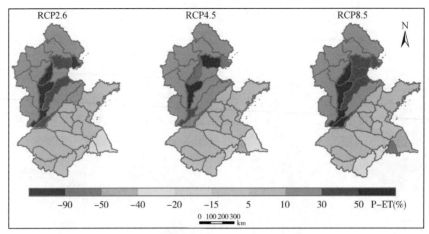

图 4-3-5　未来情景下华北地区三级流域水量盈亏的变化

3.2　未来气候变化下东北松嫩−三江平原径流、农业需水、灌溉需水变化

根据国家气象中心提供的 WCRP 耦合模式的预测结果，基于 RCP4.5 和 RCP8.5 情景，分析了未来 40 年（2010~2049 年）松嫩−三江平原降水量、平均温度时空变化规律。采用分布式流域水文模型 SWAT、McCloud，估算未来 40 年水稻生育期内（5~9 月）潜在蒸散量，在不考虑水稻品种变化的情况下，预测了 RCP4.5 情景下未来 30 年（2021~2050 年）松花江流域径流时空变化及主要农作物（水稻和玉米）需水量和灌溉需水量时空格局。

1）未来情景下径流变化（图 4-3-6）。与基准期（1980~2009 年）相比，RCP4.5 情景下，2020~2049 年嫩江流域平均年降水量减少 1.37%，而第二松花江流域平均年降水量增加了 7.94%。松花江流域不同集水区的径流深都在不断减小，松花江流域下游佳木斯

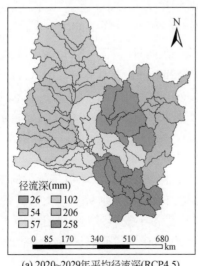

(a) 2020~2029年平均径流深(RCP4.5)

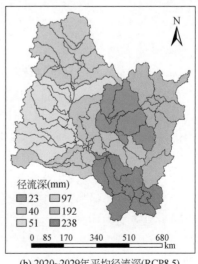

(b) 2020~2029年平均径流深(RCP8.5)

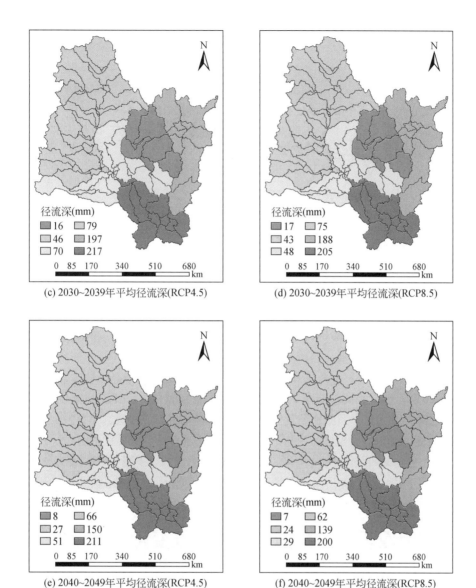

(c) 2030~2039年平均径流深(RCP4.5)　　　　　(d) 2030~2039年平均径流深(RCP8.5)

(e) 2040~2049年平均径流深(RCP4.5)　　　　　(f) 2040~2049年平均径流深(RCP8.5)

图 4-3-6　基准期与未来 30 年（RCP4.5 和 RCP8.5 情景下）松花江流域年径流深空间分布

站 2021 ~ 2050 年平均径流量由基准期的 1992.8m³/s 减少到 1587.2m³/s，减小幅度为 20.4%。嫩江流域、松花江下游控制站点的年径流量分别减少 33% 和 15.9%。

2）未来情景下作物需水量的变化。在 RCP4.5 和 RCP8.5 两个情景下，松嫩-三江平原水稻需水量均呈增加趋势；三江平原增加趋势高于松嫩平原。松嫩平原玉米需水量呈增加趋势；三江平原玉米需水量变化较小。未来 40 年，松嫩平原水稻全生育期需水量及灌溉需水量均呈波动增加（图 4-3-7），其中需水量以 32.5mm/10a 的速率增长，灌溉需水量以 19.9mm/10a 的速率增长，比需水量增长速率低 38.8%。其原因在于有效降水量呈波动式上升，以 12.6mm/10a 的速率增长，缓解了水稻需水量增加带来的水分需求。

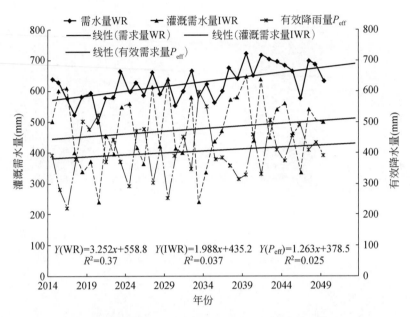

图 4-3-7　未来 40 年松嫩–三江平原水稻全生育期需灌溉水量时间变化

3）未来情景下作物灌溉需水量的变化。空间变化上，水稻灌溉需水量等值线沿西南—东北方向递减；灌溉需水量等值线北移，但幅度较过去 40 年小。在时间变化上，灌溉需水量随年代呈增加趋势。21 世纪 10 年代灌溉需水量为 250～650 mm，40 年代灌溉需水量为 300～750mm，为 10 年代灌溉需水量的 1.20～1.15 倍，说明未来气候变化对松嫩平原水稻水分需求的影响将相对减弱。

3.3　利用夏季风指数预测未来气候变化下黄河中游径流

基于百余年夏季风强度指数（ISM）和黄河中游天然径流量数据，利用小波理论分析它们的周期特点，并利用交叉小波和小波相干方法探讨夏季风对黄河中游径流量在不同年代际周期上的影响。分析表明，黄河中游各区间径流量与东亚夏季风在 80 年周期上具有较好的一致性，而在 40 年周期上一致性较差。

将 GCM 模型预测的结果（SRES A1b 中等排放情景）与 1873～2013 年 EASMI 同化，延长 EASMI 到 2060 年，用于预测降水和未来径流变化（图 4-3-8）。预测结果表明，我国将于 21 世纪 30 年代末开始进入强季风和北方强降水时期，窗口为 10～15 年，而 2001 年之后北方降水偏多的现象即将结束，下一轮北旱南涝格局将于 2014 年和 2015 年开始。

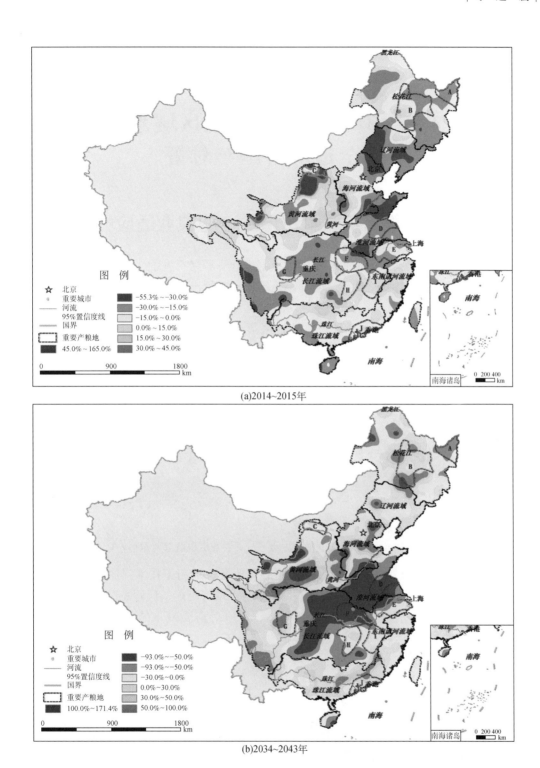

(a)2014~2015年

(b)2034~2043年

图 4-3-8　预测季风区短期和中长期径流深变化

第4章　保障粮食安全的区域水资源安全适应措施与对策

4.1　基于华北平原水资源安全的农业适应性对策

采用 VIP 模型，根据不同情景和不同种植制度计算栅格尺度的水分盈亏，揭示出华北平原水分亏缺程度的时空变化规律，明确调控区域，并给出应对未来气候变化的种植制度适应对策。

1）未来气候背景下，水分亏缺严重的地区形势更为严重。灌溉需水量的大幅增加使得海河南系和徒骇马颊河流域农业用水亏缺加剧，如图 4-4-1 所示。

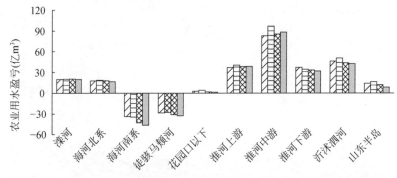

图 4-4-1　21 世纪 50 年代华北平原二级子流域农业用水盈亏（单位：亿 m³）

2）未来气候变化背景下，作物育种策略必须改变。采用新技术，加速抗旱、抗逆品种的培育和应用，应当引起足够的重视（图 4-4-2）。培育更能适应暖冬的弱冬性抗旱小麦品种，筛选培育晚熟并适宜华北的玉米新品种，以应对增温带来的两熟种植系统的新要求，这对实现粮食的稳产和高产十分重要。

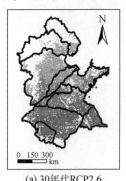
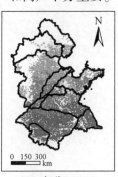
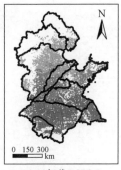
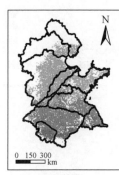

(a) 30年代RCP2.6　　(b) 30年代RCP4.5　　(c) 30年代RCP8.5　　(d) 基准

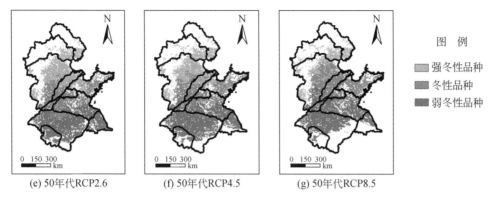

(e) 50年代RCP2.6　　(f) 50年代RCP4.5　　(g) 50年代RCP8.5

图 4-4-2　21 世纪 30 年代和 50 年代气候变化情景下不同品种冬小麦适宜种植区域分布

3）压缩高耗水作物种植面积是缓解华北平原农业水危机的必然选择。首先利用生态水文模型，基于栅格尺度，从水量平衡原理出发给出可供调整的具体区域，为因水制宜地进行作物品种布局、作物种植结构调整和改进种植制度提供了具体的区域目标，并给出了替代种植方案。研究成果为综合国内外粮食市场的变化，权衡华北地区粮食生产和生态保育之间的困境，提出了政策导向性的调整策略。

4）给出了不同调亏灌溉方式下麦田蒸散的变化和产量损失的幅度。与充分灌溉相比，调亏灌溉不同程度地降低了冬小麦产量和蒸散量。当保持灌溉上限和下限一致时，不同灌溉次数间产量差异和蒸散量低于 5%，而当保持灌溉次数一致时，不同灌溉上下限间产量差异和蒸散量差异高于 15%，说明改变灌溉上下限对产量和蒸散量的影响要大于改变灌溉次数，并且保证关键生育期灌溉量，减少灌溉次数对产量的影响不足 5%。

4.2　应对气候变化的松嫩–三江平原水资源适应性对策

未来 20 ~ 50 年与松嫩平原联系的松花江流域年径流量总体减少，松嫩–三江平原农业需水量和灌溉水量大幅度增加的趋势，意味着该地区未来水资源供需矛盾更加突出。结合目前松嫩–三江平原的农业种植结构、农业供水及用水现状等因素，提出了应对气候变化的松嫩–三江平原水资源适应性对策措施，以期为松嫩–三江平原农业可持续发展提供对策。主要结论如下。

1）未来松嫩–三江平原的水资源供需矛盾将更加突出。未来 20 ~ 50 年与松嫩平原联系的松花江流域年径流量总体减少，而松嫩–三江平原农业需水量及灌溉需水量将大幅度增加，两者之间矛盾将更加突出。

2）需尽快完成未来气候变化情景下松嫩–三江平原农业水资源优化配置及承载力评估，为农业种植结构布局、调整提供科学依据。

3）尽快实现从传统的粗放型灌溉农业和旱地雨养农业向以建设节水高效的现代灌溉农业和现代旱地农业为目标的农业用水方式转变，提高水资源利用率和利用效率。

4）高度重视未来气候变化对粮食主产区水资源供给安全性的影响，从全流域角度审视水资源系统变化，协调各时段流域上-中-下游水利工程下泄水量与引（调）水量分配关系，加快加强农业水利基础设施建设，制订水资源优化调度方案，着力提高耕地灌溉率和灌溉保证率，保证粮食稳产高产，提高适应气候变化的粮食安全生产水资源保障能力。

5）适当控制水稻田种植规模的扩张，同时研发灌区水资源高效利用技术和信息管理系统，并进行大力推广应用，提供灌溉用水效率。

6）充分利用丰富的湿地资源，发挥湿地蓄洪抗旱的水文调节功能和湿地系统的水质净化功能，确定合理的湿地-流域面积比，规划设计湿地-农田系统优化格局，实现洪水资源化和控制大规模农田退水，这是应对气候变化、维护区域水安全的需求，也是恢复退化湿地的重要举措。

7）立足节水防污，重视开源，建议从黑龙江支流呼玛河向嫩江引水，加强研究国际河流水资源分配模式、基本原则与协商机制及对农业水资源供给的影响，合理开发利用界江界湖水资源，实现地表水地下水联合调度，遏制松嫩-三江平原地下水超采的局面。

课题五：气候变化对南方典型洪涝灾害
高风险区防洪安全影响及适应对策

以中国东部季风区频繁发生暴雨、洪水的珠江流域和淮河流域为研究对象，在水文循环模拟系统建立区域水循环洪水模块。基于长期水文监测及未来气候情景，开展气候变化对区域洪水强度、频率及时空分布影响的研究，分析洪涝极端事件对区域和城市的防洪工程设计和运行等防洪安全方面的影响，揭示气候变化背景下我国洪涝灾害高风险区洪水发生、演变及极端事件发生的规律，为应对气候变化对区域防洪体系风险影响而采取适应性措施提供科学依据。

第1章 未来二十年到五十年洪水情势预估

1.1 从 CMIP5 筛选可用的全球环流模式（GCMs）

1.1.1 CMIP5 模式对当前珠江流域降水模拟能力评估

对当前气候的模拟能力是衡量模式可信度的主要方法之一。通过当前（1970～1999 年）气候的平均变化和年际变化两方面来评估 47 个模式的模拟能力。其中，表征多年平均模拟值与实测值偏离程度采用相对误差 E_r：

$$E_r = (x_{sim} - x_{obs})/x_{obs} \times 100\% \tag{5-1-1}$$

表征模拟（实测）值与平均值的离散程度采用变差系数 C_v：

$$C_v = \sqrt{\frac{1}{n} \sum_{i=1}^{n} \left(\frac{x_i}{\bar{x}} - 1 \right)^2} \tag{5-1-2}$$

（1）相对误差 E_r

图 5-1-1 和表 5-1-1 给出了 1970～1999 年珠江流域年/季平均降水量模拟的 E_r 及统计结果。从图 5-1-1 和表 5-1-1 中可以看出，约 59.6%（28 个）的模式模拟存在负偏差，E_r 为–35.8%～85.6%，平均约偏多 4.7%。对春季降水模拟的效果相对较好，约 59.6% 的模式模拟值偏小，E_r 为–43.6%～84.7%，平均 E_r 仅 0.1% 左右；而对夏季降水模拟相对较差，63.8% 以上的模式模拟值偏大，E_r 为–51.5%～136.2%，平均约偏多 11.2%；对秋冬季降水模拟偏多的模式数量（46.8%）略小于偏少的模式（53.2%）数量，平均 E_r 分别为–6.6% 和 6.1%。

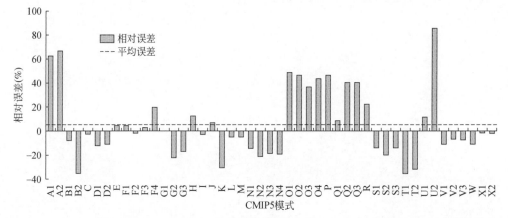

图 5-1-1　47 个 CMIP5 模式模拟 1970～1999 年珠江流域多年平均年降水量模拟与实测值的相对误差

表 5-1-1　1970～1999 年珠江流域多年平均年/季降水量模拟情况统计　（单位：%）

年/季	正偏差个数（比例）	最大正偏差	负偏差个数（比例）	最大负偏差	平均 E_r
年	19(40.4%)	85.6	28(59.6%)	−35.8	4.7
春	19(40.4%)	84.7	28(59.6%)	−43.6	0.7
夏	30(63.8%)	136.2	17(36.2%)	−51.5	11.2
秋	22(46.8%)	60.6	25(53.2%)	−47.0	−6.6
冬	22(46.8%)	89.5	25(53.2%)	−58.7	6.1

　　从月平均降水量的模拟上看（图 5-1-2），并非所有模式都能较好地模拟降水的年变化，一些模式还存在很大的不确定性。多模式模拟的平均值基本能够反映出降水的年变化，但对夏季（5～8 月）的模拟普遍偏大，平均偏多 20% 左右。

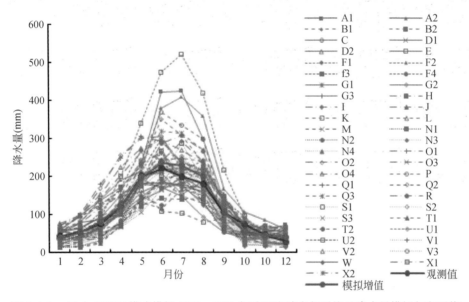

图 5-1-2　47 个 CMIP5 模式模拟 1970～1999 年珠江流域多年平均月降水量模拟与实测值

　　从模拟年平均降水量的 E_r 空间分布（图 5-1-3）上来看，E_r 为−60%～220%。少数模式在全流域模拟降水偏多，大多数模式模拟西江中、下游、北江、东江流域降水偏少，而在南盘江、北盘江降水偏多。

（2）变差系数 C_v

　　图 5-1-4 和表 5-1-2 给出了 1970～1999 年珠江流域年/季平均降水模拟的 C_v 差值及其统计结果。多达 91.5% 的模式模拟的年际变化大于实测值，C_v 差值为−0.017～0.081，平均偏大 0.024。从季变化上看，春季、秋季分别约有 74.5%、84.2% 的模式 C_v 模拟值大于实测值；而夏季、冬季多数模式 C_v 模拟值小于实测值。相对而言，夏季年际变化模拟较好，−0.097～0.074，平均差值约为−0.004。

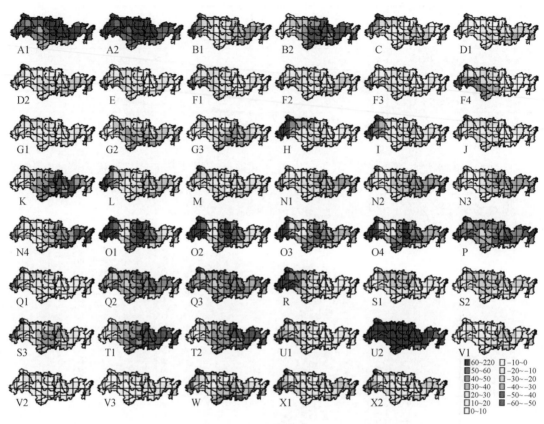

图 5-1-3　47 个 CMIP5 模式模拟 1970～1999 年珠江流域
年平均降水与实测值的相对误差（%）空间分布

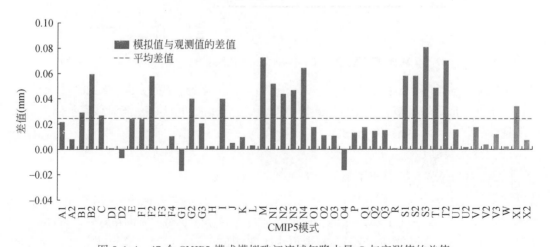

图 5-1-4　47 个 CMIP5 模式模拟珠江流域年降水量 C_v 与实测值的差值

表 5-1-2　47 个 CMIP5 模式模拟珠江流域年/季降水量 C_v 情况统计

年/季	正偏差个数（比例）	最大正偏差	负偏差个数（比例）	最大负偏差	平均差值
年	43(91.5%)	0.081	4(8.5%)	−0.017	0.024
春	35(74.5%)	0.119	12(25.5%)	−0.043	0.030
夏	22(46.8%)	0.074	25(53.2%)	−0.097	−0.004
秋	41(87.2%)	0.303	6(12.8%)	−0.099	0.071
冬	15(31.9%)	0.385	32(68.1%)	−0.287	−0.065

从模拟年降水 C_v 差值的空间分布（图 5-1-5）上看，C_v 差值为 −0.09 ～ 0.20。多数模式模拟郁江等区域的 C_v 值偏大，南盘江、东江等区域偏小。

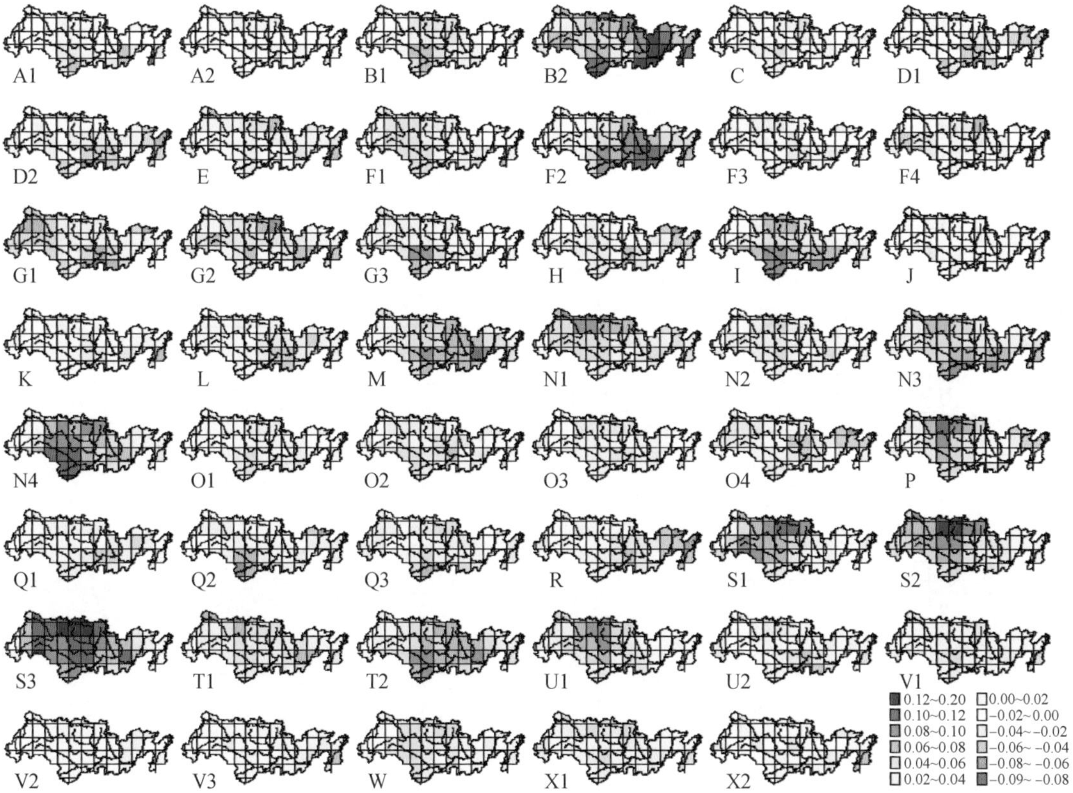

图 5-1-5　47 个 CMIP5 模式模拟 1970 ～ 1999 年珠江流域年降水 C_v 模拟值与实测值的差值空间分布

通过对 47 个全球气候模式模拟珠江流域当前降水的检验分析可知，虽然模式对降水的模拟还存在很大不确定性，但是多模式平均结果与实测值较为接近。多数模式过高估计了降水的年际变化，一些模式的模拟结果存在明显的相似性。

1.1.2　模拟结果相似性检验

针对 CMIP5 多模式模拟结果存在相似性的问题，进行独立性检验，计算四季平均相

关系数矩阵 $r_{i,j}$ ，采用 Interactive Data Language（IDL）程序语言中加权成对平均距离算法（the weighted pair-wise average distance algorithm）进行层次聚类，结果如图 5-1-6 所示。

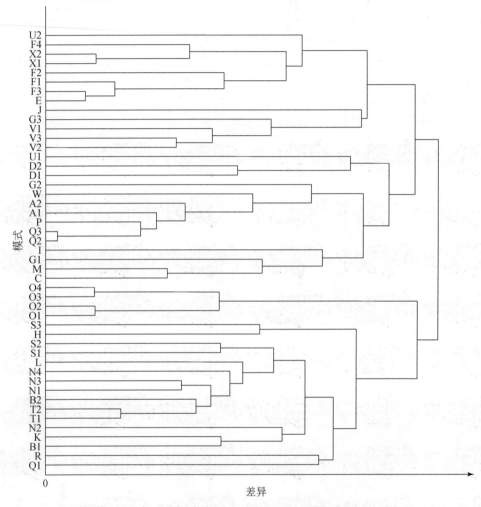

图 5-1-6　47 个气候模式层次聚类图

1.1.3　模式筛选

考虑多模式对珠江流域降水模拟结果的相似性，根据模式层次聚类分析的结果，将 47 个气候模式划分为 5 类，选取 BCC-CSM1.1（中国）、CanESM2（加拿大）、CSIRO-Mk3.6.0（澳大利亚）、GISS-E2-R（美国）和 MPI-ESM-LR（德国）5 个代表性模式用于珠江流域影响评估，对当前降水、气温模拟的误差见表 5-1-3。

表 5-1-3 5 个代表性气候模式模拟珠江流域年/季降水、气温（相对）误差

气候要素	气候模式	年	春	夏	秋	冬
气温（℃）	BCC-CSM1.1	−1.4	−0.4	−0.5	−2.0	−2.6
	CanESM2	1.1	3.0	−0.2	1.0	0.4
	CSIRO-Mk3.6.0	−0.8	0.4	−0.1	−1.2	−2.5
	GISS-E2-R	−0.1	0.8	−1.3	−1.2	1.1
	MPI-ESM-LR	0.3	2.0	−0.8	−1.0	1.0
降水（%）	BCC-CSM1.1	−8.0	−8.6	−21.3	21.5	4.8
	CanESM2	−12.6	−18.2	−11.9	−35.8	43.0
	CSIRO-Mk3.6.0	−3.0	−18.7	28.2	−29.6	−54.8
	GISS-E2-R	36.6	53.1	26.8	13.0	72.7
	MPI-ESM-LR	−7.0	−5.6	5.8	−32.5	−26.3

根据以上相同模式筛选方法和考虑，选取 BCC-CSM1.1、GISS-E2-R、HadGEM2-AO、MPI-ESM-MR 和 MRI-CGCM3 共 5 个模式用于淮河流域。

1.2 洪水预估不确定性的等级划分

此外，参考 IPCC（2007）处理结果不确定性的方法，给出 5 个代表性模式（GCMs_Rep）评估结果发生的可能性，评估结果的似然性定义见表 5-1-4。

表 5-1-4 评估结果似然性定义

术语	评估结果
很可能	5 个模式预估增加/减少
可能	4 个模式预估增加/减少
多半可能	3 个模式预估增加/减少
或许可能	与"多半可能"相反
不可能	与"可能"相反
很不可能	与"很可能"相反

1.3 珠江和淮河流域未来 20～50 年洪水预估

1.3.1 汛期年最大流量与日流量（径流深）相关分析

以王家坝站为例，分析逐年汛期最大日平均流量以及逐年汛期最大洪峰流量之间的相

关关系，两者相关系数为 0.96，且发生时间也比较一致。从图 5-1-7 两者的关系曲线可以看出，最大洪峰流量与最大日平均流量的变化基本一致，说明王家坝站年最大日平均流量和年最大洪峰流量关系比较密切，可以通过模拟的日平均流量过程说明未来时期不同情景下淮河上游洪水的变化特征。

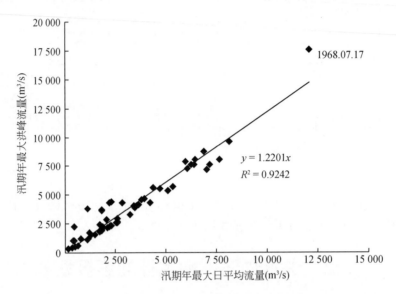

图 5-1-7　王家坝水文站日平均流量与日最大洪峰流量的相关曲线（1968 年 7 月 17 日）

1.3.2　基准期及未来 20～50 年日流量过程模拟

通过对比分析 RegCM4.0、GCMs_Ens、GCMs_Rep 3 套数据基准期及未来 20～50 年淮河流域 2 个典型断面，珠江流域 4 个典型断面的日流量过程和 RCP2.6、RCP4.5 和 RCP8.5 3 种情景下日流量均值的相对变化（表 5-1-5）可以看出，与基准期相比，RegCM4.0 模式 RCP4.5 情景下，除常乐断面日流量均值增加 6.4% 外，其他 5 个断面日流量均值减少 2%～14%；RCP8.5 情景下，除高要和常乐断面日流量均值增加，其他 4 个断面均有所减少。GCMs_Ens 数据 RCP2.6 情景下，蚌埠和临沂断面日流量均值增加幅度较大，均增加 38% 以上，高要断面增加约 5.8%，其他 3 个断面日流量均值均有所减少，减幅在 14% 以下；RCP4.5 和 RCP8.5 情景下，除石角和博罗断面日流量均值与 RegCM4.0 模式预估趋势一致外，其他 4 个断面均呈相反的变化趋势。GCMs_Rep 预估的 6 个典型断面日流量均值相对变化较小，变化幅度在 10% 以下。

表 5-1-5　不同数据 RCP2.6、RCP4.5 和 RCP8.5 情景下典型
断面日流量均值相对变化（相对于基准期 1971～2000 年）　　（单位:%）

数据	断面	未来情景下日流量均值相对变化		
		RCP2.6	RCP4.5	RCP8.5
RegCM4.0	蚌埠	—	-13.4	-23.8
	临沂	—	-5.6	-12.5
	高要	—	-4.3	0.3
	石角	—	-2.1	-1.9
	博罗	—	-5.3	-3.5
	常乐	—	6.4	23.1
GCMs_Ens	蚌埠	38.9	38.8	43.8
	临沂	70.6	66.2	78.8
	高要	5.8	7.0	-1.0
	石角	-5.0	-4.4	-30.2
	博罗	-10.0	-9.5	-34.6
	常乐	-13.2	-15.2	-38.3
GCMs_Rep	蚌埠	3.0	2.9	0.7
	临沂	-4.1	-0.1	0.7
	高要	-0.7	4.3	-0.3
	石角	-2.0	0.8	-3.5
	博罗	-1.3	5.2	-0.9
	常乐	1.2	10.0	4.1

1.3.3　极端水文事件对未来气候变化的响应

1. 极端降水对气候变化的响应

（1）珠江流域

表 5-1-6 给出了 RCP2.6、RCP4.5 和 RCP8.5 情景下，珠江流域 2021～2050 年不同重现期下的年最大 1d、3d、7d、15d、30d 降水量的相对变化。从表 5-1-6 中可以看出：①3 种气候数据预估极端强降水量均有所增加，增幅在 17% 以内；②1d、3d、7d 等短历时年最大降水量增幅相对较大，而 15d、30d 等长历时年最大降水量增幅相对较小。

（2）淮河流域

从表 5-1-7 中可以看出，GCMs_Ens 和 GCMs_Rep 预估极端强降水增加，其中 GCMs_Ens 预估强降水增加幅度较大，平均为 20% 左右；RCP4.5 情景下，RegCM4.0 预估 100a、50a 一遇年最大 30d 降水；RCP8.5 情景下，100a 一遇年最大 1d 降水、20a、10a 一遇年最大 3d 降水将增加，其他重现期下极端降水量将减少。

表 5-1-6　珠江流域 2021～2050 年不同重现期下年最大 1d、3d、7d、15d、30d
连续降水量相对变化（与基准期 1971～2000 年相比）　　（单位:%）

重现期	数据名称	排放情景	1d	3d	7d	15d	30d
	RegCM4.0	RCP4.5	10.5	11.1	10.6	8.7	6.1
		RCP8.5	7.4	12.9	14.6	9.6	5.6
		RCP2.6	5.7	5.0	4.7	4.2	4.0
	GCMs_Ens	RCP4.5	6.6	5.7	4.9	4.6	4.4
$T=100$a		RCP8.5	8.0	6.6	5.6	5.3	5.0
		RCP2.6	5.5	3.8	2.4	4.6	2.8
	GCMs_Rep	RCP4.5	13.9	16.1	15.3	16.3	11.9
		RCP8.5	11.2	9.2	9.8	9.4	8.0
		RCP2.6	—	—	—	—	—
	RegCM4.0	RCP4.5	9.7	10.2	9.8	7.9	5.6
		RCP8.5	7.2	12.0	13.4	8.9	5.3
		RCP2.6	5.5	4.8	4.5	4.1	3.9
$T=50$a	GCMs_Ens	RCP4.5	6.3	5.5	4.8	4.5	4.3
		RCP8.5	7.7	6.4	5.4	5.1	4.9
		RCP2.6	5.8	4.1	2.9	4.6	2.8
	GCMs_Rep	RCP4.5	13.2	15.2	14.3	15.0	11.1
		RCP8.5	10.8	9.1	9.4	8.8	7.5
		RCP2.6	—	—	—	—	—
	RegCM4.0	RCP4.5	8.2	8.9	8.6	6.7	4.9
		RCP8.5	6.9	10.6	11.5	7.9	4.8
		RCP2.6	5.1	4.6	4.3	3.9	3.8
	GCMs_Ens	RCP4.5	5.9	5.2	4.6	4.3	4.1
		RCP8.5	4.2	3.0	2.3	2.0	1.9
		RCP2.6	6.2	4.5	3.6	4.4	2.9
		RCP4.5	12.0	13.8	12.9	12.9	10.0
$T=20$a	GCMs_Rep	RCP8.5	10.3	8.8	8.8	8.0	6.8
		RCP4.5	6.8	7.6	7.3	5.5	4.1
		RCP8.5	6.5	9.2	9.9	7.0	4.3
		RCP2.6	4.7	4.3	4.1	3.8	3.7
	GCMs_Ens	RCP4.5	5.5	4.9	4.4	4.1	4.0
		RCP8.5	4.6	3.6	3.0	2.7	2.6
		RCP2.6	6.6	4.9	4.2	4.2	2.9
	GCMs_Rep	RCP4.5	10.9	12.5	11.6	11.1	9.0
		RCP8.5	9.7	8.5	8.2	7.2	6.1

表 5-1-7　淮河流域 2021～2050 年不同重现期下年最大 1d、3d、7d、15d、30d
连续降水量相对变化（与基准期 1971～2000 年相比）　（单位:%）

重现期	数据名称	排放情景	1d	3d	7d	15d	30d
$T=100a$	RegCM4.0	RCP2.6	—	—	—	—	—
		RCP4.5	−11.4	−8.3	−4.9	−4.0	0.2
		RCP8.5	2.2	−0.5	−1.3	−2.4	−5.2
	GCMs_Ens	RCP2.6	23.2	23.1	23.1	23.0	23.0
		RCP4.5	18.4	18.2	18.3	18.9	19.2
		RCP8.5	23.2	23.1	23.1	23.0	23.0
	GCMs_Rep	RCP2.6	14.5	11.6	9.8	7.1	8.3
		RCP4.5	12.8	9.5	8.0	5.1	9.5
		RCP8.5	10.5	9.1	7.5	5.2	8.9
$T=50a$	RegCM4.0	RCP2.6	—	—	—	—	—
		RCP4.5	−10.0	−7.2	−4.4	−3.9	0.1
		RCP8.5	2.3	−0.3	−1.0	−2.2	−4.7
	GCMs_Ens	RCP2.6	22.4	22.5	22.6	22.6	22.7
		RCP4.5	18.2	18.1	18.4	18.9	19.3
		RCP8.5	21.0	20.8	21.4	22.0	22.4
	GCMs_Rep	RCP2.6	14.6	11.5	9.7	6.8	7.4
		RCP4.5	11.9	8.6	6.8	4.4	8.0
		RCP8.5	9.6	8.0	6.5	4.6	7.9
$T=20a$	RegCM4.0	RCP2.6	—	—	—	—	—
		RCP4.5	−7.9	−5.4	−3.6	−3.7	−0.1
		RCP8.5	2.4	0.1	−0.7	−1.9	−3.8
	GCMs_Ens	RCP2.6	21.2	21.5	21.8	22.0	22.2
		RCP4.5	17.9	18.1	18.4	19.0	19.4
		RCP8.5	20.6	20.6	21.3	21.9	22.3
	GCMs_Rep	RCP2.6	13.6	11.0	8.9	6.3	6.1
		RCP4.5	9.7	6.6	4.9	2.8	5.9
		RCP8.5	8.2	6.4	5.0	3.7	6.6
$T=10a$	RegCM4.0	RCP2.6	—	—	—	—	—
		RCP4.5	−5.7	−3.6	−2.8	−3.4	−0.3
		RCP8.5	2.4	0.3	−0.5	−1.6	−3.2
	GCMs_Ens	RCP2.6	20.2	20.7	21.2	21.5	21.9
		RCP4.5	17.6	18.0	18.4	19.0	19.6
		RCP8.5	20.2	20.4	21.1	21.7	22.2
	GCMs_Rep	RCP2.6	11.9	10.2	7.6	5.5	4.7
		RCP4.5	7.3	4.6	3.3	1.6	4.1
		RCP8.5	7.1	5.3	4.1	3.1	5.3

2. 洪水频率和强度对气候变化的响应

(1) 珠江流域

图 5-1-8 给出了 RCP4.5 和 RCP8.5 情景下珠江流域 23 个典型断面最大日平均流量重现期的相对变化。以高要断面为例，RCP4.5 和 RCP8.5 情景下 100a 一遇洪水，分别仅相当于基准期内24a和15a一遇洪水，重现期的缩短表明未来极端洪涝水文事件的发生可能更加频繁。

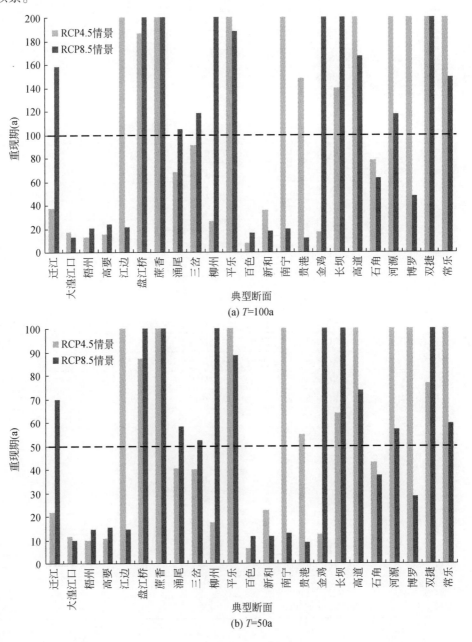

(a) *T*=100a

(b) *T*=50a

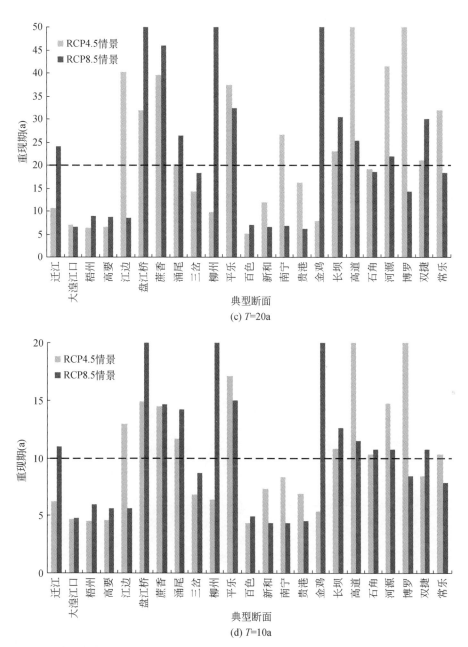

(c) *T*=20a

(d) *T*=10a

图 5-1-8　珠江流域典型断面 RCP4.5 和 RCP8.5 情景下最大日平均流量重现期变化

　　通过观察 RCP2.6、RCP4.5 和 RCP8.5 情景下 3 种气候模式数据预估的不同重现期下最大日平均流量强度相对变化结果（图 5-1-8）可以看出，GCMs_Ens 预估红水河、西江干流中下游、南盘江、北盘江、柳江、郁江洪水增加，而桂江、北江东江、粤西桂南沿海诸河有所减少。GCMs_Rep 预估柳江和桂江洪水呈减少趋势，其他河流均呈增加趋势。不同气候模式数据预估结果具有较高一致性的是西江干流中下游、南盘江、北盘江洪水有所增大。

从 5 个代表性模式模拟 50a 一遇的最大日平均流量变化似然性上看（图 5-1-9），RCP2.6 情景下 [图 5-1-9（a）]，南盘江、北盘江、北江中、上游、东江等河流极端洪涝水文事件可能增大，郁江和粤西桂南多半可能增大，红水河、柳江、桂江及西江干流中、下游多半可能减少。RCP4.5 情景下 [图 5-1-9（b）]，南盘江、北盘江、北江、东江下游、粤西可能增大，郁江、红水河、桂江多半可能减少，西江干流中、下游可能减少，柳江则很可能减少。RCP8.5 情景下 [图 5-1-9（c）]，南盘江、北盘江、北江中、下游、西江干流下游、东江、粤西可能增大，郁江、红水河、桂江、西江干流中游多半可能增大，桂江多半可能减少，柳江则可能减少。

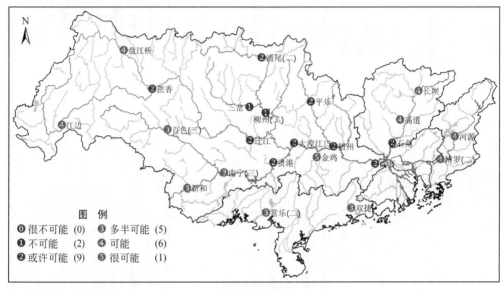

(a) RCP2.6情景

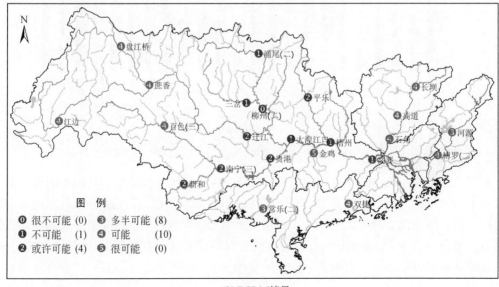

(b) RCP4.5情景

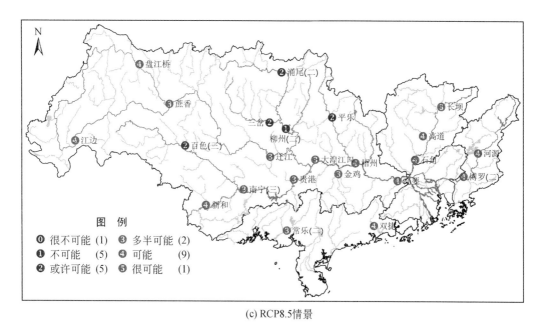

(c) RCP8.5情景

图 5-1-9　珠江流域典型断面不同情景下 50a 一遇最大日平均流量呈增加趋势的可能性

图 5-1-10 给出了 RCP4.5 和 RCP8.5 情景下珠江流域 23 个典型断面最大 30d 洪量系列重现期的相对变化。江边等断面洪水重现期较基准期有所缩短，表明未来极端洪涝水文事件的发生可能更加频繁。

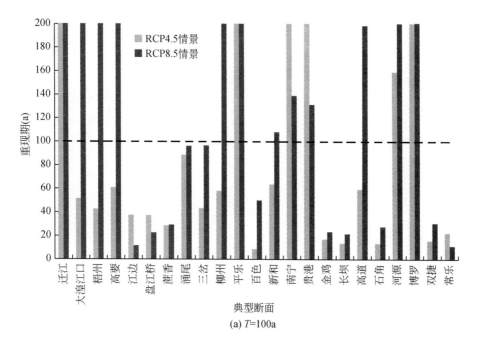

(a) T=100a

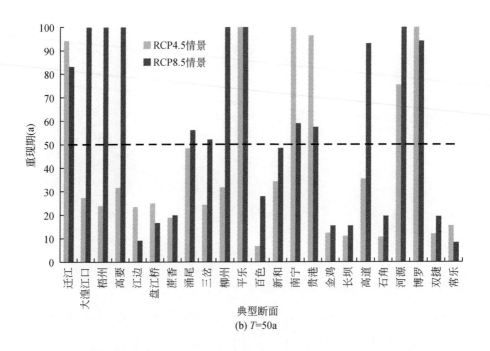

(b) *T*=50a

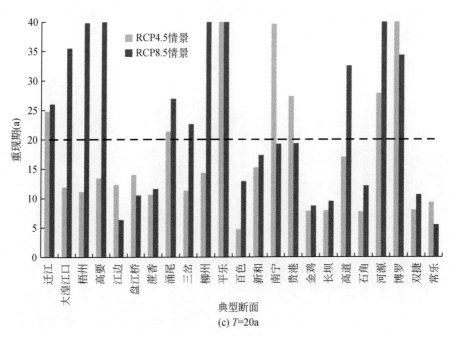

(c) *T*=20a

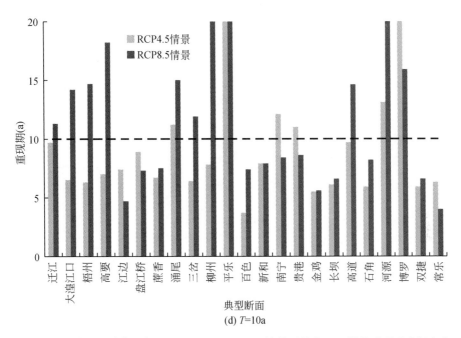

图 5-1-10　珠江流域典型断面 RCP4.5 和 RCP8.5 情景下最大 30d 洪量系列重现期变化

通过对比 RCP2.6、RCP4.5 和 RCP8.5 情景下珠江流域 3 种气候模式数据预估的不同重现期下最大日平均流量强度相对变化结果。研究发现，GCMs_Ens 预估红水河、西江干流中下游、南盘江、北盘江、柳江、郁江洪水增加，而桂江、北江、东江、粤西桂南沿海诸河有所减少；GCMs_Rep 预估柳江和桂江洪水呈减少趋势，其他河流均呈增加趋势。不同气候模式数据预估结果具有较高一致性的是，西江干流中下游、南盘江、北盘江洪水有所增大。

从 5 个代表性模式模拟 50a 一遇的最大 30d 洪量变化似然性上看（图 5-1-11），RCP2.6 情景下［图 5-1-11（a）］，郁江、东江下游、桂南等河流极端洪涝水文事件可能增大，南盘江、北盘江、红水河、西江干流中、下游、北江中游、粤西多半可能增大，柳江、桂江及北江上、下游多半可能减少。RCP4.5 情景下［图 5-1-11（b）］，除柳江多半可能减少外，全流域呈增加趋势可能性较大，其中南盘江、东江下游、桂南等很可能增大，郁江、桂江、西江干流中、下游、粤西可能增大。RCP8.5 情景下［图 5-1-11（c）］，与 RCP4.5 情景下结果相似，但多模式预估结果的一致性进一步提升。其中，除红水河等少数河流为多半可能增大/减少外，多数河流极端洪涝水文事件很可能或可能增大/减少。

（2）淮河流域

从 RCP4.5、RCP8.5 情景下特大洪水（$P=2\%$）相对变化的空间分布图中可以得到，RCP4.5 情景下，除汝河上游、沂河中下游、新沭河特大洪水有所增加外，其他区域均有不同程度减少。RCP8.5 情景下，除沙河、白露河、泗河以及沂河上游特大洪水有所减少外，其他区域均有不同程度的增加。

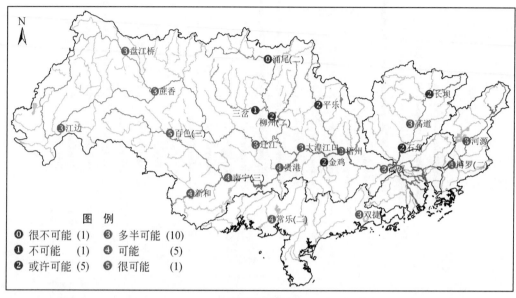

(a) RCP2.6情景

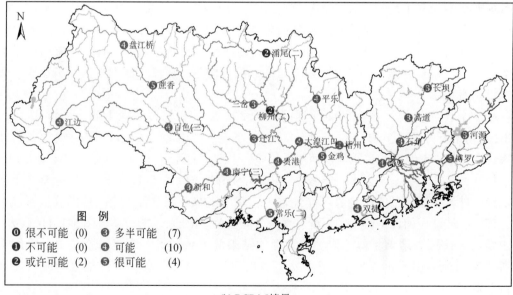

(b) RCP4.5情景

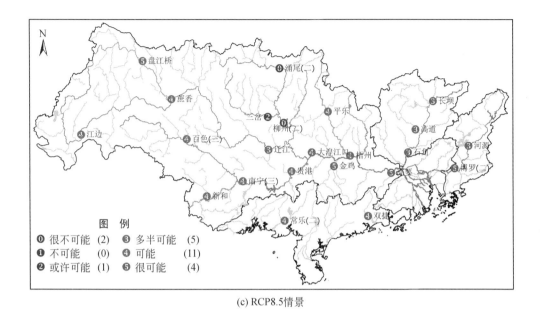

(c) RCP8.5情景

图 5-1-11　珠江流域典型断面不同情景下 50a 一遇最大日平均流量呈增加趋势的可能性

图 5-1-12 给出了 RCP4.5 和 RCP8.5 情景下淮河流域 22 个典型断面洪水重现期的相对变化。RCP8.5 情景下，多数断面重现期的缩短表明，淮河流域未来极端洪涝水文事件的发生可能更加频繁。

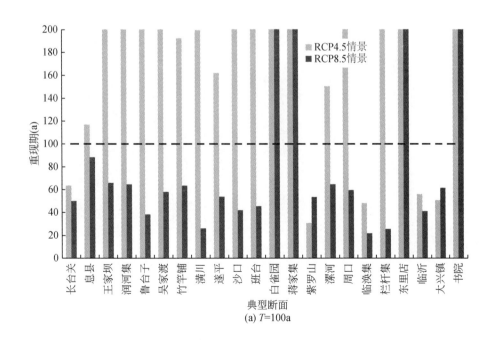

(a) T=100a

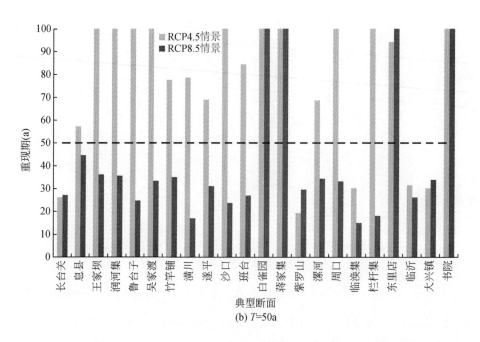

(b) T=50a

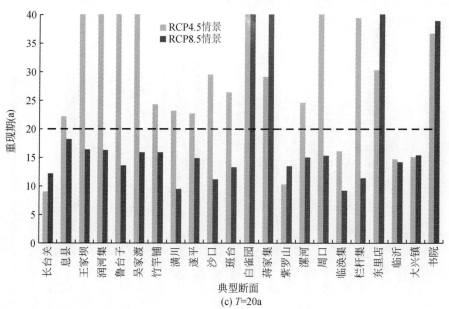

(c) T=20a

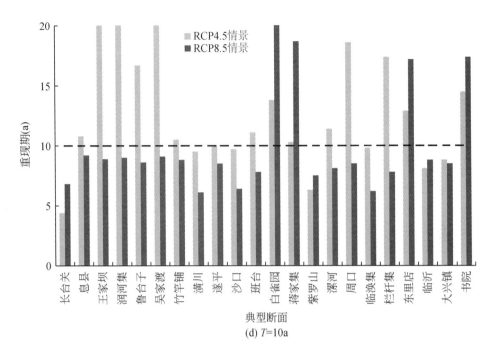

(d) T=10a

图5-1-12　淮河流域典型断面 RCP4.5 和 RCP8.5 情景下
最大日平均流量系列重现期相对变化

从 RCP2.6、RCP4.5 和 RCP8.5 情景下淮河流域 3 种气候模式数据预估的不同重现期下最大日平均流量强度相对变化结果统计中可以看出，不同气候模式数据预估最大日平均流量强度的相对变化差异较大。与 RegCM4.0 预估结果明显不同的是，GCMs_Ens 预估淮河流域几乎所有的河流极端洪涝事件将有不同程度的增加。GCMs_Rep 同 GCMs_Ens 预估结果基本相似，不同的是沂沭泗水系极端洪涝事件可能减少。

从 5 个代表性模式模拟 50a 一遇的最大日平均流量变化似然性上看（图5-1-13），RCP2.6 情景下［图5-1-13（a）］，汝河中下游、竹竿河、颍河等河流极端洪涝水文事件可能增大，小潢河、淮河干流中游、汝河中上游多半可能增大，沙河、白露河、沂河下游多半可能减少，新沭河、沂河。RCP4.5 情景下［图5-1-13（b）］，沙河、洪河等河流极端洪涝水文事件很可能增大，淮河干流中游、新沭河等可能增大，沙河、颍河、包河、沂河中下游等多半可能增大，淮河干流上游、竹竿河、小潢河等河流多半可能减少。RCP8.5 情景下［图5-1-13（c）］，除淮干上游多半可能减少和沂河、新沭河可能减少外，全流域呈增加趋势可能性较大，多数河流极端洪涝水文事件可能或多半可能增大。

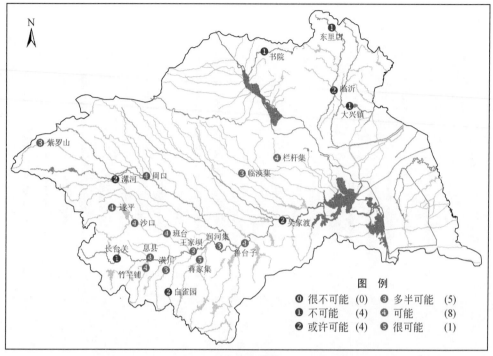

(a) RCP2.6情景

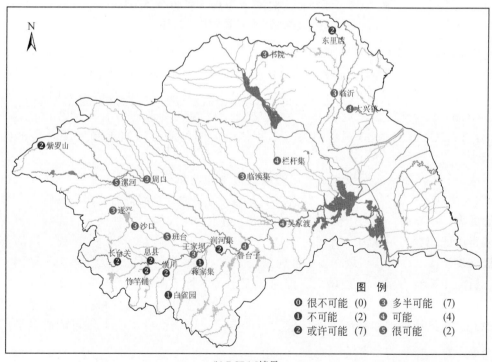

(b) RCP4.5情景

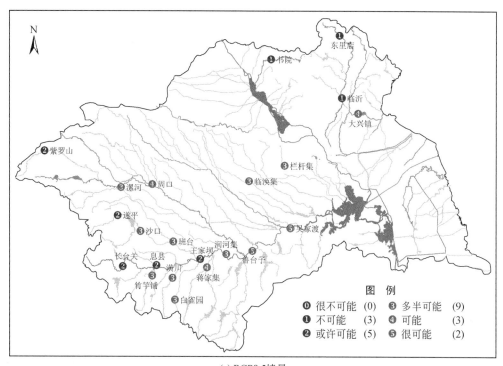

(c) RCP8.5情景

图 5-1-13 淮河流域典型断面不同情景下 50a 一遇最大日平均流量呈增加趋势的可能性

图 5-1-14 给出了 RCP4.5 和 RCP8.5 情景下淮河流域 22 个典型断面年最大 30d 洪量系列重现期的相对变化。以王家坝断面为例，对于基准期 100a 一遇的洪水，在 RCP4.5 情景下仅相当于 76a 一遇，在 RCP8.5 情景下大约为 330a 一遇；对于基准期 50a 一遇的洪水，在 RCP4.5 情景下仅相当于 41a 一遇，在 RCP8.5 情景下大约为 135a 一遇。这表明，RCP4.5 情景下，未来极端洪涝水文事件将更频繁。

从 RCP2.6、RCP4.5 和 RCP8.5 情景下淮河流域 3 种气候模式数据预估的不同重现期下最大日平均流量强度相对变化结果统计中可以看出，不同气候模式数据预估最大日平均流量强度的相对变化差异较大。与 RegCM4.0 预估结果明显不同的是，GCMs_Ens 预估淮河流域几乎所有的河流极端洪涝事件将有不同程度的增加。GCMs_Rep 同 GCMs_Ens 预估结果基本相似，不同的是沂沭泗水系极端洪涝事件可能减少。

从 5 个代表性模式模拟 50 年一遇的最大 30d 洪量变化似然性上看（图 5-1-15），RCP2.6 情景下 [图 5-1-15 (a)]，除沂河、新沭河可能或多半可能减少外，全流域呈增加趋势可能性较大，多数河流极端洪涝水文事件可能或多半可能增大。RCP4.5 情景下 [图 5-1-15 (b)]，汝河、颍河等河流极端洪涝水文事件可能增大，淮河干流中游、新沭河等河流多半可能增大，淮河上游、沂河、泗河等河流极端洪涝水文事件多半可能减少，竹竿河、小潢河、白露河等河流可能减少。RCP8.5 情景下 ［图 5-1-15（c）］，与 RCP4.5 情景下结果相似，其中除淮河干流上游、沂河、泗河等少数河流为可能/多半可能减少外，其他河流极端洪涝水文事件多半可能或可能增大。

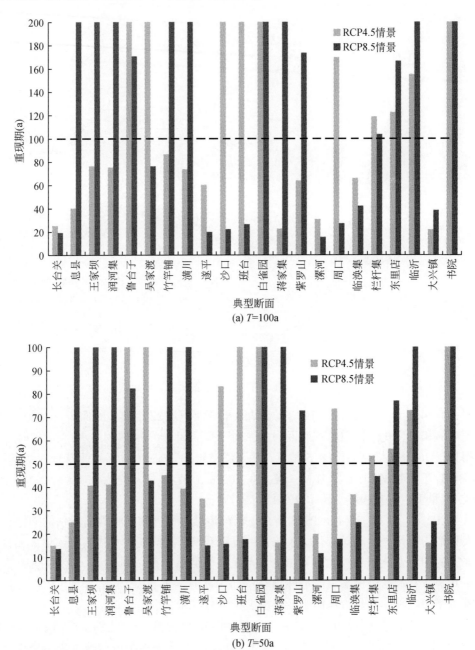

(a) T=100a

(b) T=50a

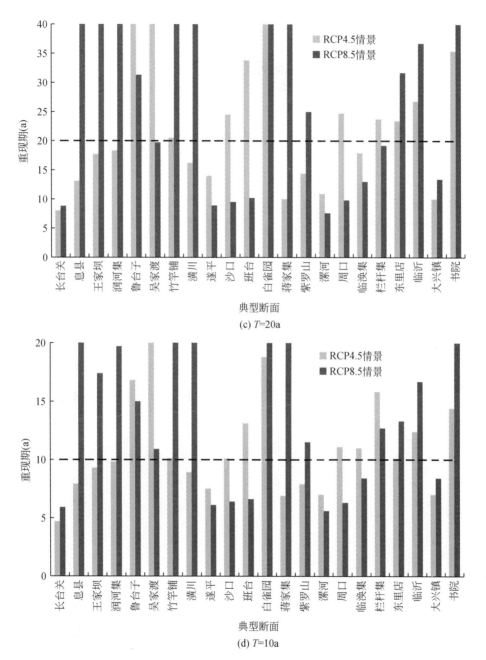

(c) *T*=20a

(d) *T*=10a

图 5-1-14 淮河流域典型断面 RCP4.5 和 RCP8.5 情景下最大 30d 洪量系列重现期的相对变化

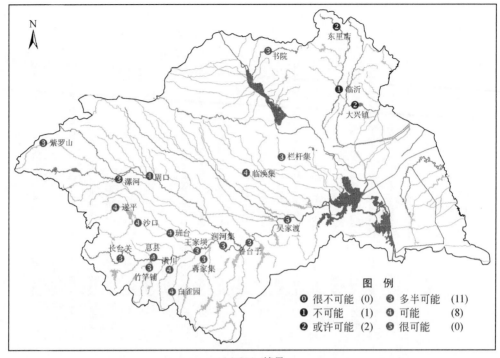

(a) RCP2.6情景

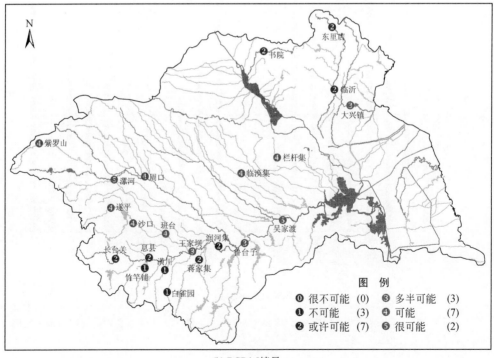

(b) RCP4.5情景

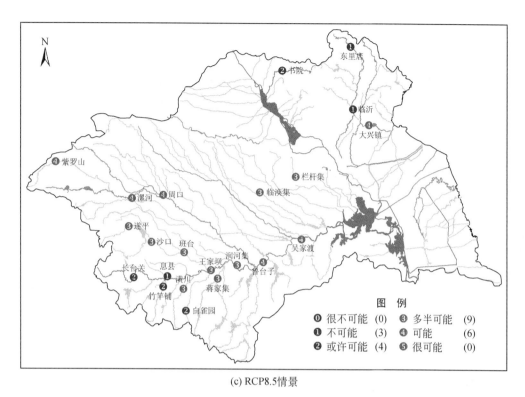

图 例

① 很不可能 (0) ③ 多半可能 (9)
① 不可能 (3) ④ 可能 (6)
② 或许可能 (4) ⑤ 很可能 (0)

(c) RCP8.5情景

图 5-1-15 淮河流域典型断面不同情景下 50a 一遇最大 30d 洪量呈增加趋势的可能性

第2章 气候变化条件下洪水频率
计算方法研究

2.1 气候变化下的洪水频率计算

以淮河为研究区域，利用水文观测资料、气候监测资料以及 17 个 CMIP5 模式对历史排放和未来 3 种排放情景下气候变化的模拟结果，筛选出与淮河上游流域水文极值关系显著的年平均北半球极涡强度指数，并将其作为预测因子，建立水文极值 GEV 分布的广义线性统计预测模型，对 RCP2.6、RCP4.5 和 RCP8.5 情景下 2006～2050 年淮河上游流域水文极值的变化趋势进行预测。不同再现期的极值分布分位值在未来情景中均呈现上升趋势，情景排放量越大，增幅越大，再现期越长，增幅也越大。与"极值的平均状态"相比，"极值的极值"更易受气候变化的影响，其增幅较"极值的平均状态"要大得多。相对于基准期 1970～2000 年，在中等排放的 RCP4.5 情景下，2021～2050 年 50a 一遇的最大 30d 累计面雨量和最大流量分别增大了 33.4% 和 28.2%。结果表明，从 GEV 分布的角度能够对水文极值的非平稳性和对气候变化的响应进行全面的刻画和分析，并从预测结果中提取水文极值变化的有效信息，从而为水文设计提供科学依据。

2.1.1 水文极值与气候影响因子关系的初步分析

(1) 观测分析

研究表明，淮河流域年最大流量和极端降水有较好的对应关系。但淮河上游流域的增温趋势对该地区水文极值的变化不具有指示作用。影响淮河上游流域 P_{max}^{30}（年最大 30d 累计面雨量）仍然是与副热带高压（简称副高）、极涡、经向环流和赤道平流层 QBO 有关的气候因子。北半球极涡强度指数、亚洲经向环流指数和赤道平流层 QBO 指数对水文极值具有较显著的指示作用，特别是赤道平流层 QBO 指数的指示作用最为显著（图 5-2-1，表 5-2-1）。

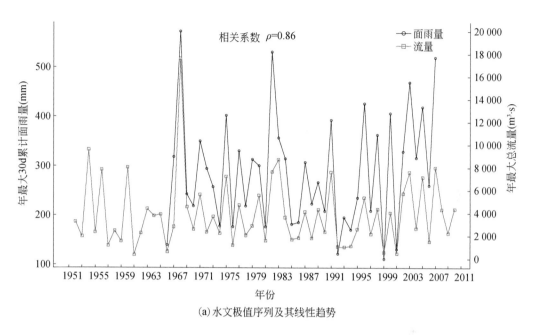

(a)水文极值序列及其线性趋势

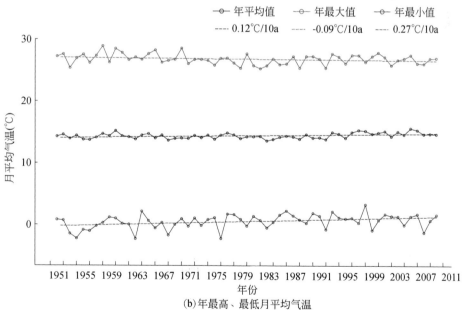

(b)年最高、最低月平均气温

图5-2-1　淮河上游流域水文气象变量时间序列变化

表 5-2-1　水文极值与气候指数之间的线性相关系数

气候指数	东太平洋副高脊线 (115°W～175°W)		东太平洋副高北界 (115°W～175°W)		太平洋区涡强度指数 (150°E～120°W)		大西洋欧洲区极涡强度指数 (30°W～60°E)		北半球极涡强度指数 (0°～360°)		亚洲经向环流指数 (60°E～150°E)		赤道平流层30hPa 纬向风 (0°～360°)	
	年平均值	年最大值	年平均值	年最大值	年平均值	年最大值	年平均值	年最大值	年平均值	年最大值	年平均值	年最大值	年平均值	年最大值
P_{max}^{30}	**0.40**	0.15	**0.35**	0.19	−0.37	−0.16	−0.31	−0.35	−0.37	−0.22	−0.17	−0.34	−0.38	−0.42
F_{max}	0.19	0.01	0.14	−0.01	−0.19	−0.20	−0.15	−0.16	−0.20	−0.28	−0.17	−0.28	−0.34	−0.43

注：黑体字表示通过水平为 0.05 的显著性检验

（2）模拟分析

表 5-2-2 给出了基于 17 个 CMIP5 模式的历史情景模拟计算得到的气候指数与监测结果的相关系数范围。由于这些模式所模拟的 500hPa 位势高度普遍偏低，不能很好地摸拟出副热带高压体，所以无法得到连续的副高指数序列，因此表 5-2-2 中不再包括与副高有关的分析结果。

表 5-2-2　根据 **17 个 CMIP5** 模式计算的气候指数序列与监测结果的相关系数范围

气候指数	太平洋区极涡强度指数 (150°E～120°W)	大西洋欧洲区极涡强度指数 (30°W～60°E)	北半球极涡强度指数 (0°～360°)	亚洲经向环流指数 (60°E～150°E)	赤道平流层30hPa 纬向风 (0°～360°)
月值	0.811～0.885	0.706～0.784	0.942～0.967	0.418～0.585	−0.016～0.111
年平均值	−0.071～0.415	−0.171～0.370	0.138～0.601	−0.270～0.346	−0.114～0.186
年最大值	−0.270～0.200	−0.326～0.310	−0.220～0.249	−0.240～0.227	−0.162～0.247

由表 5-2-2 可见，除赤道平流层 QBO 外，模式模拟的气候指数与监测值的月值序列相关性普遍较高，尤其以北半球极涡强度指数的相关性最高，年均值序列的相关性次之，而年最大值序列则基本不相关。由此可见，这 17 个 CMIP5 模式对于气候极值的模拟能力仍然较低。而对于赤道平流层 QBO，即使在月尺度上这些模式也不能较好地反映其变化规律。

2.1.2　淮河流域水文极值统计预测模型

（1）广义极值分布的广义线性模型

广义极值（generalized extreme value，GEV）分布已广泛用于水文极值的统计分析。GEV 分布是一种三参数分布，其分布函数为

$$G(y;\mu,\sigma,\xi) = \exp\left(-\left[\frac{y-\mu}{\sigma}\right]_+^{-\frac{1}{\xi}}\right) \qquad (5\text{-}2\text{-}1)$$

式中，μ、σ 和 ξ 分别为位置、尺度和形状参数，$\sigma>0$，$-\infty<\mu<\infty$，$1+\xi(y-\mu)/\sigma>0$；$x_+=\max(x, 0)$。GEV 分布的均值和方差分别为 $\mu+\sigma[\Gamma(1-\xi)-1]/\xi$ 和 $\sigma2[\Gamma(1-2\xi)-\Gamma2(1-\xi)]/\xi2$。当 $\xi=0$、$\xi>0$ 和 $\xi<0$ 时，又分别称为 I 型（Gumbel）、II 型（Fréchet）和 III 型（Weibull）分布。

（2）淮河流域水文极值的统计预测分析

这里的广义线性模型（generalized linear models），是指对响应变量所服从分布的每个参数（或其函数变换），均可建立线性预测方程的回归模型。GEV 分布的广义线性模型通常采用如下形式：

$$\mu_i = \alpha_0 + \alpha_1 x_{1i} + \alpha_2 x_{2i} + \cdots + \alpha_p x_{pi}$$
$$\log\sigma_i = \beta_0 + \beta_1 x_{1i} + \beta_2 x_{2i} + \cdots + \beta_p x_{pi} \qquad (5\text{-}2\text{-}2)$$
$$\log(\xi_i + 0.5) = \gamma_0$$

式中，x_1，$\cdots$，x_p 为 p 个预测因子，α、β 和 γ 为回归系数，$i=1$，$\cdots$，n 为观测指标。式（5-2-2）中假定 ξ 不受预测因子影响，故只有常数项。式（5-2-2）中回归系数的估计采用 Yee 和 Wild 的方法，并通过统计软件 R 的"VGAM"包来实现。

选用与水文极值相关性高，同时模拟效果也较好的北半球极涡强度（PVI）指数年平均值作为唯一的预测因子代入式（5-2-2），得到水文极值统计预测模型

$$\mu_i = \alpha_0 + \alpha_1 \cdot \text{PVI}_i$$
$$\log\sigma_i = \beta_0 + \beta_1 \cdot \text{PVI}_i \qquad (5\text{-}2\text{-}3)$$
$$\log(\xi_i + 0.5) = \gamma_0$$

针对 $P_{\max}^{30}$ 和 $F_{\max}$ 的 GEV 分布，直接用 17 个 GCMs 各自模拟的 Historical 情景下年平均 PVI 序列作为预测因子来拟合式（5-2-2）模型，得到淮河上游流域水文极值的统计预测模型集合。

图 5-2-2 给出了水文极值历史观测的经验分布，其特征与模型拟合出来的分布类型是相符的。

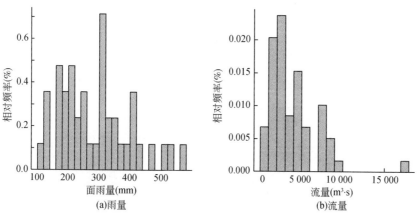

图 5-2-2 水文极值历史观测的经验分布

　　将 17 个 GCMs 对历史和 3 种未来排放情景下模拟的年平均 PVI 分别输入各自拟合的水文极值统计模型中, 对 1951 ~ 2005 年的历史水文极值和 2006 ~ 2050 年 3 种未来排放情景下水文极值 GEV 分布的 0.5（中值）、0.9、0.95 和 0.98 分位值（分别对应于 2a、10a、20a 和 50a 的重现期）进行多模型估计和预测。图 5-2-3 和图 5-2-4 分别给出了 P_{max}^{30} 和 F_{max} 在历史和 3 种未来排放情景下极值分布分位值多模型预测结果的集合平均及其不确定性（95% 置信区间）以及相应的线性趋势。表 5-2-3 给出了水文极值各分位值集合平均的线性变率及其显著性。

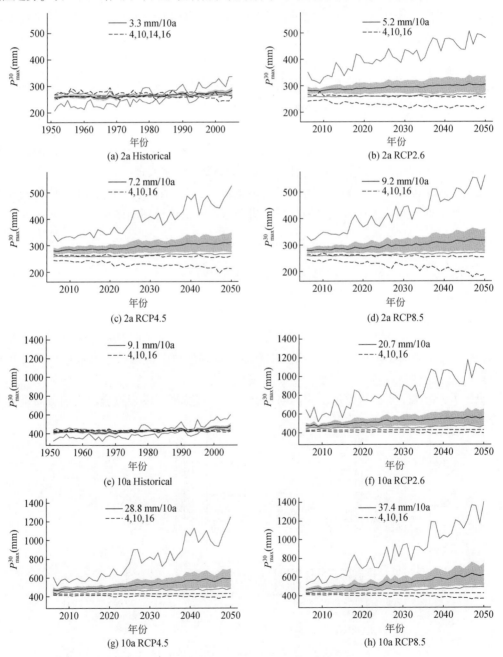

(a) 2a Historical　　　　　　　　　　(b) 2a RCP2.6

(c) 2a RCP4.5　　　　　　　　　　(d) 2a RCP8.5

(e) 10a Historical　　　　　　　　　　(f) 10a RCP2.6

(g) 10a RCP4.5　　　　　　　　　　(h) 10a RCP8.5

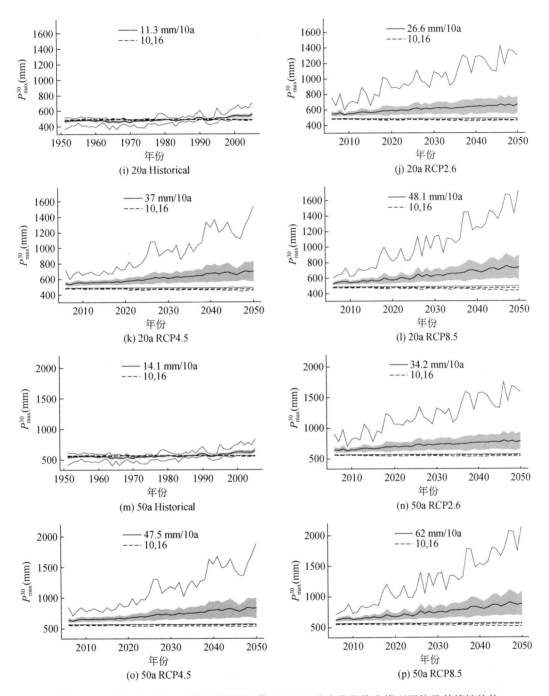

图 5-2-3　历史和 3 种未来排放情景下 P_{max}^{30} 的 GEV 分布分位值多模型平均及其线性趋势

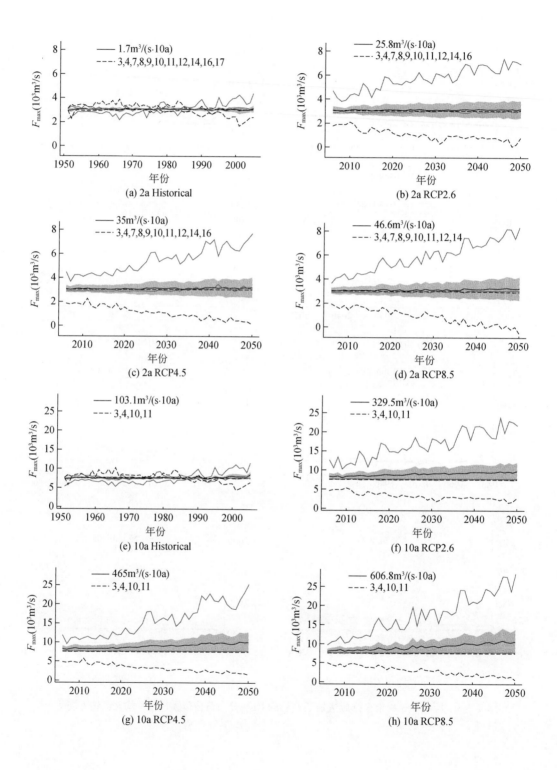

(a) 2a Historical

(b) 2a RCP2.6

(c) 2a RCP4.5

(d) 2a RCP8.5

(e) 10a Historical

(f) 10a RCP2.6

(g) 10a RCP4.5

(h) 10a RCP8.5

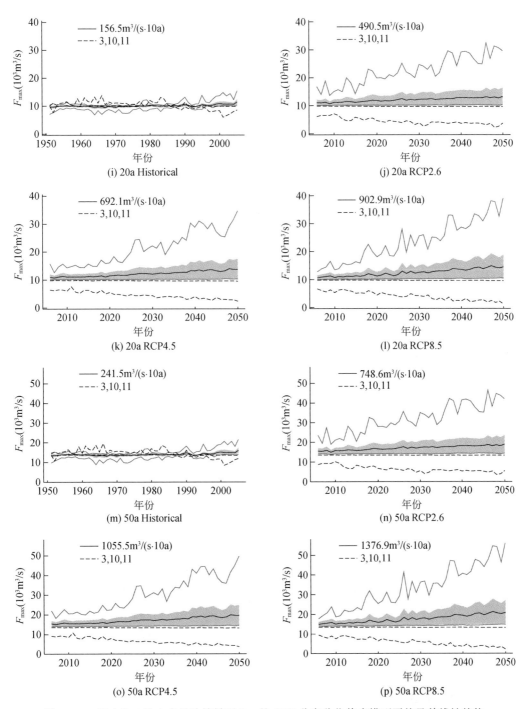

图 5-2-4 历史和 3 种未来排放情景下 F_{max} 的 GEV 分布分位值多模型平均及其线性趋势

表 5-2-3   水文极值观测与 GEV 分布的线性 10 年变率

(分位值变率分别对应于历史排/RCP2.6/RCP4.5/RCP8.5 情景)

参数	中值 (2a)	0.9 分位值 (10a)	0.95 分位值 (20a)	0.98 分位值 (50a)
P_{max}^{30}	3.2/5.2/7.2/9.2	9.1/20.7/28.8/37.4	11.3/26.6/37.0/48.1	14.1/34.2/47.5/62.0
F_{max}	1.7/25.8/35.0/6.6	103.1/329.5/465.0/606.8	156.5/490.5/692.1/902.9	241.5/748.6/1055.5/1376.9

由表 5-2-3 可见，在未来排放情景模拟中，P_{max}^{30} 和 F_{max} 均呈现增大趋势。不同的排放情景下，以及不同的分位值其变化幅度也不同。总体而言，重现期越长的分位值增幅也越大，而 RCP8.5 情景的分位值增幅最大。可见，在涉及气候变化的水文设计中，对水文极值的非平稳性要做全面细致的考虑。

2.2   非稳态洪水极值频率计算方法

以武江流域为研究对象，分析水文情势变化规律与演变趋势，采用相关分析、趋势分析和灰关联统计分析等统计方法对长系列水文资料进行分析，以识别影响洪水要素的主要驱动因子，揭示气候变化及人类活动影响下的洪水特征量演变机理。在对流量、降水、气温等相关水文要素进行非一致性诊断的基础上，采用时变矩（TVM）和 QdF 等模型对变化环境下洪水要素进行非一致性水文频率计算，得到考虑降水、气温等气象因素影响的真实洪水水文频率，并提出一套适应变化环境的基于统计途径的水文频率计算理论体系建议。

2.2.1   降水强度增大下洪水频率计算方法

1. 洪水序列非平稳性诊断

(1) 洪水序列变化过程

坪石站年最大流量表现出"平稳—显著上升"变化过程。1991 年前流量较小，1991年以后大洪水事件频发，流量显著上升。长坝站年最大流量呈"平稳—显著上升—波动"变化过程。1960 年以前流量较小，1960～1994 年洪水序列上升，年最大日流量明显升高。

(2) 洪水序列非平稳性识别

CSDMC 检验年最大日流量年际变化的阶段性和拐点。坪石站年最大日流量可分为 2 个明显时段（持续期 5 年以上，下同）：一个枯水段，即 1964～1991 年；一个显著的丰水段，即 1992～2008 年。坪石站年最大日流量拐点为 1991 年。长坝站年最大日流量序列可分为一个枯水段，即 1950～1972 年；一个显著的平水段，即 1972～1993 年；一个显著的丰水段，即 1992～2006 年。长坝站年最大日流量突变点出现年份为 1992 年左右。

(3) 时间基准点选取

采用 CSDMC 法选取时间基点，对比变化环境影响前后的洪水频率设计值改变情况。坪石站根据年最大日流量变化阶段选取 1991 年和 2009 年作为时变参数模型的基准点。长坝站选取变化环境前（1958 年、1988 年）、变化环境后（2002 年和 2010 年）作为时变参数模型的基准点。

2. 最优分布模型选择及线型比较

应用 TVM 模型将坪石和长坝站非平稳性洪水序列处理后并配线（$t=2009$ 年时间基准点），AIC 准则作为线型拟合检验优选的判别标准（表 5-2-4），最优线型参数估计。

表 5-2-4　坪石和长坝站洪水频率分析各种模型 AIC 拟合检验值

水文站	模型	P-Ⅲ	GMB	LN2	GEV	GLO
坪石	S	700.19	699.82	696.79	697.00	696.31
	AL	700.29	700.51	697.71	697.38	697.68
	AP	702.15	702.45	699.42	700.29	703.99
	BL	702.17	701.59	698.70	698.35	698.26
	BP	705.26	700.40	777.81	701.69	708.67
	CL	698.45	698.52	696.06	696.88	696.1
	CP	700.45	700.00	697.91	699.01	699.58
	DL	700.42	700.34	697.76	698.80	701.66
长坝	S	951.33	949.89	956.23	950.59	951.74
	AL	1033.22	950.81	952.97	970.21	951.76
	AP	950.72	1017.05	1077.54	960.52	953.82
	BL	965.04	950.69	986.43	989.53	952.50
	BP	1109.21	968.76	1060.83	1024.99	986.23
	CL	947.39	945.40	949.58	948.58	946.78
	CP	948.32	947.29	950.23	948.80	948.17
	DL	947.61	945.89	951.31	947.76	947.05

根据各站点最优趋势模型参数，得到 AMS 序列均值和标准差的变化方程，绘制坪石、长坝站年最大日流量序列均值、标准差的变化过程，对比序列的时间变化，分析所选趋势模型的合理性。坪石站 LN2 分布搭配 CL 趋势模型拟合效果最好，长坝站 GMB 分布搭配 CL 趋势模型拟合最优。

3. 变化环境下线型响应规律

(1) 武江坪石站
变化环境前：1964~1991 年，LN2CL 拟合线型高水尾端位于最底端，计算得到洪水出现概率偏小（图 5-2-5）。
变化环境后：1991~2009 年，气候变化和山地植被破坏导致洪水汇流加速，LN2CL 拟合线型高水尾部显著上升，位于所有时间基点线型上方。
(2) 浈江长坝站
变化环境前：1950~1991 年，GMBCL 线型高水尾端位于所有线型最下方（图 5-2-5），计算得到洪水出现概率偏小。

变化环境后：1991～2010 年，气候变化和山地植被破坏导致洪水汇流加速，GMBCL 拟合线型高水尾部显著上升，位于所有时间基点线型上方（图 5-2-5）。

由坪石和长坝可以看出，受气候与植被破坏影响前后，年最大日流量序列拟合线型的影响为曲线从"缓"变"陡"。变化环境后计算得到洪水发生概率增加，设计洪水量级明显加大。

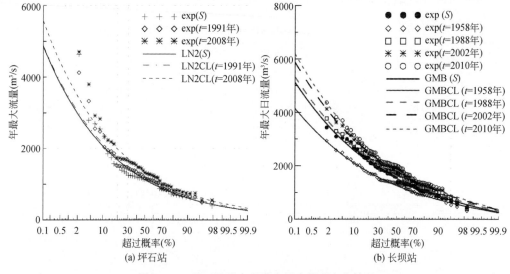

图 5-2-5　基于基准点的洪水拟合线型变化情况

4. 时变矩法百年一遇标准下洪峰流量变化

在一致性假设下，基于传统频率分析方法计算出坪石和长坝站 100a 一遇设计洪水流量分别为 4170m³/s 和 3848m³/s，采用该洪水量级探讨洪水重现期的时间变化过程，并根据 TVM 模型计算指定百年一遇标准下其设计洪峰流量（与一致性条件下 100a 一遇洪水相对应）的变化过程（图 5-2-6）。

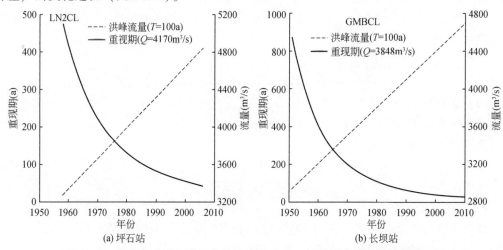

图 5-2-6　指定标准洪峰流量变化和传统 100a 一遇洪峰流量对应重现期变化

（1）武江设计洪峰流量与重现期变化过程差异分析

坪石 LN2CL 模型计算表明，指定标准下（百年一遇）设计洪峰流量量级由小变大。1970 年前百年一遇洪水量级在 3600m³/s 以下；1991 年变化环境后，百年一遇洪水量级上升到 4200m³/s 以上。武江流域 1991 年以后气候变化剧烈，流域年最大流量对应前 5 天降水总量呈上升趋势，但年最大流量序列上升趋势更为显著（图 5-2-7）。

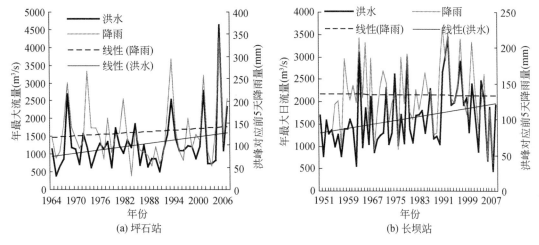

图 5-2-7　年最大日流量前 5 天降水量的变化趋势　（a）坪石　（b）长坝站

（2）浈江设计洪峰流量与重现期变化过程差异分析

长坝站 GMBCL 线型计算表明，指定标准下（百年一遇）设计洪峰流量量级由大变小。在 1980 年变化环境前，百年一遇洪水量级在 3800m³/s 以下；1991 年变化环境后，百年一遇洪水量级上升到 4200m³/s 左右。由坪石和长坝站可得出，用变化前估计的洪水重现期往往不能很好地描述环境变化后洪水频率的特征，将影响到已建工程的实际防洪兴利效果。

2.2.2　降水频次增加下洪水频率计算方法

1. 水文变化环境识别

武江流域 1981～2006 年逐年 NDVI 指数 CSDMC 检验显示，1991 年前后 NDVI 下降，植被覆盖率降低。降水强度仍然是径流系数变化的主要影响因素之一，特别是 1990 年后，强暴雨频率的增加对径流系数的影响尤甚。因此，1991 年后，年径流系数剧烈变化主要由降水和下垫面植被破坏共同作用所致。

2. 变化环境下超定量门限值响应规律

（1）独立性判别

根据独立性准则，提取坪石和犁市站独立洪峰系列。根据两站控制面积，计算得到坪石和犁市站独立洪峰峰间间隔分别应大于 13d 和 14d。

（2）门限值响应规律

为分析变化环境前后 POT 门限值差异情况，根据水文环境变化识别结果，分 3 种情景提取 POT 门限值：①全部系列；②变化环境前系列；③变化环境后系列。

3. 超定量系列独立性和一致性分析

以 Spearman 法进行趋势检验（图 5-2-8），不同门限值提取 POT 系列坪石站最大为（−0.628），犁市站最大（−0.749），均不存在显著趋势。自相关系数检验分析表明，POT 系列均满足独立性假设，M-K 检验无突变现象。

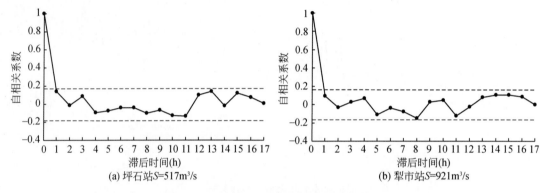

图 5-2-8　研究区 POT 系列自相关分析结果

4. 变化环境前后洪水发生次数响应规律

武江变化环境后洪水年均发生次数显著多于变化环境前。坪石站门限值 $S = 622\text{m}^3/\text{s}$ 时，变化环境前洪水年均发生次数为 2.07 次，而变化环境后为 3.41 次。犁市站门限值 $S = 1039\text{m}^3/\text{s}$ 时，变化环境前洪水年均发生次数为 2.27 次，而变化环境后为 3.17 次。

变化环境后在洪水量级增加的同时大洪水发生次数也在增加。POT 模型采样可以有效捕捉变化环境后洪峰在量级上的变化，且较好地提取洪水发生次数结果。选取变化环境后大门限值可更有效地捕捉变化环境后的大洪水信息（表 5-2-5）。

表 5-2-5　变化环境前后洪水总发生次数及比例对比

水文站	时间系列	门限值 $S(\text{m}^3/\text{s})$	变化前发生次数	变化前发生次数比例（%）	变化后发生次数	变化后发生次数比例（%）	时间长度比例（%）变化前	变化后
坪石	1964~2008 年	517	72	52.55	65	47.45		
	1964~2008 年	622	58	50.00	58	50.00	62.22	37.78
	1964~2008 年	745	44	50.00	44	50.00		
犁市	1956~2009 年	921	96	60.38	63	39.62		
	1956~2009 年	1039	82	58.99	57	41.01	66.67	33.33
	1956~2009 年	1259	66	58.93	46	41.07		

5. 变化环境下选取不同门限值对设计流量影响

武江变化环境前后门限值已发生明显变化。运用 L-M 法估计含历史资料下不连续样本 POT 的分布参数，以离（残）差平方和最小准则（OLS）和概率点据相关系数法（PPCC）进行拟合优度检验（表 5-2-6）。OLS 值越小则线型拟合越好，PPCC 值越大则线型拟合最优。

表 5-2-6　洪水频率分析分布参数及拟合优度检验

水文站	时间系列	年均次数	$S(\text{m}^3/\text{s})$	分布参数			拟合检验	
				尺度参数	形状	位置参数	OLS	PPCC
坪石	1964～2008 年	3.0	517	388.02	-0.08	548.05	2 143 928	0.987
	1964～2008 年	2.6	622	344.86	-0.15	638.64	1 233 108	0.992
	1964～2008 年	2.0	745	318.37	-0.21	756.92	816 452	0.993
犁市	1956～2009 年	2.9	921	798.48	-0.02	939.26	6 734 028	0.986
	1956～2009 年	2.6	1 039	767.36	-0.04	1 057.62	5 679 151	0.987
	1956～2009 年	2.0	1 259	723.52	-0.08	1 252.00	4 200 265	0.990

图 5-2-9 为不同门限值提取 POT 系列的 GP 分布拟合结果，不同门限值频率曲线都与中小洪水点据拟合较好，但与较大洪水点有一定偏差。但随门限值增大，POT 线型拟合优度越好（表 5-2-7）。

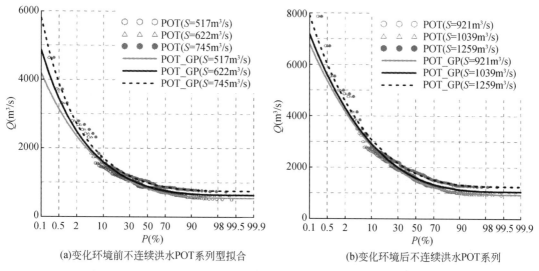

(a)变化环境前不连续洪水POT系列型拟合　　　　(b)变化环境后不连续洪水POT系列

图 5-2-9　变化环境前后不同门限值下不连续洪水 POT 系列线型拟合对比

变化环境前后不同门限值的 POT 模型设计洪峰有所差异，且差异度随重现期增大而增大。

拟合优度检验表明（表5-2-7），合理提高门限值能有效提高线型对高水端的拟合优度（图5-2-9）。变化环境下门限值选取应注意分析洪水系列变化阶段性，当洪水量级增大时，应更关注选取变化环境后的大门限值，提高选取门限值门槛，从而提高设计洪水精度。

表 5-2-7　武江变化环境前后不同门限值下各重现期对应极值流量的设计值

水文站	门限值（m³/s）	T=5	T=10	T=20	T=30	T=50	T=70	T=90	T=100	T=200
坪石	S1=517	1735	2083	2453	2679	2975	3177	3331	3397	3845
	S2=622	1721	2093	2507	2770	3126	3376	3571	3655	4243
	S3=745	1693	2080	2530	2826	3237	3533	3769	3871	4607
	S2 与 S1 差异度（%）	−0.84	0.47	2.23	3.43	5.09	6.27	7.19	7.59	10.35
	S3 与 S1 差异度（%）	−2.45	−0.14	3.16	5.49	8.81	11.22	13.13	13.96	19.82
犁市	S1=921	3139	3723	4315	4664	5108	5403	5624	5717	6333
	S2=1039	3133	3732	4348	4717	5190	5507	5747	5848	6524
	S3=1259	3112	3733	4389	4790	5314	5671	5944	6060	6847
	S2 与 S1 差异度（%）	−0.20	0.23	0.77	1.12	1.60	1.93	2.19	2.30	3.02
	S3 与 S1 差异度（%）	−0.86	0.26	1.72	2.70	4.03	4.97	5.69	6.00	8.12

2.2.3　洪水历时缩短下洪水频率计算方法

武江流域在气候变化和下垫面变化的影响下，20 世纪 90 年代以后大洪水频发，洪水序列样本的产生条件和统计特性已呈现非平稳性。运用 Mann-Kendall（M-K）等数理统计分析来检验，得到洪水序列没有显著的变化趋势。自相关系数和随机性检验显示水文序列满足独立性假设。

（1）洪水序列非平稳性检测

年最大流量序列中短历时（1～5d）洪水序列呈现出更强的上升变化趋势。长历时（>5d）洪水序列则变化比较缓和。洪水事件频繁发生在 1990 年以后，集中在序列的最后 20 年，1991～2009 年呈现出显著的上升趋势。CSDMC 检验序列突变点显示为 1991 年。

（2）最优分布线型选择

由于 1991 年后大洪水频发，导致高水端洪水经验点据越来越陡，厚尾 GLO 分布在描述大洪水行为时，由于具有很高的灵活性而与经验点据更加吻合。因此，GLO 概率分布函数被采纳为最佳分布来描述武江洪水序列的统计特性。

（3）变化环境前后设计洪水量级

仅列举犁市站的洪水流量序列来说明研究过程和结果。第一步，先从全部流量序列中提取出 36 年（1956～1991 年）洪水流量序列采用 QdF 模型进行分析。第二步，分析数据采用1956～2009年全部54年的长期序列，重复第一步。

图5-2-10及图5-2-11对比了坪石和犁市站不同洪水序列长度，历时$d=5$天的平稳QdF模型频率增长曲线QT($d=5$)。变化环境对频率分布的影响表现为高水尾端从"缓"变为"陡"，即意味着设计洪水量级将增大。

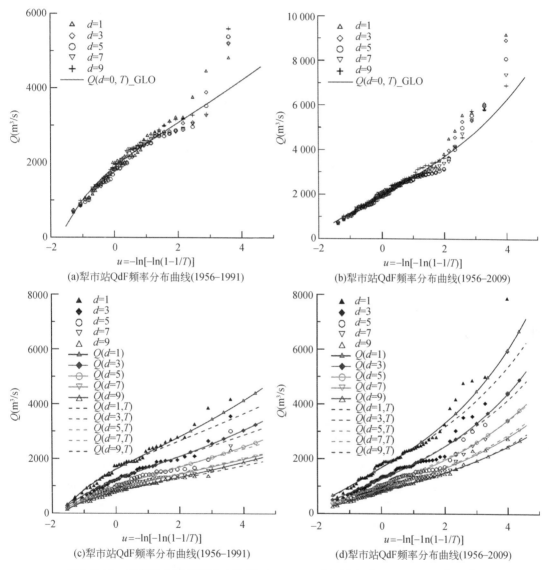

(a)犁市站QdF频率分布曲线(1956-1991)

(b)犁市站QdF频率分布曲线(1956-2009)

(c)犁市站QdF频率分布曲线(1956-1991)

(d)犁市站QdF频率分布曲线(1956-2009)

图5-2-10　犁市站QdF频率分布曲线1956～1991年（左）和1956～2009年（右）

由表5-2-8得出，不同重现期的设计洪水量级$Q_T(d=5)$在变化环境前后已经发生明显改变。对同一洪水量级$Q_T(d=5)$而言，坪石站和犁市站均表现出变化环境后其重现期减小。变化环境后重现期为25a一遇的洪水量级，在变化环境前则为100a一遇。不断变化的环境对洪水的变化影响较大，用水文情势变化前估计的洪水重现期不能很好地描述变化环境后洪水频率的特征。

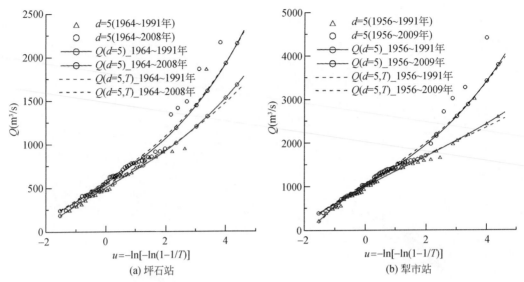

图 5-2-11 洪水历时 $d=5$ 天的 QdF 增长曲线 $Q_T(d=5)$ 坪石站（左）犁市站（右）

表 5-2-8 武江流域变化环境前后不同重现期对应设计洪水量级 $Q(d=5)$　（单位：m³/s）

站点	分布	序列长度	$T=5$	$T=10$	$T=25$	$T=50$	$T=70$	$T=100$
坪石	GLO	1964～1991 年	836.75	1001.95	1241.19	1447.35	1557.19	1681.49
		1964～2008 年	951.67	1180.43	1541.16	1877.61	2065.86	2286.11
犁市	GLO	1956～1991 年	1566.15	1800.44	2100.47	2330.89	2445.16	2568.42
		1956～2009 年	1746.75	2147.87	2759.51	3312.53	3616.06	3966.57

（4）洪水历时参数变化对设计洪水影响

指定 30 年序列长度移动窗对洪水序列进行平滑采样，对各组洪水样本用 QdF 模型分析。可以明显观察到，特别对短历时洪水而言，小概率洪水量级随时间呈现明显上升的变化趋势。相反，洪水特征历时参数 Δ 却呈现显著的下降趋势。其他 QdF 模型的参数也显示出类似的随时间而发生明显变化。参数变化的影响对分布曲线而言表现出整体曲线高水尾端从"缓"变为"陡"，相应设计洪水量级将增大。洪水特征历时参数 Δ 可以反映洪水形态（Javelle et al.，2002）。当 Δ 较小时，洪水流量变化快，洪峰较大，洪水过程线形状尖瘦。因此，对当前非平稳性洪水样本而言，建议在未来的研究中重视非平稳性洪水频率分析。

第3章　气候变化对区域防洪安全的影响

3.1　研究方法

采用多种降尺度方法处理 RCP 情景下 47 个 IPCC CMIP5 气候模式模拟数据，并将降水、气温、径流数据作为 VIC 模型确定参数，预估未来（2021~2050 年）淮河蒙洼蓄洪区王家坝断面以上流域的气温、降水及洪水特征值变化。在综合以上变化情况的基础上，得出蒙洼蓄洪区的运用风险变化。

参考最新的 IPCC AR5 评估报告处理和表达不确定性的方法（IPCC，2013），给出了飞来峡流域未来时期极端洪水事件发生和出现的可能性定义，见表 5-3-1，对于某一种情景下的 50 个模拟结果，当呈"增加"或"减少"趋势的样本数大于 45（50%×90%）时，则认为此种趋势是"非常可能"出现的，以此类推对评估结果进行分类定义。

表 5-3-1　评估结果可能性定义 　　　　　　　　　（单位：%）

术语	结果的可能性
非常可能	90~100
可能	66~90
较为可能	50~66
大约可能	33~50
不可能	10~33
非常不可能	0~10

3.2　气候变化对重要水库工程和区域防洪安全风险的影响

3.2.1　飞来峡流域 VIC 模型构建与评估

利用 VIC 模型进行水量平衡模拟计算，用 Dag Lohmann 汇流模型，即坡面汇流采用单位线法、河道汇流采用线性圣维南方程，将 VIC 模型生成的各网格的地表径流和地下径流演算至流域出口断面,最终形成流域出口断面流量过程。

选取 1992 ~ 1998 年降水径流资料进行参数率定与验证,1992 ~ 1995 年为模型率定期,1996 ~ 1998 年为模型验证期。

从表 5-3-2 可以看出,率定期的月、日效率系数分别为 0.971 和 0.946,验证期的月、日效率系数分别为 0.962 和 0.928,分析表明,飞来峡流域 VIC 分布式水文模型具有较高的模拟精度,能够满足实际应用要求。

表 5-3-2　VIC 模型率定和验证结果

时段	Ens		E_r（%）
	月尺度	日尺度	
率定期（1992 ~ 1995 年）	0.971	0.946	0.001
验证期（1996 ~ 1998 年）	0.962	0.928	−2.387

3.2.2　极端水文事件对未来气候变化的响应

(1) CMIP5 多模式集合数据适应性评估

目前,国内外许多研究成果表明,现阶段大多数气候模式对气温的模拟效果要好于降水(陶辉等,2012),这与本章的研究结果相似,这也表明了气候模式在对降水模拟上具有很大的不确定性。经尝试,CMIP5 气候模式 50 个样本能较好地模拟出飞来峡流域日气温变化范围,与实测值吻合较好。在日降水上,除了个别强降水年份的模拟效果稍差外,绝大部分样本模拟值都能与实测值接近,且能较好地反映实际的年际变化特征。以上分析表明,本书所选用的 CMIP5 气候模式能较好地模拟出飞来峡流域气候状况,可以满足下一步的研究需求。

(2) 未来情景洪水频率变化可信度分析

本书采用 P- Ⅲ 型频率分布曲线分别对基准期（1970 ~ 2000 年）和未来时期（2021 ~ 2050 年）不同情景下的洪水系列进行拟合,计算不同重现期下未来洪峰流量和洪水总量相对基准期的变化（图 5-3-1 ~ 图 5-3-3）。通过对比可以看出,在 RCP2.6、RCP4.5、RCP8.5 情景下,日洪峰流量均有上升的可能。表 5-3-3 为各情景不同重现期洪水相对于基准期呈增加趋势的样本个数百分比,与基准期（1970 ~ 2000 年）相比,水库极端入库洪水增加的可能性从大到小依次为 RCP4.5 情景、RCP2.6 情景、RCP8.5 情景。

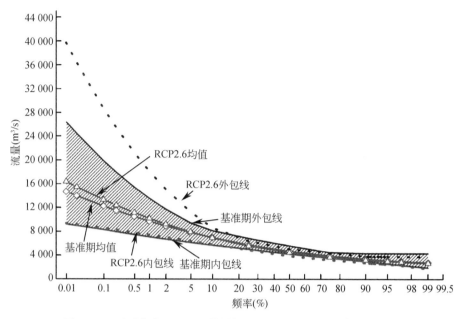

图 5-3-1　基准期与 RCP2.6 情景年最大 1d 洪峰流量频率曲线对比

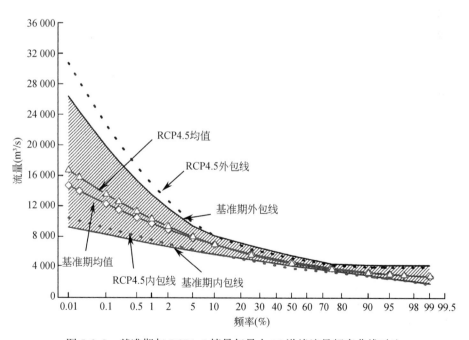

图 5-3-2　基准期与 RCP4.5 情景年最大 1d 洪峰流量频率曲线对比

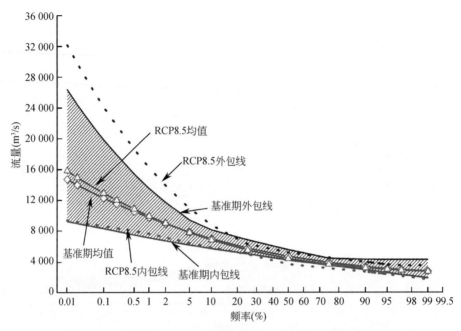

图 5-3-3　基准期与 RCP8.5 情景年最大 1d 洪峰流量频率曲线对比

表 5-3-3　各情景不同重现期洪水相对于基准期呈增加趋势的样本个数百分比

重现期（a）	洪水指标	情景（%）		
		RCP2.6	RCP4.5	RCP8.5
5000	洪峰流量	62	68	58
	7d 洪量	60	56	32
	15d 洪量	56	56	36
1000	洪峰流量	62	64	58
	7d 洪量	60	56	32
	15d 洪量	56	56	36
500	洪峰流量	62	64	58
	7d 洪量	56	56	28
	15d 洪量	48	52	32
200	洪峰流量	60	64	58
	7d 洪量	56	52	32
	15d 洪量	48	52	32
100	洪峰流量	60	62	58
	7d 洪量	48	52	32
	15d 洪量	40	52	36

续表

重现期（a）	洪水指标	情景（%）		
		RCP2.6	RCP4.5	RCP8.5
50	洪峰流量	60	62	58
	7d洪量	48	52	32
	15d洪量	36	56	36

3.3 气候变化下极端洪水对工程设计、运行等防洪安全影响

3.3.1 未来情景极端入库洪水平均预估

分析飞来峡水库不同情景下年最大7d和15d设计洪量相对于基准期的变化可以看出，RCP4.5情景下的极端洪水上升最大，RCP8.5上升幅度最小，即洪水极值事件对气候变化的响应程度较高，未来极端洪水事件的发生频率及其量级增大趋势明显，将对水库防洪造成不利影响。

分析飞来峡水库不同情景下年最大7d和15d设计洪量相对于基准期的变化可以发现，未来时期（2020~2050年）不同情景下的设计洪量呈现出不同的变化趋势，未来30年RCP2.6和RCP4.5情景下的7d以上极端洪水增加的可能性较大，RCP8.5情景下的7d以上极端洪水增加的可能性较小。

3.3.2 气候变化下防洪适应对策与建议

1）加强防洪工程建设，减少外洪袭击；整治河道，提高排泄洪水能力。加强防洪工程建设建设，提高其防洪能力，并建立健全管理机构，完善管理设施，加强管理，确保堤防安全。及时排查水库下游河道淤积问题，根据各河道的情况，采取退堤、切滩、裁弯、疏浚、清障等措施对河道进行整治，提高行洪排涝的能力。

2）加强飞来峡水库入库洪水预报方案研究，提高洪水预报精度。进一步掌握北江流域水文地理变化情况，修订重要水文站点水位流量关系，建设库区若干流量站，建立全新的预报模型或多种洪水预报方案，保证洪水预报精度。

3）完善超标准洪水防御预案。①修订北江大堤抗洪抢险预案。如今流域下垫面情况已发生了很大改变，原有的行洪、滞洪的区域难以发挥作用，在气候变化影响下，极端灾害天气频发的背景下，发生超标准洪水的后果将不堪设想。应根据客观情况的变化，及时修订《北江大堤——飞来峡水利枢纽抗洪抢险预案》，确保北江大堤的防洪安全。②研究修订飞来峡水库蓄滞洪区安全撤离预案。通过开展水库防洪库容（临时淹没区）的社会经济调查，详细查明库区村庄、人口的数量、人口分布的地点和高程、道路、基础设施等情

│ 283 │

况,开展群众安全转移的组织方式、转移路线、临时安置地点、后勤保障措施和蓄滞洪区运用补偿办法等社会管理问题的研究,补充、修改、完善飞来峡水库蓄滞洪区安全撤离预案。

3.4 气候变化对淮河典型区域防洪安全风险的影响

3.4.1 基准期及 RCPs 情景下王家坝断面流量过程模拟

采用 VIC 模型构建王家坝断面流量过程模拟平台,分析表明,构建的 VIC 模型能够很好地模拟王家坝断面的流量过程,可用于生成气候变化情景下的流量。基于模拟的流量选取年最大日流量和 30d 洪量,可进一步分析气候变化对王家坝断面特征洪水的影响。

基准期采用气候情景数据驱动 VIC 模型模拟,对比未来 20~50 年 RCPs 情景下王家坝断面流量过程可以看出,基于 GCMs_Ens 模拟的多年平均径流量在 RCP2.6、RCP4.5、RCP8.5 3 种情景下都呈增加趋势,且增幅较大;而 RegCM4.0 和 GCMs_Rep 模拟结果在 RCP8.5 情景和 RCP4.5 情景下的减幅均超过 10%,分别减少 13.2% 和 15.3%(表 5-3-4)。

表 5-3-4 2021~2050 年王家坝断面平均径流量相对变化

（相对于基准期 1971~2000 年）　　　　　　　　　（单位:%）

数据来源	相对变化		
	RCP2.6	RCP4.5	RCP8.5
RegCM4.0		3.4	−13.2
GCMs_Ens	42.0	42.7	48.4
GCMs_Rep	−0.1	−15.3	6.6

3.4.2 极端水文事件对未来气候变化的响应

(1) 极端降水对气候变化的响应

从表 5-3-5 中可以看出,GCMs_Ens 和 GCMs_Rep 预估极端强降水有所增加。其中,GCMs_Ens 预估强降水增加幅度较大,平均为 80% 左右;GCMs_Rep 预估强降水增加幅度为 6%~24%。RegCM4.0 模式,在 RCP4.5 情景下,年最大 3d 降水量和年最大 30d 降水量的相对变化分别是−1.2% 和 4.2%;在 RCP8.5 情景下,年最大 3d 降水量和年最大 30d 降水量的相对变化分别是 3.9% 和−0.8%。

表 5-3-5　气候变化情景下 2021～2050 年王家坝以上流域 20a 一
遇累积降水相对变化（基准期：1971～2000 年）　　　　　（单位：%）

排放情景	气候模式	年最大 3d 降水量			年最大 30d 降水量		
		最小值	平均值	最大值	最小值	平均值	最大值
RCP2.6	RegCM4.0	—	—	—	—	—	—
	GCMs_Ens	66.2	77.3	134.1	65.3	77.1	131.8
	GCMs_Rep	6.3	23.4	70.0	4.5	12.8	38.3
RCP4.5	RegCM4.0	—	−1.2	—	—	4.2	—
	GCMs_Ens	66.8	78.3	93.1	68.3	78.5	92.8
	GCMs_Rep	−11.7	4.5	19.3	−2.1	8.4	14.6
RCP8.5	RegCM4.0	—	3.9	—	—	−0.8	—
	GCMs_Ens	70.3	81.2	91.8	71.3	81.3	91.2
	GCMs_Rep	−14.0	6.8	36.7	−3.3	8.0	29.3

（2）洪水频率、强度对气候变化的响应

从表 5-3-6 中可以看出，GCMs_Ens 预估王家坝断面最大日平均流量系列及最大 30d
洪量系列均有所增加，增加幅度为 48%～67%；RCP2.6 情景下，GCMs_Rep 预估王家坝断
面最大日平均流量系列及最大 30d 洪量系列均有所增加，增加幅度为 2%～15%；RCP4.5
和 RCP8.5 情景下，GCMs_Rep 与 RegCM4.0 模式预估最大 30d 洪量系列变化趋势一致，
其中，RCP4.5 情景下，最大 30d 洪量系列增加幅度不大，均在 6% 以下；RCP8.5 情景下，
最大 30d 洪量系列分别减少 13% 和 6%。

表 5-3-6　王家坝断面洪水强度相对变化

项目	未来情景	RegCM4.0				GCMs_Ens				GCMs_Rep			
		$T=100a$	$T=50a$	$T=20a$	$T=10a$	$T=100a$	$T=50a$	$T=20a$	$T=10a$	$T=100a$	$T=50a$	$T=20a$	$T=10a$
最大日平均流量系列	RCP2.6	—	—	—	—	48.1	47.5	47.9	46.3	14.8	11.3	9.2	6.5
	RCP4.5	−26.4	−24.1	−19.9	−15.4	52.1	53.2	54.9	54.3	1.7	0.3	−2.9	−4.5
	RCP8.5	8.7	7.7	6.1	4.4	61.4	61.8	59.6	56	−0.3	−2.4	−4.9	−7.6
最大 30d 洪量系列	RCP2.6	—	—	—	—	49.1	48.6	48.9	49.6	8.9	7.2	6.6	2.1
	RCP4.5	4.6	3.9	2.8	1.9	54.8	53.4	51.2	49.3	6.1	4.9	3	1.1
	RCP8.5	−14.5	−13.9	−13.1	−12.3	66.3	64.4	64.3	60.6	−7.9	−7	−6.3	−4.9

3.4.3 气候变化下极端洪水对蓄滞洪区运用及区域防洪安全的影响

现状分洪水位相应的王家坝至临淮岗段行洪设计流量为 7400m³/s, 相应的重现期为 17～18a (余彦群和杨晓梅, 2013)。考虑到未来工程防护能力进一步提高的可能性, 将王家坝断面 (包含地理城和钐岗分流) 重现期为 20a 的最大日平均流量作为气候变化对蓄滞洪区运用影响的阈值。选取 20a 一遇最大日平均流量和 30d 洪量分别作为气候变化对蓄滞洪区运用阈值和区域性洪水量化指标, 定量评估未来气候变化下对重大水利工程和区域防洪安全的影响。

(1) 气候变化对濛洼蓄滞洪区运用的可能影响

图 5-3-4 给出了 RCP2.6、RCP4.5 和 RCP8.5 情景下王家坝断面 20a 一遇最大日平均流量 (Q_{20}) 预估结果。从图 5-3-4 中可以看出, 不同模式预估的洪水相对变化差异较大, 但多模式平均的结果总体呈现增加趋势, 濛洼蓄滞洪区运用可能更加频繁。

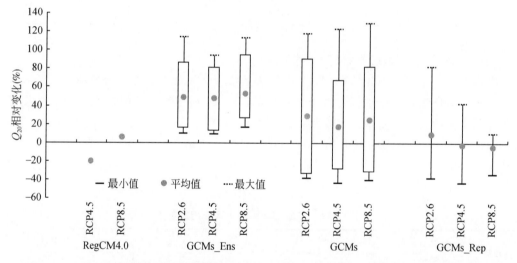

图 5-3-4 2021～2050 年淮干王家坝断面 20a 一遇洪水相对变化 (基准期: 1971～2000 年)

注: GCMs_Ens 和 GCMs 盒形下边界和上边界分别为相应模式数据预估结果的 10% 和 90% 分位数值

(2) 气候变化对区域防洪的可能影响与适应对策

从图 5-3-5 中可以看出, 如果考虑模式相似性对评估结果可信度的影响, RCP2.6 和 RCP4.5 情景下 GCMs_Rep 预估洪水强度可能有所增加, RCP8.5 情景下则可能减少; RegCM4.0 预估 W_{20} (30d) 变化趋势与其相同。总体上看, 未来气候变化对区域防洪安全可能产生不利影响, RCP2.6 和 RCP4.5 情景下可能性相对较大。

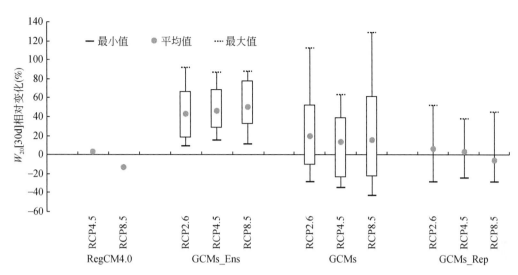

图 5-3-5　2021～2050 年淮干王家坝断面 20a 一遇洪水相对变化（基准期：1971～2000 年）

第4章 气候变化对城市防洪安全的影响

4.1 方法与途径

Copula 函数是定义在［0，1］区间均匀分布的多元概率分布函数，研究选取 Archimedean Copula 函数中应用最广泛的 4 种 Copula 函数来分别构造暴雨洪水二维联合分布。本书采用离差平方和准则（OLS）和 AIC 信息准则来评价 Copula 函数拟合程度，选取最优的 Copula 函数。OLS 值和 AIC 值越小，Copula 函数的拟合效果越好。

4.2 雨潮联合分布函数构建——广州市

（1）参数估计

分别统计了广州历年最大 1h 降水量与相应时段的潮位以及历年最大潮位与相应时段的 1h 降水量，以此作为计算数据。边缘分布函数 $F_P(p)$ 与 $F_Z(z)$ 采用 P-Ⅲ 分布，边缘分布的参数和统计特征值采用线性矩法估计（白丽等，2008），估计结果见表 5-4-1。

表 5-4-1　边缘分布参数估计

参数	年最大 1h 降水量 $F_{P_1}(p)$	相应潮位 $F_{Z_1}(z)$	年最大潮位 $F_{Z_2}(z)$	相应 1h 降水量 $F_{P_2}(p)$
μ（mm）	50.3	1 280	2 200	7.19
C_v	0.289 217	0.300 390	0.136 761	1.267 797
C_s	0.642 055	0.427 060	1.038 738	2.240 462

利用 Kendall 秩相关系数 τ 与参数 θ 的解析关系计算各 Copula 函数的参数 θ，结果见表 5-4-2。

表 5-4-2　Copula 函数参数

组合类别	函数名	τ	θ
最大 1h 降水量与年最大潮位	Clayton Copula	0.276	0.762
	GH Copula		1.381
	AMN Copula		0.895
	Frank Copula		4.343

续表

组合类别	函数名	τ	θ
年最大潮位与相应 1h 降水量	Clayton Copula	0.260	0.703
	GH Copula		1.351
	AMN Copula		0.861
	Frank Copula		4.223
最大 1h 降水量与相应潮位	Clayton Copula	0.054	0.114
	GH Copula		1.057
	AMN Copula		0.230
	Frank Copula		3.121

（2）联合分布计算

在表 5-4-1 边缘分布统计参数的基础上，结合表 5-4-2 的统计参数 θ，根据 OLS 拟合检验结果，运用 Clayton Copula 和 AMN Copula 公式计算这 3 种联合分布，即可方便得到 3 种联合分布下不同量级雨潮组合的联合概率。

（3）雨潮组合风险概率模型

研究从 3 方面构建组合风险概率模型：①在年最大潮位+相应 1h 降水量和年最大 1h 降水量+相应潮位两种联合分布的基础上，分析年最大潮位或年最大 1h 降水量大于某一设计值发生的条件下超过其组合降水量（1h）或潮位发生的概率，简称条件风险概率；②在年最大 1h 降水量+年最大潮位联合分布的基础上，分析两变量同时遭遇的风险概率，即年最大 1h 降水量与年最大潮位同时超过特定值发生的概率，简称同现风险概率；③在年最大 1h 降水量+年最大潮位联合分布的基础上，分析年最大 1h 降水量或年最大潮位超过某一设计值发生的概率，简称治涝风险概率。具体的组合风险概率模型见表 5-4-3。由表 5-4-3 的条件风险概率公式计算雨潮组合的条件风险概率，结果见表 5-4-4。

表 5-4-3　雨潮组合风险概率模型

风险组合	风险概率	重现期
给定年最大潮位 $Z>z$，相应 1h 降水量 $P>p$	$P(P>p\|Z>z) = \dfrac{1-F_Z(z)-F_P(p)+F(p,z)}{1-F_Z(z)}$	$\dfrac{1-F_Z(z)}{1-F_Z(z)-F_P(p)+F(p,z)}$
给定年最大 1h 降水量 $P>p$，相应潮位 $Z>z$	$P(Z>z\|P>p) = \dfrac{1-F_Z(z)-F_P(p)+F(p,z)}{1-F_P(p)}$	$\dfrac{1-F_P(p)}{1-F_Z(z)-F_P(p)+F(p,z)}$
年最大 1h 降水量 $P>p$ 和年最大潮位 $Z>z$	$P(Z>z,P>p) = 1-F_Z(z)-F_P(p)+F(p,z)$	$\dfrac{1}{1-F_Z(z)-F_P(p)+F(p,z)}$
年最大 1h 降水量 $P>p$ 或年最大潮位 $Z>z$	$P(Z>z$ 或 $P>p) = 1-F(p,z)$	$\dfrac{1}{1-F(p,z)}$

表 5-4-4 条件风险概率

设计潮位与降水（1h）组合					设计降水（1h）与潮位组合				
设计潮位 h/m	重现期 （a）	降水量 （mm）	重现期 （a）	条件风险 概率（%）	设计降雨 （mm）	重现期 （a）	潮位 （m）	重现期 （a）	条件风险 概率（%）
3.25	200	18.9	10	17.71	95.8	200	1.79	10	11.07
3.25	200	25.4	20	9.07	95.8	200	1.95	20	5.55
3.25	200	34.2	50	3.68	95.8	200	2.15	50	2.23
3.25	200	41.0	100	1.85	95.8	200	2.29	100	1.11
3.25	200	47.7	200	0.93	95.8	200	2.41	200	0.56
3.11	100	18.9	10	17.68	90.3	100	1.79	10	11.07
3.11	100	25.4	20	9.05	90.3	100	1.95	20	5.55
3.11	100	34.2	50	3.67	90.3	100	2.15	50	2.22
3.11	100	41.0	100	1.84	90.3	100	2.29	100	1.11
3.11	100	47.7	200	0.92	90.3	100	2.41	200	0.56
2.96	50	18.9	10	17.60	84.5	50	1.79	10	11.06
2.96	50	25.4	20	9.01	84.5	50	1.95	20	5.55
2.96	50	34.2	50	3.65	84.5	50	2.15	50	2.22
2.96	50	41.0	100	1.84	84.5	50	2.29	100	1.11
2.96	50	47.7	200	0.92	84.5	50	2.41	200	0.56
2.77	20	18.9	10	17.39	76.5	20	1.79	10	11.05
2.77	20	25.4	20	8.89	76.5	20	1.95	20	5.54
2.77	20	34.2	50	3.60	76.5	20	2.15	50	2.22
2.77	20	41.0	100	1.81	76.5	20	2.29	100	1.11
2.77	20	47.7	200	0.91	76.5	20	2.41	200	0.56
2.60	10	18.9	10	17.03	69.6	10	1.79	10	11.01
2.60	10	25.4	20	8.70	69.6	10	1.95	20	5.52
2.60	10	34.2	50	3.52	69.6	10	2.15	50	2.21
2.60	10	41.0	100	1.77	69.6	10	2.29	100	1.11
2.60	10	47.7	200	0.89	69.6	10	2.41	200	0.55

从表 5-4-4 可以看出，当发生 20a 一遇潮位时，相应时段发生 10a 一遇降水（1h）的概率为 17.39%，大于自身的设计频率 10%；当发生 20a 一遇暴雨（1h）时，相应时段发生 10a 一遇潮位的概率为 11.05%，略大于自身的设计频率。由此可以看出，年最大潮位与相应时段降水量（1h）的相关关系要强于年最大 1h 降水量与相应时段潮位的相关关系。

由表5-4-5中的同现风险概率公式和治涝风险概率公式，计算年最大1h降水量与年最大潮位的同现风险概率和治涝风险概率，结果见表5-4-5。从表5-4-5中的同现风险概率可以看出，同频率的暴雨（1h）与潮位同时遭遇的概率远小于各自的设计频率。另外，从表5-4-5中的治涝风险概率可以看出，100a一遇暴雨（1h）与10a一遇潮位组合的治涝风险概率为10.80%；而同为10a一遇的暴雨（1h）与潮位组合的治涝风险率最大，达到了18.40%，发生的可能性相对较大。

表5-4-5　同现风险概率与治涝风险概率

降水量（1h/mm）	重现期（a）	潮位（m）	重现期（a）	同现风险概率（%）	治涝风险概率（%）
95.8	200	2.60	10	0.08	10.42
95.8	200	2.77	20	0.04	5.46
95.8	200	2.96	50	0.02	2.48
95.8	200	3.11	100	0.01	1.49
95.8	200	3.25	200	0.00	1.00
90.3	100	2.60	10	0.17	10.80
90.3	100	2.77	20	0.09	5.91
90.3	100	2.96	50	0.03	2.97
90.3	100	3.11	100	0.02	1.98
90.3	100	3.25	200	0.01	1.49
84.5	50	2.60	10	0.34	11.70
84.5	50	2.77	20	0.17	6.83
84.5	50	2.96	50	0.07	3.93
84.5	50	3.11	100	0.03	2.97
84.5	50	3.25	200	0.02	2.48
76.5	20	2.60	10	0.83	14.20
76.5	20	2.77	20	0.42	9.58
76.5	20	2.96	50	0.17	6.83
76.5	20	3.11	100	0.09	5.91
76.5	20	3.25	200	0.04	5.46
69.6	10	2.60	10	1.64	18.40
69.6	10	2.77	20	0.83	14.20
69.6	10	2.96	50	0.34	11.70
69.6	10	3.11	100	0.17	10.80
69.6	10	3.25	200	0.08	10.42

4.3　雨洪组合风险概率模型——蚌埠市

（1）遭遇概率模型

淮河干流的洪水特性是洪水持续时间长，水量大。一般情况下，吴家渡站一次洪水历时一个月左右，持续高水位可达 15d 左右。若城市发生暴雨，则会由于淮河高水位持久，内水无法自排，形成严重的内涝。因此，研究选取上游洪水年最大 15d 洪量与相应时间内最大 1d 降水量来确定上游洪水与城市暴雨的联合分布。

（2）参数估计

采用 P-Ⅲ分布曲线进行估计边缘分布函数，估计方法为线性矩法估计初始参数，结合目估适线法进行微调。由计算出的 Kendall 秩相关系数 τ 可以看出，各个模式不同情景下外洪与城市暴雨之间具有较弱的相关性，因此，可以运用 Copula 函数建立两变量的联合分布函数。

（3）联合分布函数的确定

根据边缘分布和 Copula 函数的参数，对 4 种 Copula 函数进行拟合优度检验。4 种 Copula 函数的经验与理论累积概率点均落在 45°对角线附近，相关系数均达到 0.92 以上。采用 OLS 和 AIC 准则对 4 种 Copula 函数进行拟合优度评价，结果表明，GH Copula 函数的 OLS 值和 AIC 值均最小。因此，可以选用 GH Copula 函数作为联结函数构造吴家渡断面年最大 15d 洪量和相应降水量序列的联合分布。

4.4　气候变化对广州市城区内涝风险概率影响

4.4.1　广州未来气候情景预估

（1）气温变化

图 5-4-1 为 CMIP5 多模式集合数据下广州市不同情景月平均气温相对于基准期的变化。从图 5-4-1 可以看出，未来时期（2021~2050 年）广州市的各月气温呈全面上升趋势，其中 RCP8.5 情景上升幅度最大（平均 0.81℃），RCP4.5 情景次之（平均 0.65℃），RCP2.6 情景上升幅度最小（平均 0.61℃）。对比各月可以发现，冬季和秋季气温上升最快，春季和夏季气温上升相对较弱。

（2）强降水变化

表 5-4-6 和表 5-4-7 为广州未来时期（2020~2050 年）不同情景下最大 1d、3d 设计降水变化预估。从表 5-4-6 可以看出，不同情景下的最大 1d 降水均表现出上升趋势，其中 RCP8.5 情景上升幅度最大，RCP4.5 情景次之，RCP2.6 最小，并且三种情景下的降水强度均随着重现期的增加而增大。

对比表 5-4-6 和表 5-4-7 可以发现，最大 1d、3d 设计降水变化不尽相同，具体表现为

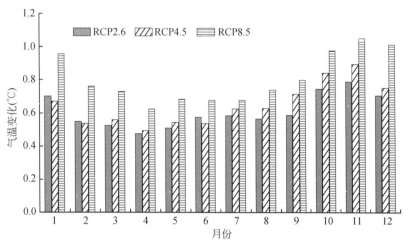

图 5-4-1 CMIP5 不同情景下月气温相对于基准期变化

不同重现期的 3d 降水在 RCP2.6 和 RCP4.5 情景下以上升为主，在 RCP8.5 情景下则呈现出下降趋势。未来时期（2020～2050 年）广州市的极端强降水有增加的可能性，由此所导致的内涝风险可能加大。

表 5-4-6 广州未来时期（2020～2050 年）不同情景下最大 1d 设计降水变化

重现期（a）	CMIP5（%）		
	RCP2.6	RCP4.5	RCP8.5
200	3.76	4.09	6.62
100	3.79	4.18	6.46
50	3.77	4.22	6.21
20	3.60	4.15	5.67
10	3.27	3.91	4.99

表 5-4-7 广州未来时期（2020～2050 年）不同情景下最大 3d 设计降水变化

重现期（a）	CMIP5（%）		
	RCP2.6	RCP4.5	RCP8.5
200	6.33	3.19	−5.10
100	4.90	2.30	−4.81
50	3.40	1.39	−4.54
20	1.34	0.15	−4.25
10	−0.28	−0.79	−4.14

4.4.2 广州未来海平面变化预估

IPCC 预测，21 世纪末全球海平面将比 1980～1999 年的平均值上升 18～59cm（IPCC，2007）。但有专家认为这种预报结果可能偏低，格陵兰岛和南极洲冰盖融化对海平面的贡献正在迅速增大，全球海平面正在加速上升（Shepherd and Wingham，2007）。科学家以全球平均近表温度作为预报因子来预测全球海平面的变化，得到了很好的效果（Rahmstorf，2007）。研究采用此方法，以全球温度距平作为预报因子，预报广东珠江口未来海平面的变化，预报方程为（Rahmstorf，2007）

$$\Delta SL = a + b \cdot \Delta T \tag{5-4-1}$$

式中，ΔSL 和 ΔT 分别为海平面变化速率和温度变化幅度；a 和 b 分别为回归方程的截距和斜率。此预报方程为全球温度距平与广东珠江口各验潮站潮位变化的线性回归方程。

根据广东沿海 4 个长期验潮站的海平面变化数据，计算得到 1979～2012 年广东沿海海平面平均变化状况并进行拟合，由此计算得到广东沿海海平面上升速率与全球气温变化（1979～2012 年）的相关系数为 0.968，拟合直线截距 $a = 0.160\ 79 \pm 0.052\ 89$，斜率 $b = 2.548\ 94 \pm 0.290\ 31$（0.05 显著性水平下），如图 5-4-2 所示。

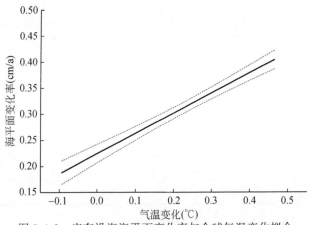

图 5-4-2 广东沿海海平面变化率与全球气温变化拟合
注：图中阴影部分为 95% 置信区间

表 5-4-8 为 2021～2050 年广东沿海海平面上升幅度预测结果，由此可以看出，未来时期（2021～2050 年）广东沿海海平面上升明显，由潮位顶托、风暴潮所引发的广州城市内涝风险有进一步增大的可能性。

表 5-4-8 未来时期（2021～2050 年）广东沿海海平面上升幅度预测

项目	CMIP5		
	RCP2.6	RCP4.5	RCP8.5
气温上升预估（℃）	0.61	0.65	0.81
海平面上升预估（cm）	38.92	41.48	51.58

4.4.3 广州雨潮组合风险概率对气候变化的响应

(1) 分析数据

本书根据广州市城区 1970～2000 年实测降水资料，利用 Delta 方法，对气候模式基准期的日降水进行修正，将广州中大水文站 1970～2000 年潮位观测数据假定为基准期潮位数据，各情景下未来时期（2021～2050 年）潮位数据由每一年实测相对海平面值与 4.4.2 节所预估的海平面上升高度相加得到。

(2) Copula 函数选择

从表 5-4-9 的 OLS 拟合精度检验中可以看出，AMN Copula 函数的拟合精度要稍好于 Clayton Copula，因在本书选用 AMN Copula 函数来构建气候情景下雨潮组合的联合分布。

表 5-4-9 Copula 函数 OLS 拟合检验

函数名	OLS 值
Clayton Copula	0.019 31
AMN Copula	0.017 16

(3) 雨潮组合风险概率对气候变化的响应

未来时期（2021～2050 年）不同情景下广州市治涝风险概率相对于基准期（1970～2000 年）的变化表明，RCP8.5 情景治涝风险概率上升最为显著，这表明风险概率变化与气候变暖程度存在着一定的正相关特性，未来时期由强降水或高潮位所引发的内涝风险有增大的可能性（表 5-4-10）。

未来时期不同情景下，广州市城区雨潮同现风险概率相对于基准期的变化趋势与治涝风险概率相似，未来时期同现风险概率也呈现出不同程度的上升趋势。未来时期广州市感潮河段这种极端降水和极端高潮位同现的可能性将会增大，在气候变暖的影响下，雨潮叠加效应将会进一步加大城市防洪的压力。

表 5-4-10 不同重现期的雨潮组合在各情景下的同现风险概率变化

雨量（mm）	重现期（a）	潮位（m）	重现期（a）	CMIP5（%）		
				RCP2.6	RCP4.5	RCP8.5
288.33	200	2.87	50	0.16	0.19	0.36
288.33	200	2.98	100	0.10	0.12	0.24
288.33	200	3.09	200	0.06	0.07	0.15
265.29	100	2.87	50	0.31	0.36	0.68
265.29	100	2.98	100	0.19	0.22	0.45
265.29	100	3.09	200	0.11	0.13	0.28

4.5 气候变化对滨河城市外洪与城市暴雨遭遇概率影响

4.5.1 历史城市暴雨洪水遭遇概率分析

根据 1952~2010 年吴家渡水文站的流量资料以及蚌埠气象站的雨量资料，可以计算出 1991 年（2005 年）年蚌埠市上游洪水与蚌埠市暴雨的所遭遇时，年最大 15d 洪量和相应时间段内的暴雨的重现期分别约为 13a（19a）一遇和 8a（11a）一遇，大致可以认为 10a 一遇以上的上游洪水与 10a 一遇以上的蚌埠市暴雨相遇时都可能对蚌埠市防洪安全产生极大威胁。

1952~2010 年不同重现期的上游洪水与相应流量遭遇概率结果见表 5-4-11。结果表明，遭遇概率随着上游洪水重现期的增大而减少。

表 5-4-11　年最大 15d 洪量与相应降水量组合风险概率计算结果　　（单位：%）

洪水/暴雨	$T=100a$	$T=50a$	$T=20a$	$T=10a$
$T=100a$	0.21	0.29	0.40	0.50
$T=50a$	0.29	0.43	0.66	0.87
$T=20a$	0.40	0.66	1.18	1.71
$T=10a$	0.50	0.87	1.71	2.72

划分 1952~1980 年、1981~2010 年两个时段，分别计算遭遇概率，其概率相对变化如图 5-4-3 所示。结果表明，近 30 年来，外洪与城市暴雨概率有所增大，且增幅均在 95% 以上。一般来说，外洪与城市暴雨遭遇概率随着外洪重现期的增大而增大。

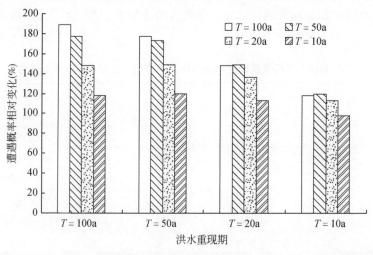

图 5-4-3　1981~2010 年外洪与城市暴雨遭遇概率相对变化（与 1952~1980 年相比）

4.5.2 未来情景下外洪与城市暴雨遭遇概率趋势分析

不同重现期下，外洪与城市暴雨遭遇概率的变化幅度一般随着外洪重现期的缩短而减少。与基准期相比，RCP2.6 情景下，除 MRI-CGCM3 模式外，其他 4 个全球气候模式预估趋势较为一致，外洪与暴雨遭遇概率均有所增大。RCP4.5 情景下，HadGEM2-AO、MRI-CGCM3 模式预估外洪与暴雨遭遇概率有所减小，其他 3 个全球气候模式及区域气候模式预估外洪与暴雨遭遇概率均有所增加。RCP8.5 情景下，与区域气候模式相比，5 个全球气候模式预估外洪与暴雨遭遇概率变化较为一致，均有所增大。多模式预估 100a、50a、20a、10a 一遇外洪和 100a、20a、10a 一遇暴雨遭遇概率的平均结果与 100a、50a、20a 一遇外洪和 50a 一遇暴雨遭遇概率相对变化一致，均有所增大，且增幅在 25% 以上。

参 考 文 献

白丽，夏乐天，魏玉华.2008.P-Ⅲ型分布参数的线性矩估计法及期望概率研究.水利水电科技进展，28（5）：29-31.

陈刚.2010.广州市城区暴雨洪涝成因分析及防治对策.广东水利水电，7（7）：38-41.

陈元芳，沙志贵，陈剑池，等.2001.具有历史洪水时 P-Ⅲ分布线性矩法的研究.河海大学学报，29（4）：76-80.

程晓陶，王静，夏军，等.2008.气候变化对淮河防洪与排涝管理项目的影响及适应对策研究.气候变化研究进展，06：324-329.

冯平，王仲珏.2007.基于二维 Gumbel 分布的降雨径流频率分析模型及其应用.干旱区资源与环境，21（10）：69-72.

高超，姜彤，翟建青.2012.过去（1958~2007）和未来（2011~2060）50 年淮河流域气候变化趋势分析.中国农业气象，33（1）：8-17.

高超，曾小凡，苏布达，等.2010.2010~2100 年淮河径流量变化情景预估.气候变化研究进展，01：15-2

郭生练，闫宝伟，肖义，等.2008.Copula 函数在多变量水文分析计算中的应用及研究进展.水文，（03）：1-7.

侯芸芸，宋松柏，赵丽娜，等.2010.基于 Copula 函数的 3 变量洪水频率研究.西北农林科技大学学报（自然科学版），38（2）：219-228.

李松仕.1984.几种频率分布线型对我国洪水资料适应性的研究.水文，（1）：1-7

梁忠民，胡义明，王军.2011.非平稳性水文频率分析的研究进展.水科学进展，22（6）：864-871.

罗小青.2006.淮河蓄滞洪区调度与运用初探.中国水利，23：33-35.

荣艳淑，王文，王鹏，等.2012.淮河流域极端降水特征及不同重现期降水量估计.河海大学学报（自然科学版），40（1）：1-8.

余敦先，夏军，张永勇，等.2011.近50年来淮河流域极端降水的时空变化及统计特征.地理学报，66（9）：1200-1210.

水利部水文局，长江水利委员会水文局.2010.水文情报预报技术手册.北京：中国水利水电出版社.

陶辉，白云岗，毛炜峄.2012.CMIP3 气候模式对北疆气候变化模拟评估及未来情景预估.地理科学，31（4）：589-596.

汪方，田红.2010.淮河流域1960~2007年极端强降水事件特征.气候变化研究进展，6（3）：228-229.

王胜，田红，徐敏，等.2012.1961~2008 年淮河流域主汛期极端降水事件分析.气象科技，40（1）：87-91.

谢平，陈广才，夏军.2005.变化环境下非平稳性年径流序列的水文频率计算原理.武汉大学学报（工学版），38（6）：6-15.

熊立华，郭生练.2004.两变量极值分布在洪水频率分析中的应用研究.长江科学院院报，21（2）：35-37.

杨星，蔡开玺，杨虎. 2011. Clayton Copula 模式下的深圳市洪潮组合风险率. 武汉大学学报（工学版），4（5）：590-593.

余彦群，杨晓梅. 2013. 淮河干流王家坝至临淮岗段河道治理. 水利规划与设计，11：62-65.

张维，欧阳里程. 2011. 广州城市内涝成因及防治对策. 广东气象，33（3）：49-53.

赵宗慈，罗勇，黄建斌. 2013. 对地球系统模式评估方法的回顾. 气候变化研究进展，9（1）：1-8.

Gab A. 2010. Model independence in multi-model ensemble prediction. Australian Meteorological and Oceanographic Journal, 59（1）：3-6.

IPCC. 2007. Climate Change 2007：Synthesis Report. Geneva, Switzerland：Contribution of Working Groups I, II and III to the Fourth Assessment Report of the Intergovernmental Panel on Climate Change.

IPCC. 2007. Climate Change 2007：The Physical Science Basis Summary for Policy Makers. Contribution of Working Groups I to Fourth Assessment Report of the Intergovernmental Panel on Climate Change.

IPCC. 2013. Climate Change 2013：The Physical Science Basis. Contribution of Working Group I to the Fifth Assessment Report of the Intergovernmental Panel on Climate Change. Cambridge：Cambridge University Press.

Knutti R, Furrer R, Tebaldi C, et al. 2010. Challenges in combining projections from multiple climate models. Journal of Climate, 23（10）：2739-2758.

Kolmogorov A N. 1940. Wienersche spiralen und einige andere interessante kurven in Hilbertschen Raum. Doklady Akademii nauk URSS, 26：115-118.

Koutsoyiannis D. 2002. The hurst phenomenon and fractional gaussian noise made easy. Hydrological Sciences Journal, 47（4）：573-595.

Koutsoyiannis D. 2006. Nonstationarity versus scaling in hydrology. Journal of Hydrology, 324：239-254.

Koutsoyiannis D. 2010. A random walk on water. Hydrology and earth system sciences, 14：585-601.

Koutsoyiannis D. 2011. Hurst-Kolmogorov dynamics and uncertainty. Journal of the American Water Resources Association, 47（3）：481-495.

Li H B, Sheffield J, Wood E F. 2010. Bias correction of monthly precipitation and temperature fields from Intergovernmental Panel on Climate Change AR4 models using equidistant quantile matching. Journal of Geophy-sical Research Atmospheres 115（10）：D10101.

Mann H B. 1945. Nonparametric tests against trend. Econometrica, 13：245-259.

Masson D, Knutti R. 2011. Climate model genealogy. Geophysical Research Letters, 38（8）：L08703.

Pennell. 2010. On the Effective Number of Climate Models. USA：University of Utah.

Rahmstorf S. 2007. A semi-empirical approach to projecting future sea level rise. Science, 315：368-370.

Shepherd A, Wingham D. 2007. Recent sea-level contributions of the Antarctic and Greenland ice sheets. Science, 315：1529-1532.

Wang Q J. 1991. The pot model described by the generalized Pareto distribution with Poisson arrival rate. Journal of Hydrology, 129：263-280.

Yue S, Ouarda T. B M J, Bobée B, et al. 1999. The Gumbel mixed model for flood frequency analysis. Journal of Hydrology, 226（1-2）：88-100.

适应与对策

课题六：气候变化背景下我国水资源脆弱性与适应对策

    通过构建变化环境下流域水资源脆弱性评价与水资源适应性管理的系统互动关系，提出气候变化背景水资源脆弱性和适应性管理的理论与方法，并将其应用到中国东部季风区八大流域。针对流域水资源规划供需关系和南水北调中线工程水资源配置的相关问题，提出新的对策与建议，探讨气候变化对中国流域水资源规划、重大调水工程影响的水资源配置的适应性对策。

第1章　未来气候变化影响下的水资源脆弱性

根据 IPCC 第五次评估报告（AR5）多模式（CMIP5）提供最新的全球变化未来低、中、高的典型浓度路径排放情景（RCP2.6、RCP4.5、RCP8.5），获得了中国东部季风区未来水资源变化的情景与预估。

1.1　未来水资源来水量变化

总体来看，未来气温增高，与水资源变化最为直接的降水在 2040 年后有明显增加的态势，尤其 RCP8.5 典型浓度路径，RCP2.6 情景似乎更接近历史变化的幅度（图6-1-1）。

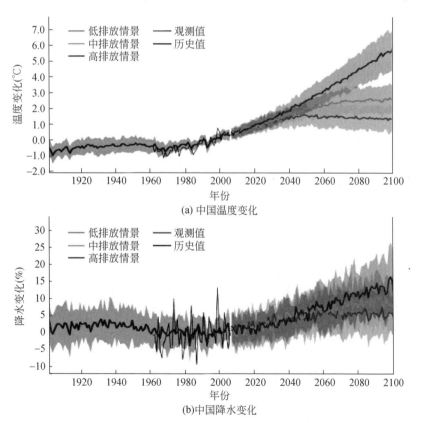

图 6-1-1　CMIP5 3 种典型浓度路径（RCP2.6、RCP4.5、RCP8.5）下中国未来气温-降水变化

采用区域模式对 RCP4.5/RCP8.5 情景中国未来降水变化预估表明（图6-1-2），除西北增加明显、RCP4.5 模式 21 世纪 30 年代海河增加外，其他大部分情景东部季风区降水

减少或持平，未来水资源安全风险仍然很大。

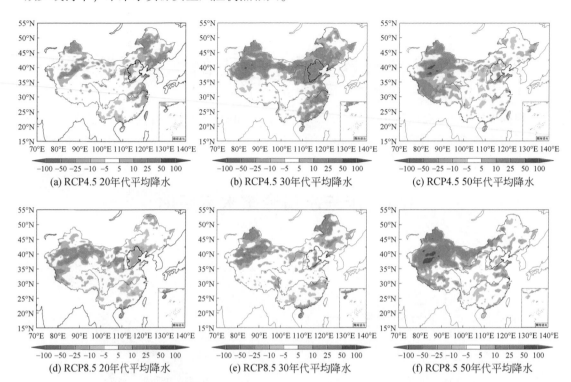

图 6-1-2　RCP4.5/RCP8.5 情景下 21 世纪 20 年代、30 年代、50 年代年平均降水的变化

从 1956~2010 年中国东部季风区八大流域水资源变化规律看，海河流域、黄河流域水资源减少显著，辽河、松花江流域水资源减少比较显著，淮河区水资源存在减少的趋势，但不明显，长江流域、东南诸河流域、珠江流域水资源存在增加趋势，但增加趋势不明显。从未来气候变化对水资源的影响的情景（如 RCP4.5）多模式预估，21 世纪 30 年代大多呈现北方增加南方减少趋势。特别是海河流域、辽河流域，30 年代降水预估与1956~2000 年实测降水量相比增加 25% 和 13%，水资源量分别增加 14.3% 和 7.2%。南方的珠江流域、东南诸河流域、长江流域降水量分别减少 14%、13% 和 5%，水资源量分别减少 14.4%、18.8% 和 5.3%。

1.2　未来水资源需水量变化

通过对过去实际的水资源变化资料分析，1980~2010 年全国总用水量由 4406 亿 m^3 增加到 6022 亿 m^3，年均增长 1%；工业用水量年均增长 4.2%；生活用水量年均增长3.5%；农业用水量为 3500 亿~3800 亿 m^3。中国用水变化既有气候变化因素，又有经济社会发展驱动因素（图 0-6-5）。

相对气候变化的影响分析表明，中国北方海河、黄河流域用水受降水变化影响明显，南方珠江流域用水受降水影响不明显。总体而言，温度增加，需水增加，北方海河、黄河流域需水受温度变化影响明显，南方珠江区需水受温度影响不明显。

未来中国水资源需求受 GDP、工业增加值、总人口、城镇人口、农田有效灌溉面积等驱动因素的影响。对用水与人口、农田灌溉面积、GDP 关系进行定量分析，用水受人口增加、经济发展驱动明显，主要表现在北方海河、黄河区用水受降水变化影响明显，南方珠江区用水受降水影响不明显，而北方海河、黄河区需水受温度变化影响明显，南方珠江区需水受温度影响不明显。

在 RCP4.5 情景下，多模式预估 21 世纪 30 年代降水量，模拟的降水在 30 年代大多呈现北方增加、南方减少的趋势。特别是海河、辽河流域，30 年代降水预估与 1956 ~ 2000 年实测降水相比增加 25% 和 13%。南方的珠江、东南诸河、长江流域降水量分别减少了 14%、13% 和 5%。通过综合气候因子（温度、降水）与需水关系分析（表 6-1-1），考虑气候变化影响的东部季风区八大流域总需水量预计达 6658 亿 m³，较不考虑气候变化影响的八大流域总需水量预计达 6400 亿 m³，约增加 258 亿 m³。因此，中国未来水资源需求形势仍然十分严峻。

表 6-1-1 考虑与不考虑气候变化下中国东部季风区八大流域水资源需求关系

流域	有气候变化的需水量（亿 m³）	无气候变化的需水量（亿 m³）	有无气候变化对比（亿 m³）	有无气候变化对比（%）
松花江区	577	604	-27	-4.5
辽河区	219	249	-30	-12.0
海河区	472	515	-43	-8.3
黄河区	520	547	-27	-4.9
淮河区	792	762	30	3.9
长江区	2664	2351	313	13.3
东南诸河区	485	431	54	12.6
珠江区	929	941	-12	-1.3
合计	6658	6400	258	4.0

1.3　变化环境下中国水资源脆弱性评估

基于中国社会经济发展和生态保护对水资源需求与可利用水资源供需关系的描述，并考虑东部季风区地理分异的自然脆弱性和水旱灾害风险，中国水资源脆弱性现状如图 0-6-7 所示。研究表明以下内容。

总的看来，有下列几点认识：其一，占中国总人口 95%、国土面积近一半的东部季风区近 90% 地区的水资源处于较脆弱和严重脆弱状态（黄色以上深色区），中国面临的水资源安全的压力巨大，尤其是北方地区。其二，极端灾害事件（旱灾和洪灾）增加了中国水资源的脆弱性。自1949年以来，中国旱灾呈现增加趋势。从近50年干旱发生的趋势看，华北和东北水资源脆弱性风险进一步加剧，危及中国粮食主产区华北和东北水资源可持续利用。近50年来，洪涝灾害发生频率与强度也有进一步增加的趋势（图0-6-8），危及中国流域防洪、城市防洪、防洪工程的水安全。研究表明，相对只考虑水资源供需关系的传统脆弱性评价而言，考虑东部季风区水旱灾害与暴露度，将明显加剧水资源的脆弱性与风险（图0-6-9）。因此，面对极端灾害事件的影响和水资源脆弱性，需采取必要的适应性对策与措施。其三，气候变化对重大水利工程的不利影响在增加。研究表明，气候变化背景下，中国南水北调工程（中线）调水区的水资源有进一步减少的态势，调水区和受水区最不利丰枯遭遇也有增加的风险（图6-1-3和表6-1-2）。最不利于调水的丰枯遭遇几率为5.47%［表6-1-2］。跨流域调水存在全球变化影响和水文不确定性的风险。如何应对气候变化影响、发挥工程效益的适应性对策与管理，成为2014年中线通水面临的系统调度与管理的重要问题。其四，未来气候变化可能进一步加剧东部季风区八大流域水资源脆弱性。通过多模式和多情景的组合分析表明，全球变化未来低、中、高的典型浓度路径排放情景（RCP2.6、RCP4.5、RCP8.5）下，中国东部季风区水资源较脆弱和严重脆弱的区域面积明显扩大（图0-6-10）。

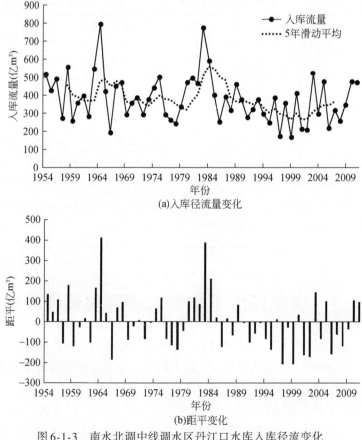

图6-1-3　南水北调中线调水区丹江口水库入库径流变化

表 6-1-2 南水北调中线调水区丹江口水库受水区丰枯遭遇分析 （单位:%）

受水区 ＼ 水源区	大涝	偏涝	正常	偏旱	大旱
大涝	0.38	1.32	1.88	0.94	0.19
偏涝	2.64	4.71	8.66	3.20	0.38
正常	2.64	12.81	19.59	6.78	1.13
偏旱	2.07	4.52	12.05	5.65	2.64
大旱	0.38	0.38	2.26	1.51	1.32

由于中国经济社会发展、水资源供需矛盾最突出的在中国北方华北地区，近30年中国干旱呈增长趋势和社会经济增长，导致水资源脆弱性的暴露度在扩大和加剧，主要区域在中国东部季风区的核心地带（图0-6-10）。

第2章　变化环境下中国东部季风区水资源适应性对策与效益分析

针对中国东部季风区八大流域 2000 年水资源脆弱性现状和 2030 年未来气候变化影响开展综合分析，依据适应性水资源管理的理论与方法，计算了对应不同情景的流域水资源脆弱性、可持续发展指数等效益评价的效果，提出应对气候变化影响的适应性水资源管理的对策与建议。

由于未来气候变化对水资源的影响具有不确定性，基于适应性水资源管理的"最小遗憾"原则，针对未来气候变化影响采取最不利的情景分析是适当的，也是应对气候变化不确定性的风险分析的一种有效的方式。本书选取了最接近中国 2030 年未来减排情况的 RCP4.5 情景，对水资源可能产生的各种影响展开分析，选取其中最不利的组合情景，分析采取不同适应性对策和措施的效果。

2.1　适应性水资源管理指标体系与调控变量

结合气候变化背景下的水资源脆弱性分析与适应性调控的系统关系和指标体系，依据国家可持续发展、"三条红线"的严格水资源管理和生态文明建设战略，采用可持续水资源管理和减少脆弱性的适应性管理准则，对未来最不利情景下水资源设计不同的适应性决策措施集，其中包括以下内容。

（1）用水总量调控

2030 年全国用水总量≤7000 亿 m^3，东部季风区各流域用水总量按照各流域规划修编分解的总量控制。

（2）用水效率调控（农业、工业、生活）

2030 年，用水效率达到或接近世界先进水平，万元工业增加值用水量降低到 $40m^3$ 以下，农田灌溉水有效利用系数提高到 0.6 以上。

（3）水质管理调控

确立水功能区限制纳污红线。到 2030 年，主要污染物入河湖总量控制在水功能区纳污能力范围之内，水功能区水质达标率提高到 95% 以上。

（4）生态用水调控

河湖生态用水≥水资源规划的最小生态需水，2030 年前逐步提高河湖生态用水的保证率。分别对其实施调控的管理目标与效果分别进行评估分析，以选取最优决策集。

2.2 水资源适应性管理与决策集的分析方案

为了寻求东部季风区水资源适应性管理的途径，需要分析不同管理对策的效果以及最优对策的建议。调控决策集设计组合见表6-2-1。

根据严格水资源管理的三条红线调控和生态用水调控（满足最小生态需水）等要求，表6-2-1中列出了15个适应性水资源管理的不同方案，其中1、5、11和15决策集是分析重点。

表 6-2-1　现状和未来气候变化情景下水资源适应性管理设计方案组合

方案	调控变量（决策变量）			
	用水总量	用水效率	水功能区达标率	最小生态需水
1	●			
2		●		
3			●	
4				●
5	●	●		
6	●		●	
7	●			
8		●	●	
9		●		●
10			●	●
11	●	●	●	
12		●		●
13		●	●	
14	●		●	●
15	●	●	●	●

2.3 水资源脆弱性与可持续发展态势

评估现状条件下及未来气候变化影响最不利情景下对应的中国东部季风区的社会经济状况（人均GDP）、水环境状况（以超V类河长比代表）、社会经济可持续发展状态（DD指数），进一步综合考虑了水灾害风险、暴露度及敏感性和抗压性特点的水资源脆弱性（V）以及对应八大流域的水资源脆弱性，如图6-2-1和图6-2-2所示。分析与评估表明以下内容。

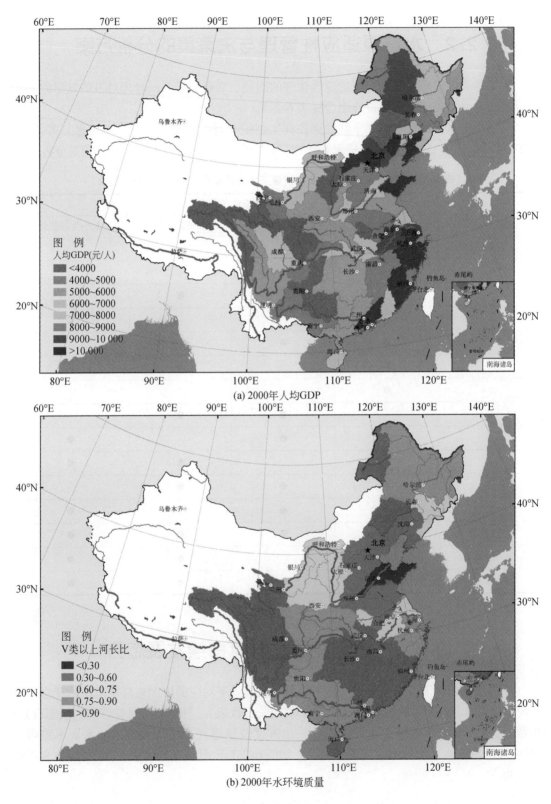

(a) 2000年人均GDP

(b) 2000年水环境质量

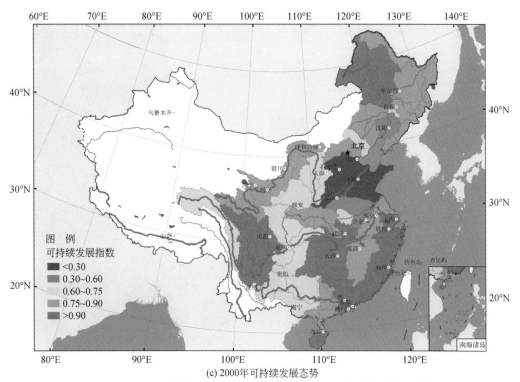

(c) 2000年可持续发展态势

图6-2-1　2000年中国东部季风区社会经济、环境与可持续发展态势

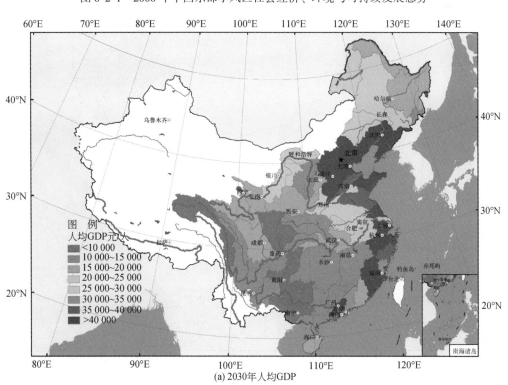

(a) 2030年人均GDP

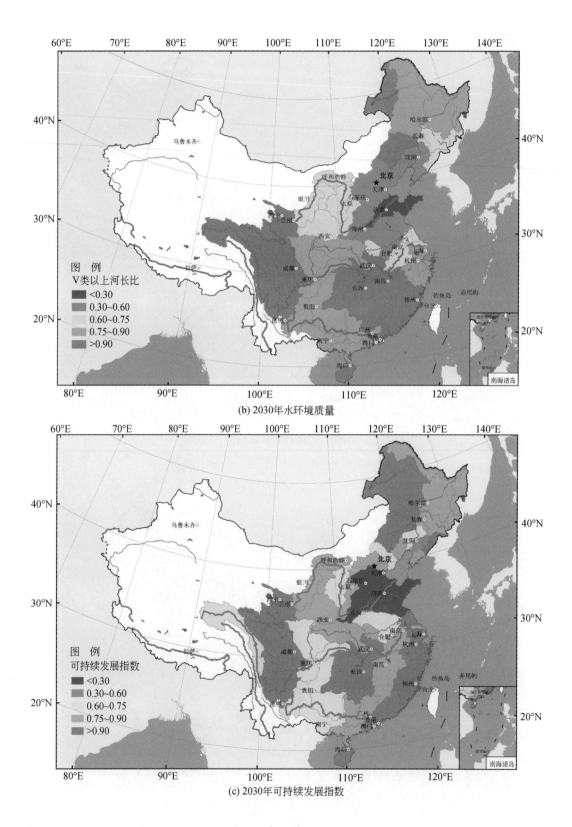

(b) 2030年水环境质量

(c) 2030年可持续发展指数

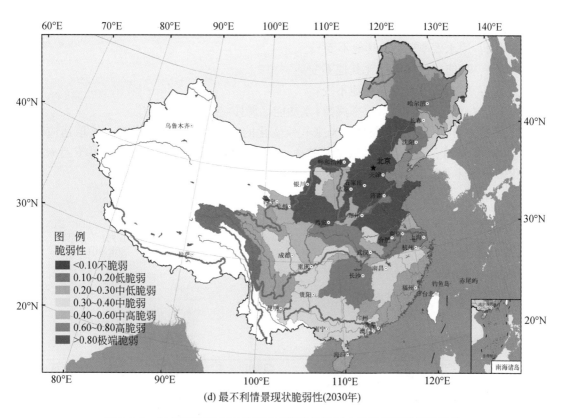

(d) 最不利情景现状脆弱性(2030年)

图 6-2-2　气候变化下中国东部季风区的最不利水资源脆弱性情景示意

　　现状条件下（2000 年）中国社会经济发展较快的是沿海经济带和以北京为中心的北方京津冀地区以及东北，而水环境污染比较重的也在华北地区的海河等流域，其是水资源脆弱性比较集中的地区。整个东部季风区中等脆弱性区域约占全区的 80%，重度脆弱性区域接近 15%。说明中国水资源供需状况和环境状况的严峻性。从东部季风区八大流域的水资源脆弱性 V 的发布与流域之间的比较看，海河、黄河、淮河和辽河的水资源脆弱性最高，是变化环境下流域水资源管理和适应性管理实践的重点流域。

　　未来气候变化影响的最不利情景下，仅从脆弱性分布看，整个东部季风区中等程度以上的脆弱性区域较 2000 年实际情况有较明显的扩散，重度脆弱性地区接近 25%。水旱灾害、社会经济财产分布表达的暴露度与风险及其联系的水资源供需矛盾不仅集中在黄淮海地区中国北方，中国南方水资源相对丰沛地区也可能面临水危机。

2.4　水资源适应性管理与对策的情景与效益分析

　　依据研究提出的应对气候变化的水资源适应性管理的准则、目标、理论与方法，完成了针对现状水资源脆弱性所做的适应性管理的 15 个不同情景分析，其中重点是下列方案集。

    方案 1：总量调控（其他不变）；

    方案 2：用水效率调控（其他不变）；

    方案 3：功能区达标调控（其他不变）；

    方案 4：生态需水调控（其他不变）；

    方案 15：总量调控+用水效率调控+水功能区调控+生态需水调控。

    针对 2000 年水资源现状条件和未来气候变化的最不利水资源脆弱性，采取适应性管理的不同决策情景，分析评估其效果和效益（V 和 DD）。东部季风区现状条件下及未来气候变化影响条件下最不利的情景决策分析效果如图 6-2-3 ~ 图 6-2-8 所示。

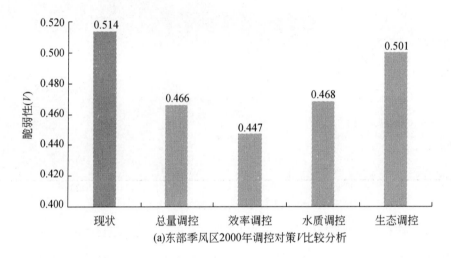

(a)东部季风区2000年调控对策V比较分析

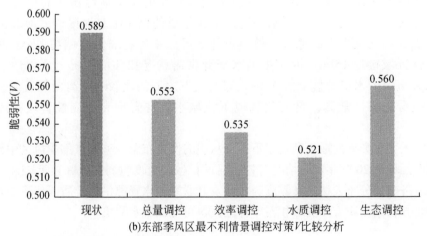

(b)东部季风区最不利情景调控对策V比较分析

图 6-2-3　东部季风区单个调控对策的脆弱性 V 变化

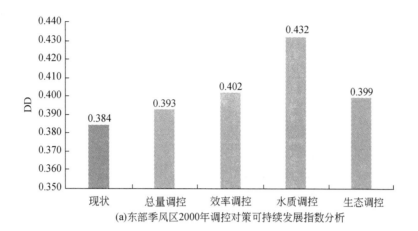

(a)东部季风区2000年调控对策可持续发展指数分析

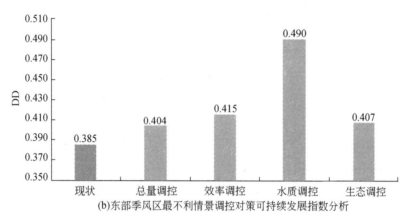

(b)东部季风区最不利情景调控对策可持续发展指数分析

图 6-2-4　东部季风区单个调控对策的可持续指数 DD 变化

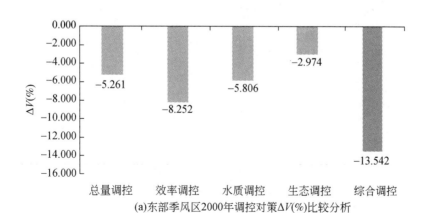

(a)东部季风区2000年调控对策$\Delta V(\%)$比较分析

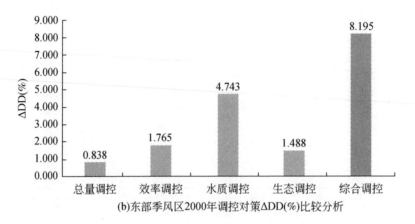

(b)东部季风区2000年调控对策ΔDD(%)比较分析

图 6-2-5　现状条件下东部季风区综合调控对策的
脆弱性及可持续发展指数变化

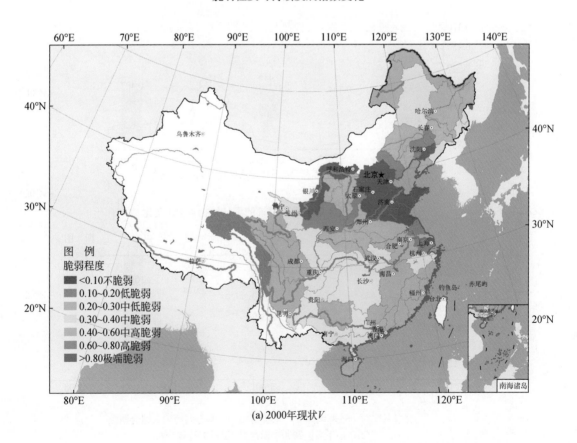

(a) 2000年现状 V

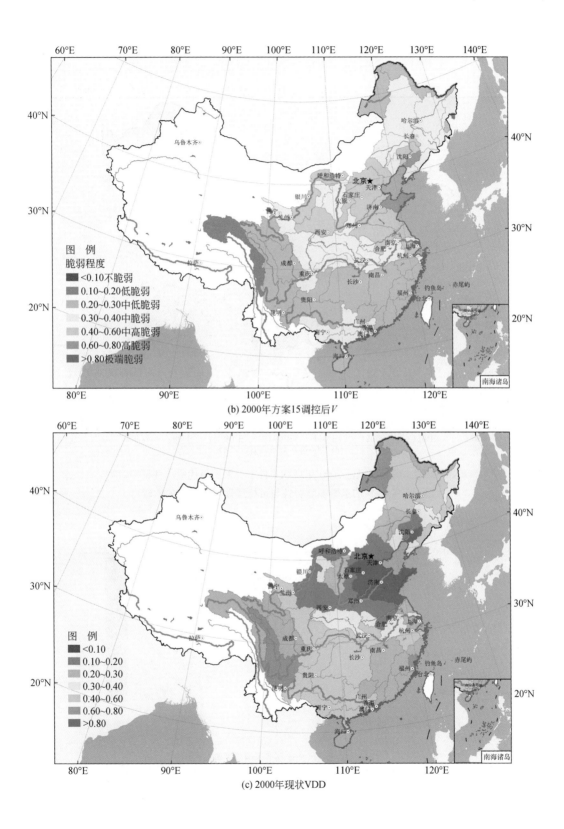

(b) 2000年方案15调控后V

图 例
脆弱程度
<0.10不脆弱
0.10~0.20低脆弱
0.20~0.30中低脆弱
0.30~0.40中脆弱
0.40~0.60中高脆弱
0.60~0.80高脆弱
>0.80极端脆弱

南海诸岛

图 例
<0.10
0.10~0.20
0.20~0.30
0.30~0.40
0.40~0.60
0.60~0.80
>0.80

南海诸岛

(c) 2000年现状VDD

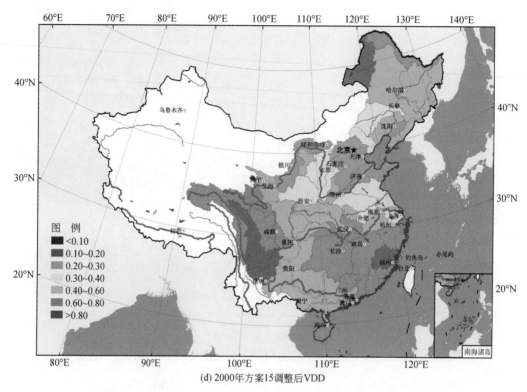

(d) 2000年方案15调整后VDD

图6-2-6　东部季风区 2000 年现状条件下，采用最优适应性调控对策
（方案 15）的水资源脆弱性与可持续性指数变化的比较

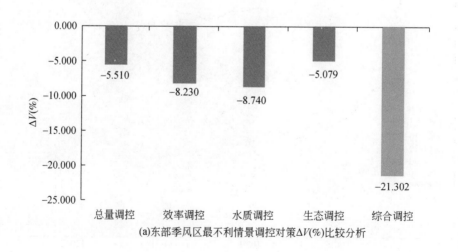

(a)东部季风区最不利情景调控对策ΔV(%)比较分析

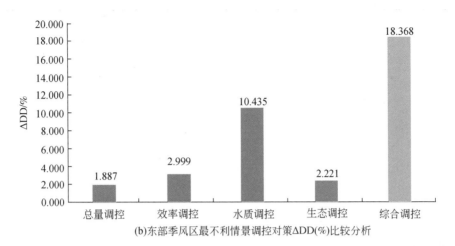

(b)东部季风区最不利情景调控对策ΔDD(%)比较分析

图 6-2-7　未来气候变化影响最不利情景东部季风区
综合调控对策的脆弱性及可持续发展指数变化

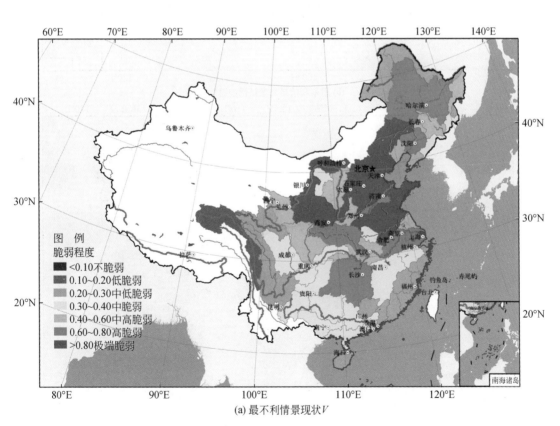

(a) 最不利情景现状 V

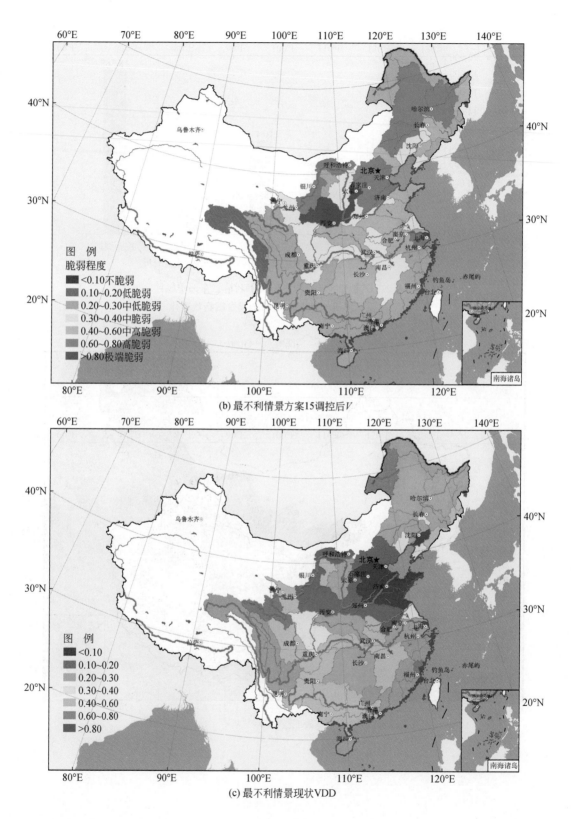

(b) 最不利情景方案15调控后V

(c) 最不利情景现状VDD

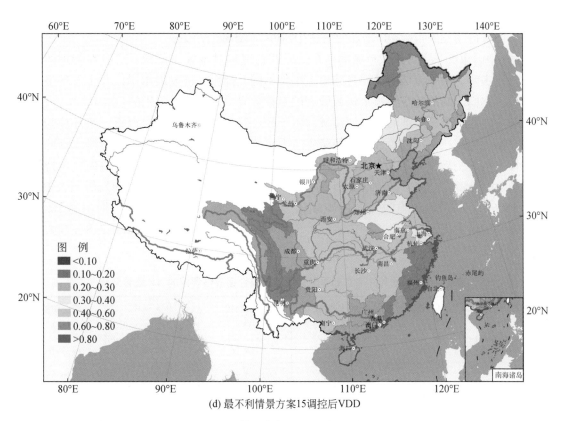

(d) 最不利情景方案15调控后VDD

图 6-2-8　气候变化影响下未来最不利情景东部季风区采用最优适应性调控对策（方案 15）的
水资源脆弱性与可持续性指数变化的比较

　　研究表明，无论是 2000 年中国水资源脆弱性比较严峻的现状条件下，还是面向未来
气候变化影响的最不利水资源脆弱性条件下，如果采取"三条红线"调控的严格水资源管
理以及生态需水保障的适应性对策，无论从减少水资源脆弱性 V 还是可持续发展指数 DD
的目标准则看，适应性管理的效果是十分明显的。

　　1) 从东部季风区八大流域的减少水资源脆弱性目标看，单项调控最为敏感的是用水
效率调控和功能区达标调控，其次是用水总量调控和生态用水调控。

　　2) 从东部季风区八大流域水资源可持续管理目标看，无论现状还是未来，单项调控
最为敏感的是水功能区达标调控，其次是水资源利用效率、生态用水与用水总量控制
（图 6-2-4）。

　　3) 在所有 V 和 DD 目标非劣解集方案中，"总量调控+用水效率调控+水功能区调控+
生态需水调控"方案 15 最优。

　　4) 适应性水资源管理与最优对策。分析表明，应对环境变化的中国水资源规划与管
理应当采取有针对性的适应性的水资源综合对策与措施，其效果（V）和效益（DD）是
相当显著的。其中，现状条件下采取综合最优调控对策，脆弱性 V 的减少幅度 13.54%，
可持续发展指数 DD 增加幅度达 8.2%（图 6-2-5）。未来气候变化影响的最不利条件下，

采取综合最优调控对策，东部季风区流域的水资源脆弱性 V 的变化和减少的幅度达 21.3%，可持续发展指数 DD 增加幅度达 18.4%（图 6-2-7）。

5）中国东部季风区八大流域的各自适应性管理与对策效应分析。适应性管理的情景优化分析表明，由于流域所处的自然水土条件不同、社会经济发展水平以及生态环境问题的不同，它们之间的适应性水水资源管理的对策效果也是有明显差别的。

北方地区的黄河、淮河、海河流域，由于社会经济发展快、缺水严重，水环境问题也比较突出，实施严格水资源管理和保障生态需水调控后的效果最为明显。针对水资源现状脆弱性 V 的调控效果见表 6-2-2，其中海河流域脆弱性 V 的减少幅度达 33.1%，可持续发展指数 DD 增幅达 18.69%；淮河流域脆弱性 V 的减幅达 25.4%，可持续发展指数 DD 增幅达 15.6%；黄河流域脆弱性 V 的减幅达 16.6%，可持续发展指数 DD 增幅达 10.4%。针对未来气候变化影响下最不利情景的水资源脆弱性 V 的调控效果如图 6-2-8，八大流域各自脆弱性调控结果如图 6-2-8 所示。

表 6-2-2　现状条件下东部季风区单项与综合适应性调控的 ΔV 差异分析（单位:%）

流域	总量调控 $\Delta V1$	效率调控 $\Delta V2$	水质调控 $\Delta V3$	生态调控 $\Delta V4$	综合调控 $\Delta V15$
海河流域	-19.00	-19.00	-14.76	-1.86	-33.10
黄河流域	-6.14	-10.01	-8.22	-2.79	-16.58
淮河流域	-11.61	-13.96	-12.76	-2.07	-25.39
辽河流域	-3.28	-10.95	-8.55	-2.61	-14.49
松花江流域	-0.01	-2.26	-1.12	-3.50	-4.68
长江流域	-2.06	-2.25	-0.65	-3.61	-6.32
东南诸河流域	0.00	0.00	-0.16	-3.73	-3.90
珠江流域	0.00	-1.67	-0.23	-3.63	-3.87

东部季风区的松花江流域，由于水土资源配置比较好，总量调控效果次于效率调控和水质管理的调控以及生态调控；南方长江水质状况相对比较好，调控的效果主要反映在生态水调控、水资源利用的效率提高和总量控制等方面。应对气候变化的水资源适应性管理调控的情景分析表明（表 6-2-2），长江流域脆弱性 V 的减少幅度达 6.3%，可持续发展指数 DD 增幅达 3.5%；松花江流域脆弱性 V 的减幅达 4.7%，可持续发展指数 DD 增幅达 2.9%；珠江流域脆弱性 V 的减幅达 3.9%，可持续发展指数 DD 增幅达 2.4%。

2.5　总的认识与几点建议

1）全球变化与水资源是当今国际地球系统科学重要的前沿问题之一，也是全球水与人类未来和可持续发展面对的重大需求问题。中国是全球人口最多、面临水资源压力最为严峻的发展中国家。中国的气候变化与水资源研究已经成为国际全球变化与适应性管理的一个热点问题。

2）东部季风区是中国三大自然区之一，土地面积占全国46%，人口占全国95%，是中国最主要的经济发展区，也是水资源问题最为突出、气候变化影响最为敏感的地区。

3）本书系统介绍了在国家973项目等支持下，通过产学研团队的合作，综合水文、气象长期观测和水文-气候两大学科优势，系统对展针对国家重大需求最为关注的4个问题应用基础科学研究，产出了新的成果与认识。

中国陆地水文循环的主要变化是温室气体排放（CO_2）影响叠加在东部季风区显著的自然变率背景下共同作用形成，其中自然变率导致径流变化的贡献率平均为70%（约2/3），温室气体排放贡献占30%（约1/3）。

在未来CO_2排放增加情景下，中国极端水旱灾害有增加态势；气温升高1℃，华北农业耗水约增加25mm，相当多增加4%总用水量。

随着未来CO_2排放贡献率逐步增大，气候变化是水循环变化的重要驱动因子，现行的水资源规划、设计洪水和重大调水工程规划设计与管理不考虑气候变化影响，将存在巨大风险。

在未来最不利条件下，采取适应对策，季风区水资源脆弱性V的减少幅度可达21.3%，可持续发展度增幅可达18.4%。应对气候变化保障中国水安全的适应性管理与对策十分重要和必要，针对变化环境下的流域水资源规划和重大水利工程管理，迫切需要修编现行规范、采取必要的适应性对策与措施。

尽管本项目5年的科学研究取得了一定的新的进展，但是由于中国东部季风区水资源影响复杂性和气候变化以及下垫面高强度人类活动影响的不确定性，流域蒸散发机理、考虑年代际自然变率、全球变暖和下垫面人类活动对径流水资源高阶影响、应对气候变化防洪标准制定等，仍需在目前基础上进一步探索、认识与总结，以解决好水与人类未来的水安全重大战略问题。

参 考 文 献

陈雷 . 2009. 实行最严格的水资源管理制度保障经济社会可持续发展 . 中国水利, 05: 9-17.

陈志恺 . 2002. 持续干旱与华北水危机 . 中国水利, (4): 8-11.

符淙斌, 安芷生, 郭维栋 . 2005. 中国生存环境演变和北方干旱化趋势预测研究 (Ⅰ): 主要研究成果 . 地球科学进展, 20 (11): 1168-1175.

李善同, 许新宜 . 2004. 南水北调与中国发展 . 北京: 经济科学出版社 .

刘昌明, 何希吾 . 1996. 中国 21 世纪水问题方略 . 北京: 科学出版社 .

钱正英, 沈国舫, 石玉林 . 2007. 东北地区有关水土资源配置、生态与环境保护和可持续发展的若干战略问题研究 . 北京: 科学出版社 .

钱正英, 张光斗 . 2001. 中国可持续发展水资源战略研究 . 北京: 中国水利水电出版社 .

水利部水利水电规划设计总院 . 2004. 全国水资源综合规划水资源调查评价 . 北京: 水利部水利水电规划设计总院 .

夏军, 左其亭 . 2013. 我国水资源学术交流十年总结与展望 . 自然资源学报, 28 (9): 1488-1497.

夏军 . 2009. 跨流域调水及其对陆地水循环及水资源安全影响 . 应用基础与工程科学学报, 17 (6): 8-20.

夏军, Tanner T, 任国玉 . 2008. 气候变化对中国水资源影响的适应性评估与管理框架 . 气候变化研究进展, 4 (4): 215-219.

夏军, 陈俊旭, 翁建武, 等 . 2012. 气候变化背景下水资源脆弱性研究与展望 . 气候变化研究进展, 6: 391-396.

夏军, 刘春蓁, 任国玉 . 2011. 气候变化对我国水资源影响研究面临的机遇与挑战 . 地球科学进展, 26 (1): 1-12.

夏军, 邱冰, 潘兴瑶 等 . 2012. 气候变化影响下水资源脆弱性评估方法及其应用, 地球科学进展, 27 (4): 443-451.

夏军, 佘敦先, 杜鸿 . 2012. 气候变化影响下极端水文事件的多变量统计模型研究 . 气候变化研究进展, 6: 397-402.

夏军, 苏人琼, 何希吾, 等 . 2008. 中国水资源问题与对策建议 . 中国科学院院刊, 23 (2): 116-120.

夏军, 谈戈 . 2002. 全球变化与水文科学新的进展与挑战 . 资源科学, 24 (3): 1-7.

夏军, 王中根, 严冬, 等 . 2006. 针对地表来用水状况的水量水质联合评价方法 . 自然资源学报, 21 (1): 146-153.

夏军, 翁建武 . 2012. 多尺度水资源脆弱性研究评价 . 应用基础与工程科学学报, 20: 1-14.

叶笃正, 黄荣辉 . 1996. 黄河长江流域旱涝规律和成因研究 . 济南: 山东科学技术出版社 .

Bates B C, Kundzewicz Z W, Wu S, et al. 2008. Climate Change and Water. Technical Paper of the Intergovernmental Panel on Climate Change. Geneva: IPCC Secretariat.

Bisaro A, Hinkel J, Kranz N. 2010. Multilevel water, biodiversity and climate adaptation governance: Evaluating adaptive management in Lesotho. Environmental Science & Policy, 13 (7): 637-647.

GWSP. 2005. The Global water system project: Science framework and implementation activities. Earth System

Science Partnership, (3): 78.

IPCC. 2012. Managing the risks of extreme events and disasters to advance climate change adaptation: Special report of the intergovernmental panel on climate change. UK. London: Cambridge University Press.

Scott C A, Meza F J, Varady R G, et al. 2013. Water security and adaptive management in the arid Americas. Annals of the Association of American Geographers, 103 (2): 280-289.

United Nations Educational. Scientific and Cultural Organization International Hydrological Programme (UNESCO-IHP). http://www.unesco.org/water/ihp/ [2014.7.10].

UN. 2009. The 3rd United Nations World Water Development Report: Water in a Changing World. http://webword.unesco.org/water/wwap/wwdr/table of contents/. [2013.9.2].

Wheeler S, Zuo A, Bjornlund H. 2013. Farmers' climate change belief sand adaptation strategies for a water scarce future in Australia. Global Environmental Change, 23 (2): 537-547.

Xia J, Zhang Y Y, Zhan C S, et al. 2011. Water quality management in China: The case of the Huai River Basin. International Journal of Water Resources Development, 27 (1): 159-172.

Xia Jun, Bing Qiu, Yuanyuan Li. 2012. Water resources vulnerability and adaptive management in the Huang, Huai and Hai river basins of China. Water International, 37 (5): 509-511.

Xia Jun, Chen Junxu, Weng Jianwu, et al. 2014. Vulnerability of water resources and its spatial heterogeneity in Haihe River Basin, China. Chinese Geographical Science, 24 (5): 525-539.

Xia Jun, Du Hong, Zeng Sidong, et al. 2012. Temporal and spatial variations and statistical models of extreme runoff in Huaihe River Basin during 1956-2010. Journal of Geographical Sciences, 22 (6): 1045-1060.

Xia Jun, Zeng Sidong, Du Hong, et al. 2014. Quantifying the effects of climate change and human activities on runoff in the water source area of Beijing, China. Hydrological Sciences Journal, 59 (10): 1794-1807.

Xia Jun. 2010. Screening for Climate Change Adaptation: Water problem, impact and challenges in China. International Journal on HYDROPOWER &DAMS, 17 (2): 78-81.

Xia Jun. 2012. Special issue: Climate change impact on water security & adaptive management in China. Water International, 37 (5): 509-511.

索　引